应用型高校产教融合系列教材

航空运输工程与管理系列

航空概论

李永平　米毅 ◎ 主编

清华大学出版社
北京

内 容 简 介

《航空概论》作为一部产教融合的应用型特色教材,编写了航空发展概况、飞行原理、航空动力装置、飞机机载电子设备、飞机结构、航空公司、机场、空中交通管理 8 章内容,各章最后均附有拓展阅读、本章小结、复习与思考和本章习题,同时教材进行了纸数融合,各章节穿插了大量多媒体资源,读者可以扫描二维码观看资源,以进一步巩固所学知识并拓展知识面。本教材既适用于飞行技术、飞行器制造工程、飞行器设计、飞机维修工程、民航机务等工科专业,也可用于民航物流、交通管理、民航服务艺术与管理、民航乘务、民航商务等管理类专业,是学习航空基础知识的平台类入门教材。

本教材既可以作为大、中专院校《航空概论》《民航概论》等课程的教材使用,也可以作为航空、民航等企事业单位的职业培训教材使用,还可以作为社会大众阅读的科普读物。

本书封面贴有清华大学出版社防伪标签,无标签者不得销售。
版权所有,侵权必究。举报: 010-62782989, beiqinquan@tup.tsinghua.edu.cn。

图书在版编目(CIP)数据

航空概论 / 李永平,米毅主编. -- 北京 : 清华大学出版社, 2024.9. -- (应用型高校产教融合系列教材).
ISBN 978-7-302-67229-6

Ⅰ. V2

中国国家版本馆 CIP 数据核字第 20248HA720 号

责任编辑:王　欣
封面设计:何凤霞
责任校对:赵丽敏
责任印制:宋　林

出版发行:清华大学出版社
网　　址:https://www.tup.com.cn, https://www.wqxuetang.com
地　　址:北京清华大学学研大厦 A 座　　邮　编:100084
社 总 机:010-83470000　　邮　购:010-62786544
投稿与读者服务:010-62776969, c-service@tup.tsinghua.edu.cn
质量反馈:010-62772015, zhiliang@tup.tsinghua.edu.cn
印 装 者:小森印刷霸州有限公司
经　　销:全国新华书店
开　　本:185mm×260mm　　印　张:18　　插　页:4　　字　数:448 千字
版　　次:2024 年 9 月第 1 版　　印　次:2024 年 9 月第 1 次印刷
定　　价:68.00 元

产品编号:105821-01

应用型高校产教融合系列教材

总编委会

主　任：俞　涛

副主任：夏春明

秘书长：饶品华

学校委员（按姓氏笔画排序）：

　　　　王　迪　王国强　王金果　方　宇　刘志钢　李媛媛

　　　　何法江　辛斌杰　陈　浩　金晓怡　胡　斌　顾　艺

　　　　高　瞩

企业委员（按姓氏笔画排序）：

　　　　马文臣　勾　天　冯建光　刘　郴　李长乐　张　鑫

　　　　张红兵　张凌翔　范海翔　尚存良　姜小峰　洪立春

　　　　高艳辉　黄　敏　普丽娜

应用型高校产教融合系列教材·航空运输工程与管理系列

编委会

主　任：徐建华　何法江
副主任：党淑雯　范海翔
委　员（按姓氏笔画排序）：

王　科　　王秀春　　王馨悦　　石　硕　　匡江红　　朱玲怡
朱俊霖　　米　毅　　杜丽娟　　李永平　　李佩绮　　李俊建
沈　杰　　张袁瑜　　陆　慧　　周晶晶　　周慧艳　　顾　莹
徐宁霞　　黄佳伟　　熊　静　　潘　凌

丛书序1

教材是知识传播的主要载体、教学的根本依据、人才培养的重要基石.《国务院办公厅关于深化产教融合的若干意见》明确提出,要深化"引企入教"改革,支持引导企业深度参与职业学校、高等学校教育教学改革,多种方式参与学校专业规划、教材开发、教学设计、课程设置、实习实训,促进企业需求融入人才培养环节.随着科技的飞速发展和产业结构的不断升级,高等教育与产业界的紧密结合已成为培养创新型人才、推动社会进步的重要途径.产教融合不仅是教育与产业协同发展的必然趋势,更是提高教育质量、促进学生就业、服务经济社会发展的有效手段.

上海工程技术大学是教育部"卓越工程师教育培养计划"首批试点高校、全国地方高校新工科建设牵头单位、上海市"高水平地方应用型高校"试点建设单位,具有40多年的产学合作教育经验.学校坚持依托现代产业办学、服务经济社会发展的办学宗旨,以现代产业发展需求为导向,学科群、专业群对接产业链和技术链,以产学研战略联盟为平台,与行业、企业共同构建了协同办学、协同育人、协同创新的"三协同"模式.

在实施"卓越工程师教育培养计划"期间,学校自2010年开始陆续出版了一系列卓越工程师教育培养计划配套教材,为培养出具备卓越能力的工程师作出了贡献.时隔10多年,为贯彻国家有关战略要求,落实《国务院办公厅关于深化产教融合的若干意见》,结合《现代产业学院建设指南(试行)》《上海工程技术大学合作教育新方案实施意见》文件精神,进一步编写了这套强调科学性、先进性、原创性、适用性的高质量应用型高校产教融合系列教材,深入推动产教融合实践与探索,加强校企合作,引导行业企业深度参与教材编写,提升人才培养的适应性,旨在培养学生的创新思维和实践能力,为学生提供更加贴近实际、更具前瞻性的学习材料,使他们在学习过程中能够更好地适应未来职业发展的需要.

在教材编写过程中,始终坚持以习近平新时代中国特色社会主义思想为指导,全面贯彻党的教育方针,落实立德树人根本任务,质量为先,立足于合作教育的传承与创新,突出产教融合、校企合作特色,校企双元开发,注重理论与实践、案例等相结合,以真实生产项目、典型工作任务、案例等为载体,构建项目化、任务式、模块化、基于实际生产工作过程的教材体系,力求通过与企业的紧密合作,紧跟产业发展趋势和行业人才需求,将行业、产业、企业发展的新技术、新工艺、新规范纳入教材,使教材既具有理论深度,能够反映未来技术发展,又具有实践指导意义,使学生能够在学习过程中与行业需求保持同步.

系列教材注重培养学生的创新能力和实践能力.通过设置丰富的实践案例和实验项目,引导学生将所学知识应用于实际问题的解决中.相信通过这样的学习方式,学生将更加具备竞争力，成为推动经济社会发展的有生力量．

本套应用型高校产教融合系列教材的出版，既是学校教育教学改革成果的集中展示，也是对未来产教融合教育发展的积极探索．教材的特色和价值不仅体现在内容的全面性和前沿性上，更体现在其对于产教融合教育模式的深入探索和实践上．期待系列教材能够为高等教育改革和创新人才培养贡献力量，为广大学生和教育工作者提供一个全新的教学平台，共同推动产教融合教育的发展和创新，更好地赋能新质生产力发展．

朱高峰

中国工程院院士、中国工程院原常务副院长

2024 年 5 月

丛书序2

本书是在上海工程技术大学"应用型高校产教融合系列教材"总编委会、"航空运输工程与管理系列"编委会指导下,按照产教融合教材的建设要求编写完成的。"应用型高校产教融合系列教材·航空运输工程与管理系列"包括《飞机飞行力学》《机场运营管理》《航空概论》《飞行学员英语口语实用教程》《航空气象理论与实践》《陆空通话教程》《民航管理信息系统教程》及《PBN 飞行程序设计》,共计 8 册。编者来自上海工程技术大学、中国东方航空股份有限公司、上海机场集团、中国商用飞机有限责任公司等单位,由校企双方共同完成。

为适应新时代对高质量民航运输应用型人才的需求,全面提升教材体系建设水平和质量,本系列教材以上海工程技术大学主编的"卓越工程师教育培养计划配套教材·飞行技术系列"为基础,面向新时代民航产业人才培养,紧密对接行业产业发展,将理论和实践相结合作为教材编写的根本理念和基本原则。教材注重理论与科学技术发展同频,案例与行业发展相融,整体呈现科学性、系统性、实用性等特点。

本系列教材的出版发行对促进我国民航运输应用型人才培养、教育教学改革实践,推动高校与企业产教融合高质量发展具有重要意义。

"应用型高校产教融合系列教材·航空运输工程与管理系列"编委会

前 言

为了适应国家培养航空航天高层次人才的需要，同时为了满足高等院校各专业"航空概论"课程平台化、科普化的通识教育需求，本教材在上海工程技术大学"应用型高校产教融合系列教材"总编委会、"航空运输工程与管理系列"编委会指导下，按照产教融合教材建设要求编写完成。

本教材作为一部产教融合的应用型特色教材，编写了航空发展概况、飞行原理、航空动力装置、飞机机载电子设备、飞机结构、航空公司、机场、空中交通管理8章内容，在编写上具有如下突出特点：

（1）实践性和通识性。教材内容结合工程实践经验，以产教融合的合作形式进行编写，内容浅显易懂，具有科普性。

（2）"基础知识＋案例分析"模式。在拓展阅读模块，做到"理论引入、任务驱动、案例分析、解决实施"，将知识、技能、应用、创新、素养相结合。

（3）纸数融合。全书整理了55幅彩图（见附录）和110段短视频（见书中二维码），读者可以扫描二维码观看拓展视频。通过纸质教材结合数字资源，读者可以获得更多感兴趣的知识。

本教材为具有丰富工程实践经验的"双师型"高校教师与中国商用飞机有限责任公司型号试飞总工程师共同主编的产教融合教材，主编李永平曾获得上海市高校优秀教材奖和上海市科学技术奖一等奖、二等奖，主编米毅曾获得上海市优秀共产党员、上海市青年科技杰出贡献奖等荣誉。其中，上海工程技术大学航空运输学院/飞行学院李永平编写了第1、4、5章，曹达敏编写了第2、3章，林彦编写了第6、8章，熊静编写了第7章。中国商用飞机有限责任公司民用飞机试飞中心米毅、刘超强等编写了各章拓展阅读模块的大部分案例。全书由李永平、米毅主编，李永平负责统稿，米毅负责校稿。

本教材是编写组多年教学和实践积累的结果。感谢教材编写团队的每一位成员，无论是作者、编者还是校对者，他们都为教材的出版作出了巨大贡献；感谢为教材提供技术、文献、资料、场地、经费等支持的单位和组织；感谢参与教材评审的专家们，他们的专业知识和独到见解为教材增色，提高了教材的质量和价值。

限于水平，书中难免有疏漏之处，敬请读者不吝赐教，以期再版时订正，谢谢。

《航空概论》教材编写组
2024年5月

目录

第1章 航空发展概况 / 1

1.1 航空的定义与分类 / 1
    1.1.1 航空的定义 / 1
    1.1.2 航空器的分类 / 2
1.2 航空发展史 / 4
    1.2.1 中国航空史 / 5
    1.2.2 西方航空史 / 20
1.3 飞机的应用 / 23
    1.3.1 飞机在军事上的应用 / 23
    1.3.2 飞机在民事上的应用 / 27
1.4 无人机 / 30
    1.4.1 无人机的定义与分类 / 30
    1.4.2 无人机的应用现状与未来发展 / 33
1.5 民用航空的发展 / 34
    1.5.1 世界民用航空发展历程 / 34
    1.5.2 中国民用航空发展历程 / 39
1.6 民用航空管理机构 / 42
    1.6.1 国际民用航空管理机构 / 42
    1.6.2 中国民用航空管理机构 / 45
拓展阅读 / 47
本章小结 / 49
复习与思考 / 49
本章习题 / 49

第2章 飞行原理 / 51

2.1 大气飞行环境 / 51

  2.1.1 大气的组成 / 51
  2.1.2 大气的分层 / 52
  2.1.3 大气的物理特性 / 53
  2.1.4 国际标准大气 / 54
 2.2 气流特性 / 55
  2.2.1 流体模型化 / 55
  2.2.2 流场及其描述方法 / 56
  2.2.3 连续方程 / 56
  2.2.4 伯努利定理 / 57
 2.3 升力和阻力的产生 / 58
  2.3.1 机翼的形状和几何参数 / 58
  2.3.2 升力 / 60
  2.3.3 阻力 / 63
 2.4 飞机的运动和飞行性能 / 66
  2.4.1 飞机的匀速直线运动 / 66
  2.4.2 飞机的机动飞行 / 74
 2.5 飞机的稳定性和操纵性 / 77
  2.5.1 飞机的平衡 / 77
  2.5.2 飞机的稳定性 / 79
  2.5.3 飞机的操纵性 / 83
拓展阅读 / 85
本章小结 / 95
复习与思考 / 96
本章习题 / 96

第3章 航空动力装置 / 98

 3.1 航空发动机的分类及特点 / 98
 3.2 航空活塞式发动机 / 100
  3.2.1 航空活塞式发动机的基本组成 / 101
  3.2.2 航空活塞式发动机的工作原理 / 102
  3.2.3 评定航空活塞式发动机性能的主要参数 / 103
 3.3 航空喷气发动机 / 105
  3.3.1 航空喷气发动机的推力 / 106
  3.3.2 评定航空喷气发动机性能的主要指标 / 107
  3.3.3 航空喷气发动机的工作部件 / 108
  3.3.4 常用的航空喷气发动机 / 113
  3.3.5 航空喷气发动机的工作状态 / 115
拓展阅读 / 116

本章小结 / 124

复习与思考 / 124

本章习题 / 124

第4章 飞机机载电子设备 / 127

4.1 仪表 / 127

    4.1.1 大气数据仪表与系统 / 127

    4.1.2 姿态仪表 / 133

    4.1.3 航向仪表 / 135

4.2 通信系统 / 139

    4.2.1 高频通信系统 / 139

    4.2.2 甚高频通信系统 / 140

    4.2.3 卫星通信系统 / 140

    4.2.4 空中交通管制应答机 / 141

4.3 导航系统 / 141

    4.3.1 自动定向仪(ADF) / 142

    4.3.2 甚高频全向信标(VOR) / 142

    4.3.3 测距仪(DME) / 143

    4.3.4 仪表着陆系统(ILS) / 143

    4.3.5 全球定位系统(GPS) / 144

    4.3.6 空中交通告警和防撞系统(TCAS) / 145

拓展阅读 / 146

本章小结 / 163

复习与思考 / 163

本章习题 / 164

第5章 飞机结构 / 166

5.1 飞机的结构要求 / 166

    5.1.1 气动外形要求 / 166

    5.1.2 重量要求 / 167

    5.1.3 使用及维修要求 / 168

    5.1.4 工艺要求 / 168

    5.1.5 成本要求——经济性 / 169

5.2 飞机材料 / 170

    5.2.1 飞机上的材料 / 170

    5.2.2 飞机材料的使用历史 / 171

    5.2.3 复合材料的使用 / 173

5.3 飞机的基本结构 / 174
    5.3.1 机身 / 175
    5.3.2 机翼 / 178
    5.3.3 起落架 / 182

拓展阅读 / 187
本章小结 / 198
复习与思考 / 198
本章习题 / 198

第6章 航空公司 / 200

6.1 民航运输基础 / 200
    6.1.1 民航运输的特点 / 200
    6.1.2 民航运输业的特性 / 201
    6.1.3 民航运输业生产统计指标 / 203

6.2 航空公司的分类、设立与运行 / 208
    6.2.1 航空公司的概念与特点 / 208
    6.2.2 航空公司的分类 / 208
    6.2.3 航空公司的设立与运行 / 209

6.3 航班计划 / 211
    6.3.1 航班计划分类 / 211
    6.3.2 航班计划的要素 / 212
    6.3.3 航班计划的编制规则 / 214

6.4 旅客运输组织 / 215
    6.4.1 客票销售 / 216
    6.4.2 行李运输 / 217
    6.4.3 旅客运输流程 / 218

6.5 货物运输组织 / 219
    6.5.1 适合航空运输的货物种类 / 219
    6.5.2 货物运输流程 / 220

拓展阅读 / 221
本章小结 / 223
复习与思考 / 223
本章习题 / 223

第7章 机场 / 225

7.1 机场的概念 / 225
7.2 机场的发展历史 / 226

7.2.1 世界机场的发展历史 / 226
7.2.2 我国机场的发展历史 / 228
7.3 机场系统的构成 / 230
7.3.1 飞行区 / 230
7.3.2 航站区 / 236
7.3.3 进出机场的地面交通 / 240
7.3.4 机场的其他组成部分 / 241
7.4 机场的分类及等级 / 242
7.4.1 机场的分类 / 242
7.4.2 机场的等级划分 / 243
7.5 机场运行与管理 / 245
7.5.1 飞行区运行管理 / 246
7.5.2 航站区运行管理 / 247

拓展阅读 / 248
本章小结 / 249
复习与思考 / 249
本章习题 / 249

第8章 空中交通管理 / 251

8.1 空中交通管理机构 / 252
8.1.1 主要职责和组织结构 / 252
8.1.2 行业管理体制 / 252
8.2 空中交通服务 / 253
8.2.1 空中交通管制服务 / 253
8.2.2 飞行情报服务 / 256
8.2.3 告警服务 / 256
8.3 空域管理 / 258
8.3.1 空域划分 / 258
8.3.2 空域规划 / 261
8.4 空中交通流量管理 / 261
8.4.1 先期流量管理 / 261
8.4.2 飞行前流量管理 / 261
8.4.3 实时流量管理 / 261

拓展阅读 / 261
本章小结 / 263
复习与思考 / 263
本章习题 / 263

习题答案 / 265

参考文献 / 268

附录　飞机彩图 / 269

第 1 章　航空发展概况

本章内容可以使读者了解航空的国内外发展概况,尤其是新中国航空工业的发展历程,在当今研制国产大飞机的背景下具有重要参考价值。

本章阐述了航空的基本概念,对航空器进行了分类,详细叙述了航空的发展历史、飞机的应用、无人机、民用航空的发展及其管理机构。

1.1　航空的定义与分类

1.1.1　航空的定义

视频:航空与航天有啥区别?

航空指飞行器在地球大气层(空气空间)中的飞行活动,以及与此相关的科研教育、工业制造、公共运输、专业作业、航空运动、国防军事、政府管理等众多领域,它是一种复杂而有战略意义的人类活动。通过对空气空间和飞行器的利用,航空活动可以细分为众多独立的行业和领域,典型的如航空制造业、民用航空业等。

航空必须具备空气介质和克服航空器自身重力的升力,大部分航空器还要产生相对于空气运动的推力。

航空也指一切与天空有关的人类活动,譬如飞行,这些活动也包括与天空有关的组织,如飞机制造、发展和设计等。翱翔天空是人类很久以来的梦想,但直到 18 世纪后期热气球在欧洲成功升空,这一愿望才得以实现。到了 19 世纪,西方许多人制造出了一些不用发动机的滑翔机。1903 年,美国人莱特兄弟发明了有动力飞行的飞机——"飞行者一号"(Flyer Ⅰ),并试飞成功,被全世界公认为飞机诞生的标志。20 世纪初期,飞机的出现开创了现代航空的新篇章。空气动力学是航空技术的科学基础,航空技术的每一项成就都离不开空气动力学的进展。

在军用航空领域,早在18世纪,人类就已经发明了没有动力的侦察热气球。到了现代,军用飞机的需求量与日俱增,军机生产商之间是相互的竞争者,因为只有其中一方能取得某国的合约,提供军机给该国,而政府考虑的主要是飞机的价格、性能和速度。其中,战斗机用来摧毁敌方军机,如零式舰载战斗机;攻击机用来攻击地面目标,实施火力支援,如 A-10 雷霆攻击机;轰炸机用来进行战略轰炸,如 B-2 幽灵隐形战略轰炸机;大型运输机用来进行人力或物资运输,如 C-130 运输机;侦察机用来搜集情报,如 U-2 侦察机;直升机用来进行火力支援和运输。

民用航空指一切非军事航空活动,包括航空运输及通用航空。目前全球有五大主要客机生产商:空中客车公司,总部在法国的图卢兹市;波音公司,总部在美国的华盛顿州;庞巴迪公司,总部在加拿大的魁北克省;巴西航空工业公司,总部在巴西的圣保罗州;中国商用飞机有限责任公司,总部在中国的上海市。波音和空中客车公司主要生产窄体和宽体的干线客机,庞巴迪和巴西航空工业公司则主要生产支线客机,而中国商用飞机有限责任公司所研发的 ARJ21-700 飞机和 C919 飞机已经投入航线飞行。多数飞机生产商除了进行飞机设计、制造和试飞外,还提供客户服务,也负责飞机大部段、部分零部件的加工制造及系统设备的研发制造等,而更多的飞机零件则由世界各地的不同机构制造。在20世纪70年代以前,大部分大型航空公司都是国家航空公司,受到政府保护,免受对手威胁。但是自1979年美国的"开放天空"政策推行之后,不少航空公司纷纷成立,竞争加剧使机票价格下滑,再加上高燃油价、高薪金及2001年所发生的"9·11"事件和2003年的 SARS(非典型性肺炎)事件,不少经营不善的航空公司纷纷申请破产保护、政府保护或合并,但与此同时,廉价航空公司如美国西南航空公司则成为这一时期的受益者。

通用航空也属于民用航空,是指所有非定期航班,包括私人和商业性飞行。通用航空可以进行公务航班、不定期航班、私人航班、飞行训练、降落伞、热气球、滑翔飞行、空中摄影、救护航班、特技飞行、空中巡逻或森林防火等。每个国家对通用航空有不同的规范。目前,全球有不少飞机制造商生产小型飞机,如塞斯纳、莫拉凡等,其市场主要针对希望拥有私人飞机的顾客或飞行学校。随着航电系统的改善,以往只有大型飞机使用的航电系统也能加装在小型飞机上,如全球定位系统(global positioning system,GPS),再加上复合材料的应用,使飞机更轻且飞得更快,成为发展小型飞机的推动力。如今,许多国家允许私人飞行,使得超轻型飞机和自制飞机得到普及。2023年12月,美国纽约使用电动垂直起降飞行器(electric vertical take-off and landing,eVTOL),在城市中正式开辟了"空中出租车"航线。

1.1.2 航空器的分类

在地球大气层内、外飞行的器械称为飞行器。按照飞行器的飞行环境和工作方式不同,可以把飞行器分为三类:航空器、航天器、火箭和导弹。在大气层内飞行的飞行器称为航空器,航空器靠空气的静浮力或靠与空气相对运动产生的空气动力升空飞行。主要在大气层外空间飞行的飞行器称为航天器,航天器在运载火箭的推动下获得必要的速度进入大气层外的空间,然后在引力作用下完成类似于天体的轨道运动。火箭是靠火箭发动机的动力升空,可以在大气层内或大气层外飞行的飞行器;导弹是一种飞行武器,弹体带有战斗部,依靠制导系统控制其飞行轨迹。从动力装置和飞行范围看,火箭和大部分导弹更接近于航天器,所以把火箭和导弹归属于航天的范畴。

航空器常见的分类方法如图 1-1 所示,下面重点介绍重于空气的航空器——飞机。

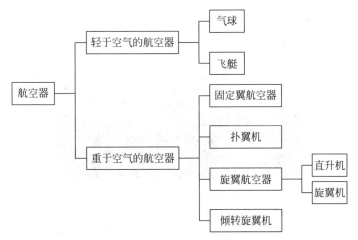

图 1-1　航空器的分类

由于飞机构造的复杂性,飞机的分类依据也是五花八门,既可以按飞机的用途来划分,也可以按结构和外形来划分,还可以按照飞机的性能和年代划分。

1. 按飞机的用途分类

飞机按用途可以分为民用飞机和军用飞机两大类。

民用飞机泛指一切非军事用途的飞机(如客运飞机、货运飞机、农业作业飞机、运动飞机、救护飞机及试验研究飞机等)。

军用飞机则是指用于各个军事领域的飞机,其传统分类大致如下:

(1) 歼击机,又称战斗机,第二次世界大战以前称驱逐机,其主要用途是与敌方歼击机进行空战,夺取制空权,还可以拦截敌方的轰炸机、强击机和巡航导弹。

(2) 强击机,又称攻击机,其主要用途是从低空和超低空对地面(水面)目标(如防御工事、地面雷达、炮兵阵地、坦克舰船等)进行攻击,直接支援地面部队作战。

(3) 轰炸机,是指从空中对敌方前线阵地、海上目标及敌后的战略目标进行轰炸的军用飞机。按其任务可分为战术轰炸机和战略轰炸机两种。

(4) 侦察机,是专门进行空中侦察、搜集敌方军事情报的军用飞机。按任务也可以分为战术侦察机和战略侦察机两种。

(5) 运输机,是指专门执行运输任务的军用飞机。

(6) 预警机,是指专门用于空中预警的飞机。

(7) 其他军用飞机,包括电子干扰机、反潜机、教练机、空中加油机、舰载飞机等。

当然,随着航空技术的不断发展和飞机性能的不断完善,军用飞机的用途和分类界限越来越模糊,一种飞机完全可能同时执行两种以上的军事任务,如美国的 F-117 战斗轰炸机,既可以实施对地攻击,又可以进行轰炸,还有一定的空中格斗能力。

2. 按飞机的构造分类

由于飞机构造复杂,因此按构造分类就显得种类繁多。比如可以按机翼的数量将飞机分为单翼机、双翼机和多翼机(图 1-2),也可以按机翼的形状分为矩形翼飞机、梯形翼飞机、后掠翼飞机、变后掠翼飞机、三角翼飞机和 S 形机翼飞机等(图 1-3),还可以按飞机的发动机类别分为螺旋桨式飞机和喷气式飞机两种。

图 1-2　第一次世界大战时的英国 FK10 四翼战斗机

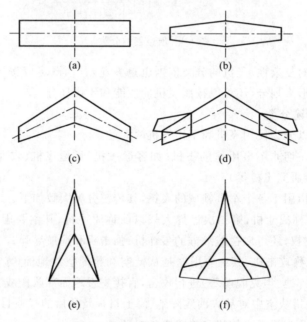

图 1-3　飞机按机翼的形状分类

（a）矩形翼；（b）梯形翼；（c）后掠翼；（d）变后掠翼；（e）三角翼；（f）S 形机翼

1.2　航空发展史

视频：飞机的发明与发展　　　　　视频：民航飞机百年发展史

1.2.1 中国航空史

视频：中国大飞机项目发展历程

视频：中国空军的发展史，从歼-5到歼-20的蜕变！

1. 中国古代航空史

腾云驾雾，呼风唤雨，高居于碧霄之上，逍遥于九重天外——这是龙的形象（图1-4）。可见，在我们的祖先心中，很早就产生了像神龙那样凌云御风、翱翔天宇的渴望。因此，在中国五千年灿烂辉煌的历史长河中，一直流传着飞天神女（图1-5）、嫦娥奔月（图1-6）等传说。

图1-4 龙的形象

图1-5 甘肃敦煌飞天神女画

图1-6 中国古代神话故事——嫦娥奔月

在这种梦想的激励下,我们的祖先不断地探索制造飞行器械。最早的、有史可查的记载可以追溯到公元前。据《墨子·鲁问》中记载,春秋时期的著名工匠公输班已能"削竹木以为鹊,成而飞之";《后汉书·张衡传》中记载,东汉著名的科学家张衡也曾制造出了能够飞翔的木鸟。两千多年以前,世界上最早的实用飞行器——风筝在中国诞生了(图1-7)。唐代赵昕所著《息灯鹞文》中记载,楚汉争霸时,韩信在垓下之战中曾使用过风筝。而在南北朝时风筝已正式用于军事联络了。另外,在我国的许多文献、发明中可以找到许多近现代飞行器的影子。例如,东晋的葛洪在《抱朴子·内篇·杂应》中提出了鸟类翱翔是由于上升气流托举的见解,这是对鸟类飞行原理的重要发现,包含了滑翔机的最初理论;五代时的松脂灯,又名"孔明灯"(图1-8),是利用热气升上天空的,这其实是一种原始的热气球;西方学者称为"中国陀螺"的竹蜻蜓(图1-9)则被普遍视为现代旋翼机的雏形。

图1-7 最早的实用飞行器——风筝

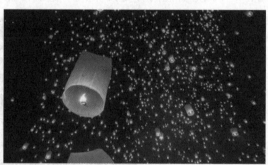

图1-8 孔明灯

图1-9 竹蜻蜓

由此可见,在航空方面,我们的祖先已取得了许多成就,虽然由于中国封建社会"重文轻理"思想的压制,它们没能得到进一步发展,却给后世航空器的研究以重大的影响和启迪。

2. 中国现代航空史

在航空工业方面,中国是航空古国,也是航空大国,但目前还不是航空强国,这和我们国家日益壮大的国际政治、经济地位是不相称的。新中国成立以来,我国的航空工业取得了巨大成功,由早期的仿制飞机到现在自主研制飞机,新中国拥有了自己的一系列机型。

旧中国航空工业的萌芽在逆境中顽强生长。从1910年清政府在北京南苑设厂制造飞机到1949年新中国成立,近40年的时间中国虽然在航空方面积累了一些基础,但从来都算不上是独立的航空工业。再加上抗日战争中日军的轰炸,解放战争中国民党溃败时的破坏,以及战乱中飞机制造厂的多次搬迁流离,设备损失殆尽,工厂残破瓦解。到新中国成立时,除了留下一些航空技术人才之外,仅有的一些基础已荡然无存。

新中国蓬勃发展的航空工业,便是在这种"一穷二白"的基础上一步一步、一砖一瓦地建设起来的。70多年来,无数航空工作者为了新中国的航空事业献出了毕生的心血,终于使我国跨入了航空大国的行列。虽然与当今美、俄等航空强国相比,我们还有很长的路要走,但中华民族历来就是勤劳、勇敢而智慧的,只要我们一如既往地发扬艰苦创业、不懈进取的精神,中华民族终有一天将走在世界航空的最前列!

新中国成立初期,百业待举,经济困难。然而,为了建设强大的国防,发展中国的航空事业,中央人民政府人民革命军事委员会和政务院于1951年4月17日颁发了《关于航空工业建设的决定》,成立了航空工业管理委员会,新中国的航空工业就这样在抗美援朝的烽火中诞生。

当时,国家组织了对航空工业大规模的重点建设,仅在第一个五年计划(1953—1957年)期间,国家就投入大量资金,在苏联的技术支援下,组建了一批航空高等院校,建设了13个重点骨干企业,使航空工业迅速完成了由修理到制造的过渡。

迎着抗美援朝的烽火,从航空工业的初创到第一批骨干企业的建立,从组建最早一批科研院所到火热的大"三线"建设,再到门类齐全的航空工业体系的形成,经历了27年的风雨历程。

1954年7月,中国生产的第一架飞机——初教-5试制成功。之后,于1956年试制成功我国第一架喷气歼击机——歼-5飞机;1958年,试制成功多用途运输机——运-5飞机和中国第一架直升机——直-5;1959年,超声速喷气式飞机——歼-6又试制成功。20世纪50年代取得的一系列重要成就和历史性的突破,使中国跨入了当时世界上少数几个能够成批生产喷气式飞机的国家的行列。

20世纪六七十年代,中国航空工业进入完全依靠自己的力量、独立自主地建设和发展的时期。其间虽然受到"文革"的严重干扰,但仍然取得了巨大成就。在着眼长远、全面规划的基础上,为提高航空科研能力,广泛吸引海内外航空科技人才,设立了航空研究院和22个航空专业设计所、研究所;根据增强试制生产能力、完善配套的需要,展开了大规模的"三线"建设,到70年代后期,中国航空工业不但在东北、华北、华东有了比较强的飞机及其配套生产能力,而且在中南、西南、西北等地的"三线"地区建成了能够制造歼击机、轰炸机、运输机、直升机及其发动机、机载设备的成套生产基地,航空工业布局发生了重大变化,形成了比较完整配套的生产能力。

20世纪70年代,随着国防科技工业的战略调整,军用航空产品订货陡然下降,企业大面积停工停产,经济形势十分严峻。此时全行业对民品开发的认识还很肤浅,行动尚不自觉,开发的军转民项目有很大的盲目性,产品小而杂,经济效益不高。80年代后期,中央提出"航空工业民品生产,除了主要生产民用飞机外,也要生产其他产品,但应该是既能充分发挥自己的技术优势,又能消化国外引进技术、打得出去的产品"。从此,全行业明确了发展方向,航空工业民品发展,尤其是非航空产品发展,开始进入有目标、有计划地进行产品开发和技术改造、国际合作的阶段。在长时间"军转民、内转外"的战略转变中,中国航空工业在探索中前进,在变革中发展,在竞争中成长。在走向世界方面,实现了从一般性交流合作、技术引进、转包生产到重大航空产品和整机技术出口,再到作为平等伙伴参与重大航空项目研发的历史性跨越,实现了从东方到西方、从民用航空到军用航空、从引进来到走出去的全方位、宽领域的开放。

当时,邓小平同志多次强调加快航空工业发展的重要性,指出"科技是巨大的生产力,这在航空工业中表现得特别明显",要求航空工业贯彻"军民结合"的方针,大力发展民用飞机和其他民用产品;加快引进国外的先进技术,提高航空科研起点;积极开展航空产品对外出口。为贯彻这一系列指示,航空工业提出了"科研先行、质量第一和按经济规律办事"的指导思想,确定了飞机"更新一代、研制一代、预研一代"的发展方针,明确了"在新机研制上有所突破,在民品生产上有所突破,在扩大出口上有所突破"的目标。改革开放以来,中国航空工业向世界出口飞机1300多架,60多个国家成为中国航空产品的用户国,30多家著名跨国公司与中国航空工业建立起了长期稳定的合作关系,1000多人次的外国领导人和军政首脑访问过中国航空工业,累计实现进出口总额400多亿美元。目前,世界上在役的干线飞机中,半数以上使用中国生产的零部件。

新中国的航空工业几乎是从零开始的,新中国成立以后,国家建立了几所培养航空精英和高级技术人才的航空高等院校,加上从国外学成归国的留学人员,涌现出了许多著名的飞机设计师。

1)新中国成立前的飞机设计师

早期归国的飞行员有冯如、谭根、林福元、张惠长等,他们为中国早期航空事业的发展奠定了基础。冯如是我国首位航空工程师兼飞行员(图1-10),于1884年1月12日生于广东省恩平县,因生活环境因素,于12岁时随亲戚赴美国旧金山谋生。1903年当冯如得知美国莱特兄弟发明飞机并飞行成功后,决心要靠自己的力量制造飞机。冯如获得了当地华侨的赞助,于1907年在旧金山以东的奥克兰设立飞机制造厂,1909年正式成立广东飞行器公司,冯如担任总工程师,该公司于成立当年便投入生产飞机的业务。

视频:冯如的飞机有多厉害?　　视频:华人飞行之父——冯如

图1-10　华人飞行之父——冯如

1909年9月21日接近黄昏时分,冯如自己研发的首架飞机在奥克兰附近的一座圆形山丘旁进行首次试飞,由冯如亲自驾驶,此处远离居民区,除在场的记者外,就是他的三名助手。飞机起飞后飞行了800米,在离地4.57米处准备做一次转弯时,螺旋桨突然停止转动,飞机掉了下来,在飞机触地时冯如被甩出机外,幸好没有受伤。事后冯如检查飞机,发现造成事故的原因是由于螺旋桨桨轴螺丝锁得太紧,致使桨叶叶根断裂。

1910年7月,冯如参考寇蒂斯的金甲虫(June Bug)及莱特兄弟的"飞行者一号"两款构型的设计,设计制造了第二架飞机(图1-11)。同年的10—12月,冯如驾驶此架飞机在奥克兰进行飞行表演大获成功,受到孙中山先生与旅美华侨的赞赏,并获得了美国国际航空学会颁发的甲等飞行员证书。

中国空军源自广东陆军航空队所奠定的基础,中华民国创建后孙中山有感于国内发展

图 1-11　冯如和他设计的飞机

航空事业的重要性,请求谭根返回美国筹备。

1918 年,谭根赴美募款,并于年底前引进数架双翼教练机至广州。谭根在美国时,曾于寇蒂斯创办的飞行学校学习飞行,回国后于 1915 年在香港九龙湾驾驶水陆两用机进行飞行表演(图 1-12)。另一位飞行员林福元也是自寇蒂斯飞行学校取得飞行执照的华裔美国人,之后于 1919 年夏季回国并在广州进行一连串的飞行展示。这两位受到广州地区民众欢迎的飞行员均有意创办飞行学校,但后来因国家财政拮据而中止计划。张惠长是于 1916 年自中国国民党内遴选进入美国航空学校受训的学员之一,回国后曾完成历史性的南北长途飞行创举,被航空界人士称为"中国林白"。

图 1-12　谭根和他设计的飞机

2) 航空精英的摇篮——航空院校

航空工业建立之后的首要任务就是适应抗美援朝的需要,全力保证志愿军空军飞机的修理,同时为逐步从修理过渡到制造积累经验。没过多久,我国便在苏联专家的援助之下建立起了包括沈阳飞机厂在内的第一批骨干企业,设备基本上是从苏联成套购买的。在建设航空企业的同时,我国也十分注重人才的利用和培养,一大批学成归国的有航空技术专长的知识分子相继被委以重任。例如,曾经留学英美的徐舜寿、黄志千、吴大观、虞光裕分别受命组建我国的第一个飞机设计室和发动机设计室;曾留学英国的陆孝彭被任命为飞机设计师,后来主持设计了中国的第一代强击机;从美国回来的昝凌被委任建立中国的第一个航空仪表设计室等。

为了航空工业后续人才培养,我国于1952年创办了三所航空高等院校:北京航空学院,由清华大学航空学院和四川大学、北京工业大学的航空系合并而成,后改名为北京航空航天大学;华东航空学院,由原中央大学、交通大学、浙江大学的航空系合并而成,1956年迁往西安并与西北工学院合并成为西北工业大学;南京航空工业专科学校,1956年升为南京航空学院,后改为南京航空航天大学。这三所高校为我国的航空工业输送了大量高科技人才,为新中国航空工业的发展作出了不可磨灭的贡献。

在民用飞机飞行员的培养方面,当前我国主要有以下院校设有飞行技术专业:中国民用航空飞行学院、北京航空航天大学、南京航空航天大学、西北工业大学、中国民航大学、上海工程技术大学、沈阳航空航天大学、山东航空学院等。

3) 航空报国的脊梁——中国十大著名飞机设计师

从薄弱的工业基础到建立起比较完备的航空工业体系,从而为空军提供装备支撑以保卫祖国的领空,凝聚的是几代人、无数飞机设计师的心血。这些飞机设计师不仅是中国航空工业的智慧象征,更是千千万万几十年如一日默默奋斗在科研一线的航空设计人员的典型代表。由于作战飞机在战斗中的地位不断提高、作用越来越大,飞机设计师的战略价值也被蒙上了神秘面纱,难以走进寻常人的视野。他们当中有的因为装备的解密而出现在公众媒体,而大多数则永久"保密"在幕后。从这个角度讲,我们不仅是在歌颂中国航空工业的功勋人物,也是在向无数的无名英雄致敬。

(1) 冯如:中国第一位飞机设计师

冯如(1884年1月12日—1912年8月25日),原名冯九如,乳名冯珠九,字鼎三,号树垣,出生于广东省恩平县,中国第一位飞机设计师。他是中国从事飞机研制、设计、制造和飞行的第一人。

冯如被美国报纸赞为"东方莱特"。1911年2月,冯如谢绝美国多方聘任,带着助手及两架飞机回到中国,提出航空救国主张并为之奋斗。1912年8月25日,冯如在广州燕塘的飞行表演中不幸失事殉职,遗体安葬在广州黄花岗七十二烈士墓(今黄花岗公园)。

(2) 徐舜寿:大师之师,培养多位院士

徐舜寿(1917年8月21日—1968年1月6日),我国著名飞机设计师,浙江省吴兴人,1933年考入清华大学机械工程系航空工程组;1944年赴美国麦克唐纳飞机公司实习;1946年8月奉召回国,在空军第二飞机制造厂担任运输机的设计工作。

新中国成立后,徐舜寿先后担任航空工业局飞机科科长和总工艺师。1956年8月,他任我国首个飞机设计室主任设计师,全面负责创建工作。此间,他成功设计出歼教-1型喷气教练机,并主持了初教-6型初级教练机和强-5型强击机的总体设计。

(3) 陆孝彭:设计"最轻的战斗机"歼-12

陆孝彭(1920年8月19日—2000年10月16日),飞机设计专家,江苏省常州市人。1941年毕业于重庆国立中央大学。

陆孝彭曾主持变后掠技术重大课题研究,在气动布局、机翼优化设计、驱动+AAA机构和飞控系统方面取得突破,获国家科学技术进步奖二等奖。陆孝彭于1978年获全国劳模称号,1995年当选为中国工程院院士。

(4) 屠基达：30 岁时便成功主持设计了飞机

屠基达(1927 年 12 月 11 日—2011 年 2 月 16 日)，飞机设计专家，浙江省绍兴市人。1951 年毕业于上海交通大学。

屠基达长期在第一线从事飞机设计技术工作，做了一系列具有开创性和填补国内空白的工程技术工作。1957 年成功设计了国内首架两侧进气下单翼传力的机身结构，此后，出色地完成了初教-6 国内首创小飞机全铝合金半硬壳结构设计；成功主持了我国第一次飞机测绘设计。屠基达曾获国家科学技术进步奖一等奖。1995 年当选为中国工程院院士。

(5) 马凤山：运-10 之父

马凤山(1929 年 5 月 8 日—1990 年 4 月 24 日)，江苏省无锡市人，1943 年 9 月—1949 年 7 月先后就读于无锡道南中学和辅仁中学，1949 年 10 月考入上海交通大学航空工程系。

1959 年 5 月，马凤山参加轰-6 飞机的仿制设计工作，负责处理设计技术问题，奉命去苏联考察，领导轰-6 飞机在哈尔滨的仿制设计及动力工作。他在考察期间写下的《马凤山笔记》，为起步研制我国大型喷气客机提供了参考。

(6) 顾诵芬：攻克超声速战机气动设计难题

顾诵芬，飞机设计专家，1930 年生于江苏省苏州市，1951 年毕业于上海交通大学航空工程系。

顾诵芬的专长是飞机空气动力设计，20 世纪 50 年代成功地完成了亚声速喷气教练机和螺旋桨初级教练机的气动力设计；60 年代主持了我国第一架超声速歼击机歼-8 的气动力设计，攻克了飞机超声速方向安定性及跨声速抖振的难题；80 年代运用系统工程方法，综合高新技术用于歼-8Ⅱ飞机，在不到 4 年的时间里，实现了飞机首飞。

(7) 宋文骢：主持设计中国第一款三代机

宋文骢(1930 年 3 月 26 日—2016 年 3 月 22 日)，飞机总体设计专家，出生于云南省昆明市，1960 年毕业于哈尔滨军事工程学院。

宋文骢是我国飞机设计战术技术论证、气动布局专业组的创始人之一，在先进气动布局、航空电子综合技术、数字式飞行控制系统、计算机辅助设计和制造技术等方面均有重大突破，研制成拥有自主知识产权的第三代战斗机的设计技术。宋文骢曾荣获航空航天工业部科学技术进步奖一等奖、重点型号设计定型一等功、重点型号首飞特等功。2003 年当选为中国工程院院士。

(8) 陈一坚：主持设计"飞豹"，填补歼轰机空白

陈一坚(1930 年 6 月 21 日—   )，飞机设计专家，福建省福州市人。1952 年毕业于清华大学。

陈一坚长期从事飞机设计研究工作，主持参加了多个型号飞机的设计和研制，为我国航空工业的建设和发展作出了突出贡献。作为歼轰-7"飞豹"飞机的总设计师，他打破旧的设计规范体系，采用诸多新技术、新材料和新设备，使飞机达到国家要求的战术技术指标，并组织几十家厂所成功地完成了研制任务，填补了我国此机型的空白。陈一坚于 1999 年当选为中国工程院院士。

(9) 石屏：设计出具有国际先进水平的教练机

石屏(1934 年 3 月 25 日—2016 年 5 月 10 日)，飞机设计专家，曾任 K-8(教-8)飞机总设计师、江西洪都航空工业集团飞机总设计师。

石屏主持 K-8 教练机设计,通过修改机翼前缘翼型,使飞机获得了良好的升阻特性和失速特性;在首次方案设计时,进行全机各系统可靠性、维修性设计,使出勤率高、开敞性好、便于维护成为飞机的突出特点之一。该飞机综合性能优于同类飞机,是我国首次向国外输出整机生产线的机种。石屏曾获国家科学技术进步奖一等奖。2003 年当选为中国工程院院士。

(10)杨伟:"枭龙"战机总设计师

杨伟,飞行器设计与飞行控制领域专家,生于 1963 年 5 月,1985 年毕业于西北工业大学,工学硕士、研究员,中国科学院院士,国家科学技术进步奖特等奖获得者。

从中国第一型自主研发的第三代战斗机歼-10 到新一代外贸机"枭龙"战机,从歼-10 的系列改进型歼-10 双座机、歼-10A、歼-10B、歼-10C 到中国第四代战斗机歼-20 飞机,杨伟在中国航空科技领域取得了系统性的创新成果。杨伟是中国新一代歼击机电传飞控系统的组织者和开拓者,为中国航空科技和武器装备的发展作出了突出贡献。杨伟见证了中国航空工业从无到有、从弱到强,他为中国航空工业的发展和国防建设作出了重大贡献。2017 年当选为中国科学院院士。

4)空中雄鹰——国产军用飞机

(1)教练机

初教-5 教练机是我国第一种自行制造的初级教练机,原型为苏联雅克-18 教练机。

初教-6 串列双座螺旋桨教练机长期服役于我国空军及地方航校,至今仍然是我国初级教练机的主力机型。

歼教-5 是在歼-5 甲的基础上改型设计的全天候双座喷气教练机,由成都飞机工业(集团)有限责任公司负责制造。

歼教-7 是我国在歼-7 基础上发展的双座教练机,由贵州航空工业(集团)有限责任公司负责研制,装备部队后用于对歼-7、歼-8 战斗机飞行员的飞行训练。

教-8 是我国新一代初级教练机。为了给解放军装备先进的喷气初级教练机,1982 年洪都集团公司成立了教练机方案组。1986 年,我国决定与巴基斯坦合作研制教-8,巴基斯坦方面投资了 25%,并负责生产前机身等部位,因此教-8 分为国内型号和外销型号。

(2)直升机

直-5 是我国制造的第一种多用途直升机(图 1-13),也是新中国直升机科研应用的开端。该直升机研制初期代号"旋风 25",原型为苏联米-4 直升机。1958 年 2 月,哈尔滨飞机工业公司按照苏联提供的全套图纸资料开始仿制米-4。1958 年 12 月 14 日首次试飞,1959 年初由国家鉴定委员会正式验收,投入批量生产。直-5 由一种武装直升机改型,机腹加装了一个口径 12.7mm 的机枪枪塔,两侧携带火箭发射器。

我国于 20 世纪 70 年代末购进了 14 架法国宇航工业公司研制的 SA321"超黄蜂"大型多用途直升机,交由海军航空兵部队使用。随后,我国开始在"超黄蜂"的基础上仿制直-8。

直-9 轻型多用途直升机是由哈尔滨飞机制造公司引进法国专利而研制生产的,用于人员运输、近海支援、海上救护、空中摄影、海上巡逻、鱼群观测、护林防火等,并可作为舰载机使用。军事用途包括侦察、近距火力支援、反坦克、搜索救护、反潜、侦察校炮及通信。

直-11 型机由昌河飞机工业集团有限责任公司和中国直升机设计研究所共同研制,属于军民通用型多用途直升机。直-11 的仿制原型为由法国宇航工业公司研制的 AS350"松鼠"多用途轻型直升机,可用于教练、侦察、救护、缉私、消防、旅游等领域,具有广阔的市场前景。

图 1-13　直-5

（3）轰炸机

轰-5 前线轻型战术轰炸机是我国从苏联引进的伊尔-28 喷气轰炸机的仿制品。该机采用两台涡轮喷气发动机，平直翼型，在当时是相当先进的一种前线轰炸机。机头的玻璃舱是领航员及轰炸手座舱，为导航和光学轰炸瞄准提供了良好的视野。

轰-6 轰炸机（图 1-14）的原型为苏联著名的中型喷气轰炸机，该机采用两台图曼采夫涡轮喷气发动机，翼型后掠，1948 年开始研制，直到 1990 年还有少量在苏军中服役。由于我国之后一直未能获得更好的替代机型，轰-6 服役至今，并仍在继续改进生产中。

图 1-14　轰-6

水轰-5 型水上反潜轰炸机由哈尔滨飞机制造公司研制，用于中近海域海上侦察、巡逻警戒、搜索反潜等任务，也可监视和攻击水面舰艇。1971 年以 110% 的设计载荷达到且超过全机静强度破坏试验的技术要求，并总装成功。

歼轰-7"飞豹"的对外名称为 FBC-1，是由我国于 20 世纪 80 年代开始自行设计研制的中型战斗轰炸机。该机型主要用于装备海军航空兵，是解放军作战飞机中耀眼的新星。

(4) 歼击机

歼-5 由沈阳飞机工业公司研制（图 1-15），是单座单发高亚声速喷气式战斗机，主要用于昼间截击，具有一定的对地攻击能力，歼-5 是仿制的苏联米格-17 歼击机。

图 1-15　歼-5

歼-6 歼击机的原型为苏联米格-19 歼击机，是第二代战斗机，也是第一代超声速战斗机。歼-6 多次击败比自身强大的敌方战斗机，不管战斗的具体情况如何，这些战绩是值得我们铭记的。在中国大陆，大批生产的歼-6 和歼-6 甲等始终是空军和海军航空兵 20 世纪六七十年代的主力战机，长期活跃于国土防空作战，目前还装备有一定数量，主要用于训练。歼教-6 由沈阳飞机厂研制，于 1966 年开始研制，1970 年 11 月 6 日首飞。

歼-7 战斗机的原型为苏联于 1961 年转让的米格-21F-13，分为第二代喷气战斗机、第二代超声速战斗机，有多种改型。

歼-7Ⅲ（按空军新的编号方法称为歼-7C），又称歼-7 大改，以米格-21MF 为蓝本，目的同样是改进歼-7 系列航程短、雷达作用距离短、火力弱等缺点。

歼-7E 和歼-7MG 是我国歼-7 高中空、高速全天候歼击机的两种改进型，而 MG 型又是由 E 型发展而来的出口型。

歼-8 战斗机是我国在歼-7，即米格-21 的基础上独立进行重大改进研制而成的高空高速战斗机，北约编号为"长须鲸"。

沈阳飞机工业公司在歼-8 的基础上研制了歼-8Ⅱ飞机（图 1-16）。1984 年 6 月 12 日，原型机首飞成功，1988 年 10 月 15 日，军工产品定型委员会正式批准歼-8Ⅱ飞机设计定型。

按西方划分战斗机的方法，歼-10 属于典型的第三代战斗机（图 1-17）。歼-10 是我国第一种自行设计的、装备部队使用的第三代战斗机，真正兼有空优/对地双重作战能力。

视频：歼-10 战斗机

歼-12 轻型战斗机是我国第一种完全依靠本国技术力量设计和制造的喷气战斗机（图 1-18）。它摆脱了苏联系列飞机的设计格局，为我国独立自主研制战斗机奠定了良好基

图 1-16　歼-8Ⅱ

图 1-17　歼-10

图 1-18　歼-12

础。但歼-12 的一系列致命弱点使其最终夭折,从未正式服役。

FC-1 战斗机于 2003 年 8 月胜利首飞,FC-1 战斗机已正式命名为"枭龙"。

强-5 单座双发超声速攻击机,国内称"强击机",由南昌飞机制造公司研制。其主要任务是近距空中支援和对地攻击,也可以进行对空自卫作战。强-5 的研制过程动荡曲折,在我国自研军用飞机中颇有曲折性和戏剧性。

（5）无人机

20世纪60年代，由于苏联援助的取消、专家的撤离，解放军空军试验用的拉-17无人靶机严重缺失，国家下决心搞自己的无人靶机，从而催生了长空一号。长空一号(CK-1)高速无人机由位于巴丹吉林沙漠的空军某试验训练基地二站于1965—1967年成功定型，主要负责人是被誉为"中国无人机之父"的中国工程院院士赵煦将军。

ASN-206多用途无人驾驶飞机是由西北工业大学西安爱生技术集团研制的，该机于1994年12月完成研制工作。

5) 蓝天凤凰——国产民用飞机

运-5运输机是我国第一种自行制造的运输机（图1-19），由南昌飞机制造公司负责，其原型为苏联20世纪40年代设计的安-2运输机。尽管运-5服役已近70年，但它飞行稳定、运行费用低廉，至今仍是中国最常见的运输机。运-5的另一个优点就是它可以以非常低的速度稳定飞行，且起飞距离仅仅170m。

图1-19 运-5

运-7是我国在苏联安-24型运输机的基础上研制生产的双发涡轮螺旋桨中短程运输机。运-7是西安飞机工业公司研制生产的双发涡桨支线运输机，于1970年12月25日首飞。

运-8运输机由陕西飞机制造公司研制（图1-20），为中型四发涡轮螺桨多用途运输机，原型为苏联安-12运输机。该机可用于空投、空降、运输、救生及海上作业等多种场合。1960年起，运-8由西安飞机工业公司负责设计，1974年12月25日，该机01号原型机首次试飞，02、03号原型机分别于1975年12月、1977年1月试飞成功。

图1-20 运-8

运-11是哈尔滨飞机厂(以下简称哈飞)研制的一种轻型双发多用途运输机。哈飞于1974年4月提出设想,1975年1月开始设计,1975年12月30日运-11原型机首次试飞成功。运-11实现了当年设计、当年试制、当年上天的目标。1977年4月3日设计定型,投入生产。

运-12是哈尔滨飞机制造公司(原哈尔滨飞机厂)在运-11的基础上进行深入改进的发展型号(图1-21),很快便成为中国航空工业界在商业上较为成功的一个机型。该机于1980年初开始研制,经过2年时间,1100多飞行小时的试飞后定型。

1999年1月,西安飞机工业(集团)股份有限公司提出创建以提高产品制造质量、提高飞机舒适性为主要内容的国产新一代支线飞机的"精品工程",经过改进改型,新机被正式命名为"新舟60"(MA-60)(图1-22)。1999年9月,新舟60在长安航空公司投入使用。

图1-21 运-12

图1-22 新舟60

ARJ21飞机项目于2002年4月正式立项,2002年9月,成立了中航商用飞机有限公司负责运作ARJ21项目(图1-23)。起初该机型由中航商用飞机有限公司工程部总体设计。2003年转至中国航空工业第一集团第一飞机设计研究院负责初步设计和详细设计工作。2003年12月,ARJ21飞机分别在成都、沈阳、西安和上海四家工厂同时开工制造零件。2007年12月21日,首架ARJ21飞机在上海飞机制造厂总装下线。

图1-23 ARJ21-700

经过70多年的发展,我国民航经历了从无到有、从小到大、从弱到强的发展历程。民航机型也从美制、苏制、德制,发展到今天全型号的先进机型及各种自主研发的飞机。

6)大飞机——强国之梦

中国航空工业已有70多年的历史,经历了从产品测绘仿制、自行设计制造到国际合作、技术引进的发展过程。其中,航空产品设计技术、产品制造技术和工业管理水平有了很大提高,已经形成了比较完整的工业体系。目前已研制成功的大、中型飞机有轰-6(H-6)系列,运-8(Y-8)系列,运-10(Y-10),与国外合作生产的 MD82/MD90,我国首款按照国际通行适航标准自行研制、具有自主知识产权的喷气式干线客机 C919 等。

大型飞机产业链涉及国家大部分工业行业,它的发展将会对一个国家的国民经济发展起到积极的推动作用。大型飞机所涉及的科学技术范围几乎覆盖整个航空科学技术领域,是推进中国科学技术追赶世界先进水平的强大动力。正因为大型飞机及其产业对于一个国家具有极其重要的意义,所以,当今世界各发达国家和一些正在崛起的发展中国家争相发展大型运输机。大型飞机产业成为凸显一个国家综合实力的战略性产业。

我国大中型飞机的主要设计单位有中国航空工业集团第一飞机设计研究院、中国商飞上海飞机设计研究院、陕西飞机工业(集团)有限公司飞机设计研究院等。这些飞机设计机构担负着我国大中型飞机的自行研制、改进改型、测绘仿制等多种任务,完成了数十种飞机型号的设计研制。通过专题科研、技术攻关、新技术开发,已形成一批可以应用于型号设计的软件、方法、手段。

我国大型飞机制造单位主要有西安飞机工业(集团)有限公司、上海飞机制造有限公司、陕西飞机工业(集团)有限公司、沈阳飞机工业(集团)有限公司和成都飞机工业(集团)有限公司等。这些飞机制造公司现有大型机械加工设备、设施数千台(套),基本可以满足大型飞机零部件的机械加工、钣金、装配和热表处理等制造任务。

(1) 大飞机的定义

大飞机一般是指起飞总质量超过 100t 的运输类飞机,包括乘坐达到 100 座以上的民用客机。

从地域上讲,我国把 150 座以上的客机称为大客机,而国际航运体系习惯上把 300 座位以上的客机称作"大型客机",这主要是由各国的航空工业技术水平决定的。

经济合作与发展组织(OECD)将大飞机制造业列于知识经济产业的首位,目前只有美国、俄罗斯、欧盟、中国能够制造大飞机。

(2) 大飞机的探索——运-10(Y-10)

视频:运-10 试飞

1970 年 8 月,为了改变我国客机依赖进口的局面,中央军委、国家计委向上海市下达了大型客机的研制任务,代号"708 工程",该飞机型号后来命名为运-10。1973 年 6 月,国务院、中央军委以国发〔1973〕77 号文批准,首批研制 3 架飞机、12 台发动机,在上海生产和维修大型客机。运-10 飞机的研制是以上海 640 所和 5703 厂为主进行的。1975 年基本完成全机发图工作,共设计图纸 143000 标准页,编写技术条件 211 份,提供技术报告 789 份,开展各类课题研究 171 项,编制并应用计算机程序 138 项,编写各种技术手册约 200 万字。运-10 的 01 架机体于 1978 年 11 月顺利通过静力试验,02 架飞机于 1980 年 9 月 26 日首飞。之后持续 5 年之久的许多次试飞表明,飞机的基本性能和飞行品质符合设计要求。共研制飞机2架,其中01架用于做静力试验,02架用于试飞,共飞行130个起落,170h,证明运-10飞机操纵性、稳定性好,飞行性能达到了设计指标。其间,曾飞到北京、哈尔滨、广州、昆明、合肥、郑州、乌鲁木齐、成都等地,并7次飞到拉萨。由于种种原因,02架飞机于1985年2月停飞,目前,该飞机停放在中国商飞总装制造中心。

运-10飞机停飞的经验告诉我们,从我国现有的技术和工业基础来看,面对大型飞机研制,还需要进一步提高自身的技术水平,主要包括以下方面:首先是提高设计技术,在大型飞机设计上,研制经验和手段较为薄弱,特别是一些关键的设计技术;其次是促进材料工业发展,应该说,中国材料产业的发展是迅猛的,有些门类的材料产量居世界第一,但很多特殊用途的材料和高性能材料与世界先进水平相比还存在差距,需要进一步研发。

(3)再次启航——C919

视频:国产大飞机的背后,上海做对了什么？　　视频:历史性时刻！国产大飞机C919首次低空翱翔香港维多利亚港

中国现已一跃成为全球民航运输业第二大市场,背后需要强大的航空工业体系支撑。而具有"工业之花"的中国航空业,更是离不开航空运输业的鼎力支持。

中国大飞机项目于2007年正式立项,2008年5月中国商用飞机有限责任公司在上海成立,标志着中国的"大飞机"研制启动。

大飞机处于产业链的顶端,堪称拉动工业技术链条的"总龙头",其研制势必会促进相关产业的优化升级。大型客机是目前世界上最为复杂、技术含量最高的产品之一,被誉为"现代工业皇冠上的明珠"。

通过大飞机研制还能带动相关科技领域关键技术的群体突破。大飞机是现代高新技术的高度集成,涉及流体力学、固体力学、计算数学、热物理、化学、信息科学、环境科学等诸多基础学科。

标准配置168座的国产大飞机C919(图1-24)于2017年5月5日成功首飞,2023年5月28日交付中国东方航空公司并首次在商业航线使用。

图1-24　C919飞机

1.2.2 西方航空史

视频：20世纪人类早期发明飞机影像，各种脑洞设计，让人佩服不已！

17世纪之后，一种称为"扑翼机"的机器出现了。扑翼机处于古代"飞人"向滑翔机和飞机过渡的阶段，是航空技术的一大进步。历史上，罗杰·培根和达·芬奇都曾设想过靠上下拍打的人工翅膀飞行的机器，即扑翼机。

扑翼机的研究者中最著名的一位是耶稣会的牧师：劳伦索·德·古斯芒。据说他制造出了一架有些夸张的扑翼机，被称为"鸟式气球"，似乎还成功地飞了起来。然而关于古斯芒更有意义的事情是1709年8月8日，古斯芒在葡萄牙王宫进行热气球升空表演。他的装置是一条盆形小船，上面蒙有粗帆布。然而他的表演却在王宫垂幔的火光中草草收场……古斯芒的尴尬可想而知，他的试飞表演竟使王宫着火了！好在国王陛下很宽容，没有降罪于他。就这样，古斯芒以王宫火灾为代价，证明了飞行是可以实现的。

1783年，法国人约瑟夫由于受到炉火的启发，发明了热气球。1783年9月19日，凡尔赛宫前人山人海，法国国王路易十六和王后玛丽·安托瓦内特亲临观看蒙特哥菲尔兄弟的热气球升空表演。出现在众人面前的是一个全新制作的、上面挂有许多装饰物、高达75ft（22.8m）的气球。为了使这次升空更有意义，兄弟俩在气球下面挂了一个笼子，里面载有有史以来第一批空中旅客——一只羊、一只鸡和一只鸭。随着蒙特哥菲尔兄弟让热气球徐徐升空，人群爆发出阵阵欢呼，在欢呼声中三位"乘客"升到了450m的高空。8min后，在1.5mi（2.41km）以外的一片森林里安全着陆了。表演完全成功！路易十六为蒙特哥菲尔兄弟颁发了圣米歇尔勋章。

基于这次表演的成功，1783年11月21日，罗齐尔和德尔朗达，这两位无畏的航空先驱者乘坐了蒙特哥菲尔兄弟的新设计——载人热气球。气球成功上升到900m的高度，最后平安降落在9km以外的巴黎另一侧，共飞行了25min。

人类终于升上了天空！

"成功的花，人们只惊羡她现时的明艳！然而当初她的芽儿，浸透了奋斗的泪泉，洒遍了牺牲的血雨。"用冰心的这首诗来形容飞机的诞生再恰当不过了。

自从蒙特哥菲尔兄弟的热气球成功升空以后，氢气球和飞艇也都陆续升上了天空。一时间各种各样的气球和飞艇成为人们谈论的焦点，其间最辉煌的成就莫过于一架名为"挪威号"的飞艇于1925年5月成功开辟了北极航线。然而，随着人们研究的深入和不断发生的飞行事故，航空先驱者们清楚地意识到：这些轻于空气的航空器无论是在安全性、操纵性还是发展前途上都存在着很大的局限性，它们的飞行速度低，不易操纵和控制，而且对载人来说也不安全。因此，人们的注意力逐渐转向了重于空气的航空器（飞机和滑翔机）的研究上。

1801年，乔治·凯利研究了鸟的推动力，并于1804年在旋转臂上试验了一架滑翔机模型。在之后的时间里，这位伟大的先驱者曾多次制造了改进型的滑翔机原型机。在乔治·凯利的众多追随者中，最为著名的是英国工程师威廉·塞缪尔·亨森，他于1843年提出的飞机设计方案"空中蒸汽车"几乎具备了成功的载人动力飞行器所需的一切要素，他设计的飞机草图非常简单而且合理，令人觉得建造飞行器这一幻想离现实只有一步之遥。然而由于当时缺乏必要的理论和技术基础知识，亨森只能停下他的探索工作。

在滑翔机研究方面最重要的先驱者是德国工程师奥托·李林塔尔（1848—1896年），他于1889年出版了一部航空经典著作——《作为航空基础的鸟类飞行》，其中仔细地分析了鸟翼的形状和结构，从中得出了许多重要的数据，并应用于人类的飞行。更为可贵的是，李林塔尔在1891—1896年的6年时间里，亲自进行了2000多次滑翔飞行试验，积累了大量的经验和飞行数据。1896年8月9日，这位伟大的先驱所驾驶的滑翔机不幸从空中坠落下来，他的临终遗言是："要想学会飞行，就要做出牺牲。"

经过无数先驱者的不懈努力，自由飞行的梦想离我们越来越近了。1895年，威尔伯·莱特（1867—1912年）和奥维尔·莱特（1871—1948年）开了一间自行车修理和制造作坊，并开始研究和制造飞机。莱特兄弟没有受过高等教育，但他们虚心好学，十分重视理论和实践，阅读了大量空气动力学方面的文献，为了读李林塔尔的著作，他们还自学了德文。1899年，威尔伯·莱特向史密森学会索取了大量有关航空的书籍和文章，进行了系统的研究，兄弟俩在总结前人经验和教训的基础上，开始了他们的滑翔飞行试验。

1900—1902年，莱特兄弟先后制造了三架滑翔机，进行了上千次飞行试验，每次都详细地记录了不同情况下的升力、阻力、速度等数据，并对操纵进行了反复改进。1901年9月，莱特兄弟自己设计了一个小型风洞，用来精确测量气流吹到薄板上所产生的升力，并自行设计制造出了测量升力和阻力的仪器。兄弟俩于1902年设计出了他们的第一架飞机，但在当时没有哪一家公司愿意冒险制造航空发动机和螺旋桨，于是莱特兄弟自己动手制作。经过几年的努力，莱特兄弟的第一架飞机——"飞行者一号"，终于出现在人们的面前。它的机身骨架和机翼都是用又轻又牢的枞木和桉木制成的，螺旋桨也是枞木的，弯曲的机翼上蒙着薄薄的但十分结实的棉布。飞机的长度为6.5m，翼展12.3m，整架飞机的质量为280kg，飞机完全靠螺旋桨的推动力起飞。1903年12月17日，"飞行者一号"飞机总共进行了4次试飞，第一次试飞是由弟弟驾驶的，飞机摇摇晃晃在空中飞行了12s，在36m远的地方降落下来。而后来得到世界公认的第一次自由飞行则是哥哥驾驶的第4次飞行，飞机在空中用59s的时间飞行了260m。莱特兄弟在第一架飞机成功以后，迎接他们的不是鲜花和掌声，而是怀疑与挑剔。保守的学究们不相信自行车工人能造出飞机来，在很长一段时间里，"第一架飞机的制造者"的荣誉被不公平地安在斯密森学会主席兰利的头上。然而莱特兄弟仍然不断地探索和进取，并多次到世界各地作飞行表演，散播航空的种子，他们将毕生都献给了航空事业，后来被人们誉为"航空奠基者"。

在第一次世界大战期间，装有活塞式发动机的飞机蓬勃发展，为了迎合战争的需要，各国争相研制速度快、结构轻、火力强的飞机。这种热机加推进器（螺旋桨）的飞机虽然在当时算是规模最大、最先进的，但是其飞行速度慢、高度低的缺点凸显无疑。1910年12月10日，在法国巴黎展览会上，一架飞机在表演时坠毁，但是，这架飞机引起了人们的关注，因为它所使用的是一台新型发动机。设计者就是飞机驾驶员本人，他是罗马尼亚人，名为亨利·

科安达,毕业于法国高等技术学校。他的设计是用一台 50hp(1hp≈735.5W)的发动机使风扇向后推动空气,同时增设一个加力燃烧室,使燃气在尾喷管中充分膨胀,以此来增大反推力。这就是最早的喷气发动机。其实,我们今天所乘坐的各类飞机即是 20 世纪初的这项发明的产物,虽然那时候的发动机性能还远不成熟。

到了第二次世界大战时期,喷气式飞机开始崭露头角,并在战斗中发挥了重要作用。这种把热机和推进器合二为一的发动机使得飞机飞行高度高、速度快,甚至可以超过声速。但其缺点是油耗高、噪声大。这里简单介绍下涡轮喷气发动机的原理:涡轮喷气发动机是应用最广泛的喷气发动机,由进气道、压气机、燃烧室、涡轮和尾喷管 5 个部分组成。进气道位于发动机头部,引导空气进入压气机;压气机使空气增压,提高发动机效率;燃烧室使燃料转变成热能,增加气体温度;涡轮的功能是使高温气体在其中膨胀;尾喷管使气体继续膨胀后,形成一股向外喷射的高速气流。正是喷气式飞机性能的优异,使飞行速度达到或超过了声速,但也随之产生了新的问题,即当飞行速度快接近声速时,飞机的性能急剧变化,操纵困难,飞行速度再也上不去了,这就是所谓的"声障"。造成"声障"的原因,主要是飞机上出现了局部超声速区,从而出现了激波,使气流严重分离,阻力剧增。飞机在空中飞行时,会与空气发生摩擦,空气受到阻滞和压缩,流速降低,将动能转化为热能,使飞机表面温度升高。其危害是使蒙皮和结构变形、仪表设备失灵、燃料蒸发或易燃等,从而成为影响飞机速度提升的一个障碍,这种现象就是"热障"。要突破"声障",一是采用推力足够大的喷气式发动机;二是采用后掠翼,尽量让局部超声速区延迟发生。此外,还采用蜂腰形的机身,因为跨声速飞机的横截面积分布与阻力有关,这样可以尽量减小飞机的阻力。

1947 年 10 月 14 日,美国著名试飞员查尔斯·耶格尔驾驶 X-1 飞机实现了突破声障飞行。第二次世界大战之后,军用飞机改为客机。1946 年 2 月,美国泛美航空公司推出由军用机改装而成的"星座"客机,用于国内航线,改装后的"星座"客机,一是速度快,每小时比 DC-4 快 160km;二是有了密封舱。不久,美国波音公司又推出名为"同温层巡航机"的客机,它也是波音公司将战时生产的轰炸机"超级堡垒"加以改装而成的,有 4 台发动机,可载乘近百名旅客,飞机的下层设有旅客休息室,泛美公司购买了数架这种飞机投入北大西洋航线。

视频:波音公司的发展及由来

视频:翱翔蓝天的传奇:波音公司的发展史

视频:欧洲空客飞机发展史

视频:欧洲空客公司及其飞机的发展史

20世纪60年代以来,一些大型运输机和超声速运输机逐渐推广使用了涡轮风扇发动机。由于其相对省油,噪声小,推力也大,所以成为民航客机综合性价比的首选。著名的有苏联生产的安-22、伊尔-76,美国生产的C-141、C-5A、波音747,法国的"空中客车"A320、A340、A380等。超声速运输机有英、法联合研制的"协和"式和苏联的图-144。然而,超声速客机的发展并不乐观,"协和"式飞机的售价过高,影响效益,因而已于20世纪80年代停产。苏联的图-144也因为同样原因在20世纪80年代停航。

虽然飞机发展已经取得了新的突破,但是人类追求更快、更好、更新发展的脚步并没有停止。为了能便捷地飞行到地球上任何一个角落,美国人提出了一个名为"空天飞机"的概念,所谓的空天飞机是一种重入大气层飞行的高速飞机。美国空天飞机"东方快车"号是一种大型民用客机,外形尺寸比DC-9客机长2倍,可载客305名,航程12870km,巡航时速5600km($Ma=5$),最大时速16090km($Ma\approx16$),飞行高度30km,它所采用的推进系统是多循环方式的组合式发动机组,使用的燃料推进剂是液氢。"东方快车"号已于2010年投入运营,可以在不到24h内,2次飞越大西洋,4次飞越太平洋,旅游者可乘坐"东方快车"号在3h内游遍世界七大洲四大洋,环游全球各地。

为了能让人们更舒适地享受飞行的乐趣,飞机制造公司计划制造一种具有600个座位的喷气式客机,从而使远程空中旅行发生革命性变化。这种飞机将替代波音747客机。两大飞机制造公司——波音公司和空中客车工业公司都在进行这种新型喷气式客机的外形设计,这种飞机可以不间断地飞行14h,必须适合现有的滑行道和停机坪,因而机翼所占空间不会比波音747-400飞机大,这很可能意味着需要安装折叠翼即自由伸缩翼,垂直尾翼可能要被安装在水平安定面一端的两个较小的翼所取代。这种飞机的座舱至少有2层,也可能有3层,和现代的海洋客轮没有什么不同。这种飞机将设置睡眠区、饭店、酒吧、商业中心、健身室等,还将具有噪声小、污染少和易于操作与维修的特点。

1.3 飞机的应用

1.3.1 飞机在军事上的应用

视频:世界最强十大战斗机

视频:美国的轰炸机

视频:米格风云

视频:J-15战斗机的研制

视频:日本零式战斗机

飞机自从发明的那一刻开始,就注定要将自己与军事联结在一起。为了获得空中优势,人们在不断探索新的空战战术、技术。新的空战战术不断对飞机的性能提出新的要求,而飞机性能的提高又不断促使人们充分利用这些性能发展相应的空战战术。两者的相互促进推动了战斗机研制的发展。

最初的空战战术是盘旋,飞机的水平机动能力决定着空战的成败。自德国著名飞行员殷麦曼首创垂直机动开始,飞机的垂直机动能力越来越受到重视,一直到第二次世界大战,空战的主要原则是"谁有高度优势,谁就能控制战斗",当时的单机空战的四要素是高度、速度、机动、火力,因此设计师们不断提高飞机的速度和升限。随着喷气技术的突破性进展,在第二次世界大战末期,喷气式战斗机进入了历史舞台。

喷气式战斗机从开始服役至今已有半个多世纪,人们根据战斗机性能的变化,将喷气式战斗机进行了分代,以一条清晰的脉络将半个多世纪来飞机的发展呈现在人们眼前。

自从战斗机进入喷气时代以来,已经发展了五代。飞机的分代已经有了普遍的共识,其原则主要有:

(1) 各国战斗机的分代标准应是统一的,以技术最先进的国家的典型战斗机为代表,作为统一分代的标准。

(2) 各国飞机的主要战术技术性能要有"台阶"性的差别和提高。也就是说,"换代飞机"的技战术性能与上一代飞机相比必须有"质"的飞跃。确定分代标准的战术技术性能,是决定飞机作战效能的关键因素和代表航空技术新水平的关键技术。

(3) "换代飞机"必须是一个时期的主力机种,具备了相当的作战能力和经历了一定的实战使用与考验。

喷气式发动机替代活塞式发动机使飞机的性能产生了飞跃,飞机的飞行速度达到了1100km/h,实用升限达到15000m左右。但是当时的空战战术并没有因为飞机速度的提高而产生质的变化,这主要是因为飞机的机载武器系统和电子设备的滞后发展制约了空战战术的发展。

第一代战斗机于20世纪50年代服役,飞机在高亚声速或低超声速范围内飞行,飞机的武器和电子设备比较简单。美国和苏联于20世纪40年代末、50年代初开始投入使用的喷气式战斗机都是第一代喷气式战斗机,包括F-80、F-86、F-100、米格-15、米格-19,其中的代表性飞机是F-86和米格-15。第一代战斗机已经可以实现超声速飞行,其最大飞行速度可以达到马赫数1.3。第一代战斗机普遍采用后掠机翼,装有带加力燃烧室的涡轮喷气发动机。飞机的电子设备还非常简陋,主要是通信电台、高度表和无线电罗盘及简单的敌我识别装置。武器装置以大口径航炮为主,后期型可以挂装第一代空空导弹。飞机的火控系统为简单的光学-机电式瞄准具,后期安装了第一代雷达。第一代战斗机主要的空战方式是近距格斗,尾随攻击。第一代战斗机参加了朝鲜战争,美苏两国第一代战斗机进行了直接对话。当时由于美国对朝鲜实施大量轰炸,为了避免伤亡,轰炸机的飞行高度都很高,所以当时为了拦截轰炸机,护航机与拦截机经常在万米高空进行缠斗,作战高度提高是当时空战的明显特点。由于飞机在高空的盘旋性能较差,所以这一时期飞机在垂直方向上的机动性能显得更为重要。F-86和米格-15由于各自的性能特点不同,采用的空战战术也不同,米格-15在战斗中力争"飞得高些,靠垂直机动",而F-86在战斗中则尽量"飞得低些,靠水平机动"。两种第一代战斗机的典型代表在朝鲜战场上的碰撞不但使各自声名鹊起,在人们心中留下了不可磨灭的印象,而且促使军事专家对空战战术和技术进行了反思,从而造成了第二代战斗机的诞生。

第二代战斗机于20世纪60年代服役,以美国的F-4及苏联的米格-21为代表,飞机的武器和电子设备有所加强。第二代喷气式战斗机在服役之后参加了越南战争和其他的一些局部战争,结果表明这些战斗机并不如设计时所设想的那样有战斗力,因为它们最为突出的高空高速性能并不是决定空战胜负最重要的因素。研究局部战争经验的专家注意到,空战的高度范围不是扩大了,而是缩小了。在朝鲜战争中,战斗机的空战曾发展到平流层。而在越南战争中,战斗机的使用高度通常不超过9000m。由于防空导弹技术的发展,导弹的防御高度越来越高,高空轰炸机受到的威胁越来越大。而地空雷达系统在探测的范围上存在低空盲区,所以为了避免进入对方防空导弹的毁伤区,轰炸机多半在低空活动,担任掩护的战斗机也必须随之降低高度;另一方面,实战说明,飞行员一般能目视观察到目标的距离为3600m左右,所以飞机的转弯半径不大于1800m较为有利。第二代战斗机要以1800m的转弯半径进行不掉高度和不减速的机动是不可能的,因而限制了高度。越南战争的空战格斗一般发生在1500~4500m的高度范围内,这属于中低空范围。这是由于空战开始的高度低,低空条件下飞机的速度受到飞机结构强度的限制,另外由于第二代战斗机的超声速机动性能较差,为了获得较好的机动性必须降低速度,所以经常在跨亚声速范围内进行空战。局部战争的经验证明,大部分空战仍是在双方目视的近距范围内进行的。第二代战斗机受到要导弹不要飞机思想的影响,有的甚至在设计时没有安装航炮,然而航炮在空战中也发挥了重要的作用。航炮虽没有空空导弹那样的射程,但它的备弹量大、可实施攻击的次数多。无论是在越南战争,还是中东战争,航炮在空战中都发挥了相当大的作用,因而许多第二代战斗机后来都加装了航炮。在局部战争中,战斗机的绝大多数空战还是编队空战,飞行员的素质对战斗的胜负仍起着决定性作用。

第三代战斗机于20世纪70年代开始服役,一直到现在。第三代战斗机的各方面性能都较前一代有极大提高,并且已经开始运用电传操纵等先进技术,战斗机不仅用于空战,还开始兼顾对地攻击。美、苏等国在越南战争之后开始研制第三代喷气战斗机。美国的F-15、F-16、F-18,苏联的苏-27和米格-29,中国的歼-10飞机是第三代战斗机的典型代表。它的重点是强调格斗空战能力和全天候作战能力,十分重视飞机在亚跨声速范围内的机动性,机载电子设备和武器系统的性能水平有了突破性进展。从实战结果来看,第三代战斗机的研制是比较成功的。其主要是由于设计师们正确总结了20世纪60年代以来几次局部战争的经验教训;其次是由于60年代末和70年代初,在气动、动力装置、电子技术、机载武器、材料等方面发展迅速,也为战斗机的发展创造了良好条件。

由于战斗机的研制费用越来越高,已经没有哪个国家有足够的财力能够再像以前一样分开研制用于空战的歼击机和用于对地攻击的攻击机,而是将两者合二为一,将战斗机设计成一机多能或者一机多型,这就是第四代先进战斗机的设计思想。这样不仅可以同时满足飞机的空战和对地攻击要求,还极大地削减了飞机的研制费用和研制周期,而且由于不同功能的飞机有相同的机体结构和配件,飞机的维护成本也降低了。

第四代战斗机是先进的,它的技术战术指标是根据现代高技术局部战争的实战经验提出的。现代战争已经由过去的单一兵器对抗转变为海、陆、空军三位一体全方位的较量,而其中最重要的则是制空权的争夺。由于通信手段和电子雷达、预警设备的发展,现代战争的战场空前扩大,为了适应这一变化,飞机的作战半径也应该相应增加,为此对第四代战斗机提出了超声速巡航的要求;而为了应对敌方强大的电子雷达系统和防空导弹的威胁,飞机具有隐身能力也是必不可少的,隐身无疑提高了飞机的生存率,为了保证生存下来的飞机的出勤率,于是又对飞机提出了短距起落和可靠性的要求。综合起来对第四代战斗机要求具有下列技术性能:

(1) 发动机在不开加力时具有超声速巡航能力。
(2) 良好的隐身性能。
(3) 高的敏捷性和机动性,特别是过失速机动能力。
(4) 短距起落性能。
(5) 目视格斗、超视距攻击和对地攻击的能力。
(6) 高的可靠性和维护性。

第四代先进多功能战斗机兼有战斗和突防能力,使它的进攻范围空前扩大,能打击战争中全纵深的目标。

第四代先进战斗机的代表机型有美国的 ATF(先进技术战斗机),如 F-22 "战隼",苏联的苏-37 等。

优良的性能必须要求具有先进的飞机设计和生产技术作为支持,但是,从 20 世纪初第一架飞机的诞生发展到现在的第五代飞机,飞机设计的各个部门,无论是飞机发动机、火控系统,还是飞机总体设计,由于受目前世界先进技术的限制,它们都已经达到了各自技术的巅峰,如果要想在各自的局部领域内取得技术上的突破,使得飞机的性能得以提高,不但耗资巨大,投入收益比很小,而且极其困难。鉴于这种情况,世界各国的飞机设计大师们不得不暂时舍弃技术上的突破,转而寻求另一种创新设计思想的改变。于是,基于飞行/推进/火控一体化的飞机设计方法便应运而生了,这就是飞机一体化设计技术,其中就包括目前最先进的气动控制技术——推力矢量技术。

第五代战斗机的发展同时也取决于其他一些国家军用航空装备的发展进度。目前俄罗斯第五代战斗机(相当于美国第四代)苏-57 于 2021 年正式装备部队。美国的 F-35 研制的目的本身也是在国际市场上大量销售。一旦国际上第四代战斗机形成主流装备的趋势明朗化,美国出于一贯追求在军事装备上领先世界的目的,肯定会大力推动第五代战斗机的发展研制计划。

第五代战斗机是目前发展的最先进的一代战斗机,飞机采用内置武器的隐身设计,同时还带有能降低飞行员工作载荷、提高其状态感知的综合航电系统。第五代战斗机的特点包括超声速巡航、低可探测性、使用维护简便等。目前第五代战斗机有美国的 F-35 飞机、中国的歼-20 飞机。其中,F-35 于 2006 年 12 月完成了首次飞行,2010 年初,俄罗斯的第五代战斗机 T50 首飞,中国的第五代战斗机歼-20 飞机也于 2011 年首飞。

将喷气战斗机发展分成五代,是美国和俄罗斯航空界和军方人士的一种划分,尚未见到国家权威机构正式划分界定。至于某种飞机到底归属哪一代,还要看其具体型别的机载系统装备水平,不能一概而论。

1.3.2 飞机在民事上的应用

视频：日本航空工业是如何被美国整垮的？

视频：全球民用航空大飞机

民用航空运输业的初始发展虽然举步维艰,但是它显示出的重要战略意义和巨大市场潜力依然引起了许多国家政府和有识之士的重视。1920—1930年,许多后来乃至当今成为业界巨头的航空公司先后诞生,争夺航空市场的战争拉开了序幕。在这一时期,由于民用航空运输业还处于发展初期,飞机性能低,飞行技能和维护技能还不成熟,经营管理没有经验,大多数航空公司在政府的经济资助和财政补贴下惨淡经营。但是,航空工业的技术进步不断给民用航空运输业的发展带来生机。1934年,道格拉斯DC-1型飞机问世,但真正使人们感到航空旅行较为安全的是21座的DC-3型飞机,它不但速度快,而且座舱舒适。正是DC-3型飞机史无前例的安全记录,鼓舞了旅客乘坐飞机的信心,使得航空公司的运营开始逐步扭亏为盈,进入稳定发展时期。DC-3飞机的成功,真正体现了航空运输的四大特点：快捷、经济、舒适和安全。也正是由于航空运输安全信誉的不断提高,1937年航空保险业务开始进入航空运输业。

在民用航空运输业艰难向前发展的同时,有关航空的国际法规也逐步建立起来。早在1910年5月,来自19个国家的代表聚集在巴黎,就有关飞机国籍、航行证、飞行员资格审查、飞行规则和领空主权等问题进行了讨论,并起草了《巴黎航空公约（草案）》。1919年10月,巴黎和平会议最高理事会通过了《巴黎航空公约》。这是世界航空史上的第一部法典,对维护国际航空秩序和促进民用航空运输业的健康发展,发挥了重要的历史作用。

正当民用航空运输业逐步发展之时,第一次世界大战爆发。美国与欧洲一些国家的政府宣布航空公司国有化,为战时服务。战争使得民用航空运输业萎缩,但战争的强烈需求刺激了航空工业的发展,使得航空材料、发动机、飞机设计与制造、通信导航等方面的技术更加先进和成熟,为战后的民用航空运输业的发展孕育着新的动力。

1945年,第二次世界大战结束,但是航空公司为争夺航空运输市场则终无宁日。战前航空公司不仅拥有已经在手的航线,还要争夺新的市场。民用航空运输业的竞争与发展扩大了航空产品市场。巨额利润诱使飞机制造商不惜代价研制新型飞机。1949年7月,英国研制的世界上第一架喷气式客机试飞成功,1952年由BOAC航空公司投入商业运营。1958年,美国第一架喷气客机波音707投入商业运营,喷气客机的出现,对民用航空运输市场的发展产生了巨大影响,世界国际民用航空运输总周转量成倍增长。

伴随着航空技术的进步和运输组织管理及服务水平的提高,特别是大型民用运输机出现后,世界民航业一直处于快速增长状态。到目前,全球形成了以北美、欧洲和亚太地区为主的三大航空市场,共占全球市场份额将近90%。

自20世纪80年代以来,受经济全球化、发达国家放松航空管制及向后工业化转变等一系列因素的影响驱动,世界民航业呈现出一些值得关注的重要特征和趋势,使得发展格局和利益获取正在发生着深刻变化,主要表现在如下六个方面：

1) 大力发展民航业成为国家和地区战略的重要组成部分

鉴于民用航空在政治、经济、社会、军事、外交、文化等领域均发挥着十分重要的作用,许多国家和地区把民航业定位为战略性产业,把发展民航业上升为国家战略或地区战略,使之成为本国、本地区在全球化过程中获取最大化利益的有力工具。

美国在世界民航业中一直处于领先地位。美国政府长期以来把"保持美国在全球航空业中的领导地位、提升空中交通容量、保证飞行安全、保护环境、保证国家空防、保卫国家安全"作为发展民航业的战略目标,采取立法和建立中央政府部门之间的协调机制,对民航业发展做出规划、制定政策并给予财政支持。2001年发生"9·11"事件后,美国的多数航空公司经营陷入困境,美国政府一次性向航空公司提供的紧急援助和贷款担保高达150亿美元。

欧盟把发展民航业作为提高其全球竞争力和促进欧洲一体化的重要手段和途径,逐步实现了民航业政策法规的统一制定和实施。2001年,欧盟委员会通过了《交通政策白皮书》,提出了至2010年欧洲航空运输发展行动计划,其重要战略包括构建"欧洲单一天空"、重新设计欧洲航空港的运营能力、走可持续发展道路和提高航空运输安全系数等。

海湾各国携石油价格飙升带来的雄厚财力基础和本身所处亚欧非三大洲交汇点的战略重心地位,纷纷将目光投向民航业,使得该地区成为全球民航业发展最快的地区之一。各国政府采取了"开放天空"、加大机场建设投资、发展旅游业和金融业、建立自由贸易区及物流城等政策措施,支持和刺激民航业发展;反过来,又通过民航业的快速发展极大地促进旅游、金融和贸易的增长。以迪拜为例,它在一定程度上可以说是一个正在走向"民航立国"的酋长国。迪拜机场是阿联酋航空公司的主要运营基地,该公司于1985年开始运营,迅速成长为拥有飞机近120架、年旅客运输量2000多万人、净利润排名世界前五位、全球服务一流的航空公司。迪拜政府把迪拜定位为"东西方的连接者",因而把发展民航业作为国家的重要战略。

20世纪被称为"亚洲四小龙"的韩国、中国台湾、新加坡及中国香港先后推行出口导向型战略,在短时间内实现了经济腾飞,这与其把发展民航业作为国家或地区的发展战略密不可分。尤其是新加坡作为一个城市国家,能够成为世界金融和旅游重地,并在全球国家竞争力排名中名列前茅,没有发达的民航业的支撑是不可能实现的。从一定意义上说,新加坡也是一个"民航立国"的典型。民用航空对香港的繁荣发展功不可没,据测算,每载入一名旅客平均带来8000港元的收入。2007年,香港空运旅客进港约2300万人,带来的收入约为1840亿港元,占香港GDP的11%。

2) 航空运输自由化持续发展

航空运输自由化主要是指改革航空运输的管理体制和方法,从政府对企业经营活动的详尽管理过渡到更多地依靠市场力量予以调节,给予企业更多的经营权利和灵活性。它包含紧密联系的两方面内涵:一是国内航空运输的自由化,即"放松管制";二是国际航空运输的自由化,即"天空开放"。

20世纪70年代中期以前,各国政府对航空运输业实行严格管制政策。70年代后期,美国率先改变严格管制的政策,在市场进入与退出、价格制定、航线资源分配等方面按市场化原则进行管理,企业经营活动基本不受限制。后来其他国家纷纷仿效美国的做法。到目前,世界上绝大多数国家已实行对航空运输经济放松管制的政策。与此同时,世界各国在航空运输所涉及的安全、环境保护、应急救援等领域加大了政府管制力度,从而使社会公共利益得到切实维护。

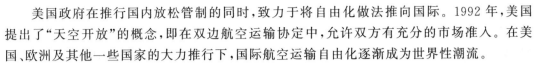

美国政府在推行国内放松管制的同时,致力于将自由化做法推向国际。1992年,美国提出了"天空开放"的概念,即在双边航空运输协定中,允许双方有充分的市场准入。在美国、欧洲及其他一些国家的大力推行下,国际航空运输自由化逐渐成为世界性潮流。

目前,美国和欧盟将"天空开放"确立为一项基本的对外经济贸易政策,在国际经济政治交往中将其纳入国与国之间、地区与国家之间、地区与地区之间的战略对话,其实质是更多地获取经济全球化过程中航空运输上下游产业的利益。

3) 全球性航空战略联盟占据市场主体地位

航空联盟由来已久,最早由美国国内市场的干线航空公司与支线航空公司之间合作提供联合中转服务而产生。自20世纪八九十年代以来,航空联盟蓬勃发展。全球航空客运市场70%以上的份额一度被星空联盟、寰宇一家和天合联盟三大航空联盟瓜分。

全球性航空战略联盟的产生和发展主要根植于两个因素:一是经济全球化的进程加速了全世界范围对于国际中转、无缝隙航空旅行及货物运输的需求,单个航空公司或单纯的双边合作不可能从技术上独立提供一致性的服务;二是航空公司的跨国投资与兼并受到各国政策的严格限制,迫使航空公司将直接投资和持有股权的"资产联盟"转为商业联盟。联盟成员通过共享航空资源,扩大市场实力,降低成本,提高竞争力和经济效益。目前,世界上销售收入排名前20位的航空公司都是三大航空联盟的成员。

4) 枢纽辐射式航线结构成为运营的主导模式

早在20世纪60年代,美国的一些骨干航空公司为了控制成本和占领市场,就尝试把航线的运营模式从"点对点"飞行,改变为先向一点集中再进行中转的模式,即枢纽辐射式航线结构模式。从20世纪80年代开始,枢纽辐射式航线结构在世界范围内受到广泛重视,迅速发展和完善起来,航空枢纽随之形成,成为航空客运快速中转、集散中心和综合物流的节点。2007年,全球航空旅客吞吐量超过3000万人次的大型枢纽机场有39座,其中旅客吞吐量排名第1的是美国亚特兰大机场,我国首都机场排名第9;全球航空货运吞吐量在100万吨以上的货运枢纽机场有21座,其中美国孟菲斯机场排名第1,我国香港机场排名第2、上海浦东机场排名第5。

大型枢纽机场能够吸引并且聚集经济社会发展中的优势资源,形成巨大的人流、物流、资金流、技术流、信息流,对区域经济发挥积极而强大的集聚、辐射和带动效应。各国、各地区纷纷把构筑国际航空枢纽作为提升其国家或区域竞争力的战略措施。目前,在欧洲、北美和亚太地区三个主要航空市场,只有亚太地区的国际枢纽航空港分布格局尚未完全定型,除新加坡机场和我国香港机场外,最有潜力和竞争力成为该地区国际枢纽航空港的还有韩国仁川机场、日本成田机场、泰国曼谷机场,以及我国北京首都、上海浦东、广州白云机场。21世纪以来,以上机场都进行了大规模的基础设施建设,以扩充机场容量,争夺亚太地区国际航空枢纽地位。

5) 通用航空蓬勃发展

国际民航组织将通用航空定义为:除公共运输航班客、货运运输活动外的所有使用民用航空器的活动。通用航空在飞播造林种草、航空拍摄、探矿采油、抢险救灾、电力、环保等工农业领域有着广泛的用途。利用通用航空飞机对飞行员进行培训是通用航空的另一个重要应用领域。随着经济发展水平的提高,私人飞机、公务专机、空中旅游等已经成为通用航空发展最为迅速的领域。目前在世界通用航空三大类飞行中,航空作业飞行约占飞行总量的20%,教学训练约占22%,公务飞行占50%以上。

在许多国家,通用航空普遍受到重视,发展比较充分。美国现有通用航空飞机22万多架,占全球通用航空飞机的近70%,每年飞行时间超过2800万小时,有供通用航空器使用的机场、直升机起降机场17500座。加拿大约有3.1万架通用航空飞机,澳大利亚、俄罗斯、巴西等国拥有的通用航空飞机都在1万架以上。通用航空能够在这些国家得到蓬勃发展,既与这些国家旺盛的通用航空需求有关,也与政府对通用航空大力实行扶持政策密不可分。

6) 高新科技引领民用航空发展

近十年来,高新科技的研制和应用正在并将进一步提升民用航空的安全水平,促进民用航空持续快速发展。

(1) 发展了超大型飞机制造技术。2008年已投入运营的载客量最大的空中客车A380飞机合理采用了碳纤维等新材料和新型发动机等高新技术,飞机的安全性和舒适度得到大幅提高。波音公司正在制造的7E7飞机将第一次实现中型飞机尺寸与大型飞机航程的结合,具有较高的燃油效率、出色的环保性能。

(2) 在空中交通管理领域广泛应用现代通信、卫星、自动化和计算机技术,展开了以星基导航为主导的空管技术革命。

(3) 兴起了绿色化的航空运输革命,从改善飞机空气动力、提高发动机燃油性能、研制新一代聚合物和复合材料等方面降低航空运输对环境的污染。引入了"绿色机场"理念,把机场建成"节约、环保、科技、人性化"的机场。

1.4 无人机

1.4.1 无人机的定义与分类

视频:军用无人机的类型介绍

视频:无人机的分类

视频:深度解析RQ4全球鹰无人机

无人飞行器也称为无人飞机系统或无人驾驶飞行器,简称无人机,是一种以无线电遥控或由自身程序控制为主的不载人飞机。

无人机可按平台构型、用途、尺度、任务高度、活动半径等分类,如图1-25所示。

按照平台构型分类,无人机可分为固定翼无人机、旋翼无人机、无人飞艇、伞翼无人机、扑翼无人机等,如图1-26所示。

按用途分类,无人机可分为军用无人机(图1-27)和民用无人机。

军用无人机包括侦察无人机(图1-28)、诱饵无人机、电子对抗无人机、通信中继无人机、无人战斗机及靶机等。

民用无人机包括巡查/监视无人机、农用无人机、气象无人机、勘探无人机及测绘无人机(图1-29)等。

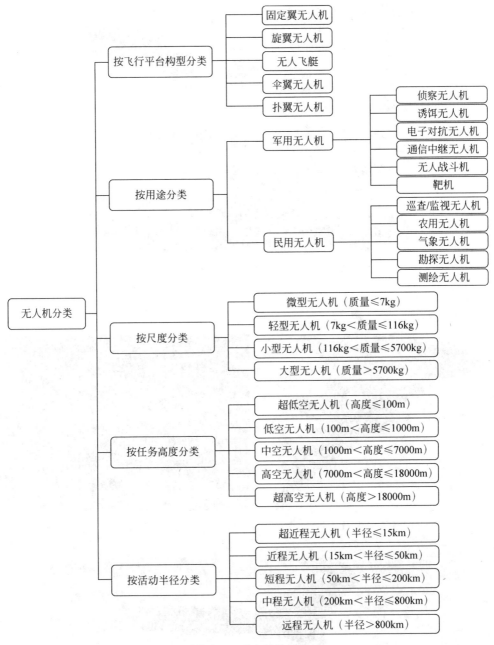

图 1-25　无人机的分类

按尺度分类,无人机可分为微、轻、小、大型无人机。微型无人机的空机质量≤7kg,轻型无人机的空机质量为 7~116kg,小型无人机的空机质量为 116~5700kg,大型无人机的空机质量＞5700kg(图 1-30)。

按任务高度分类,无人机可分为超低空、低空、中空、高空、超高空无人机。超低空无人机(图 1-31)的任务飞行高度为 0~100m,低空无人机的任务飞行高度为 100~1000m,中空无人机的任务飞行高度为 1000~7000m,高空无人机的任务飞行高度为 7000~18000m,超高空无人机的任务飞行高度大于 18000m。

图 1-26　按平台构型分类的各类无人机

图 1-27　"暗剑"军用无人机

图 1-28　"捕食者"侦察无人机

图 1-29　测绘无人机

图1-30　大型无人机——彩虹5号

图1-31　超低空无人机——P20

按活动半径分类,无人机可分为超近程无人机、近程无人机、短程无人机、中程无人机和远程无人机。超近程无人机的活动半径为0～15km,近程无人机的活动半径为15～50km,短程无人机的活动半径为50～200km,中程无人机的活动半径为200～800km,远程无人机的活动半径大于800km。

1.4.2　无人机的应用现状与未来发展

无人机是新一代电子信息技术与航空工业技术深度融合的产物,是全球战略性新兴科技的热门发展方向之一。作为航空产业中冉冉升起的新星,无人机产业不仅在社会生产生活中发挥着越来越重要的作用,更是成为新的经济增长点。

最早的无人机应用于军事活动,用作靶机。它的研制成功和战场运用揭开了以远距离攻击型智能化武器、信息化武器为主导的"非接触性战争"的新篇章。与载人飞机相比,它具有体积小、造价低、使用方便、对作战环境要求低、战场生存能力较强等优点,备受军界的青睐。在几场局部战争中,无人驾驶飞机以其准确、高效和灵活的侦察、干扰、欺骗、搜索、校射及在非正规条件下作战等多种作战能力,发挥了显著的作用,并引发了军事学术、装备技术等相关问题的研究。它将与孕育中的武库舰、无人驾驶坦克、机器人士兵、计算机病毒武器、天基武器、激光武器等一道成为21世纪陆战、海战、空战、天战舞台上的重要角色,对未来的军事活动带来较为深远的影响。一些专家预言:"未来的空战,将是具有隐身特性的无人驾驶飞行器与防空武器之间的作战。"但是,由于无人驾驶飞机还是军事研究领域的新生事物,实战经验少,各项技术不够完善,因而其作战应用只局限于高空电子及照相侦察等有限技术,并未完全发挥出应有的巨大战场影响力和战斗力。因此,世界各主要军事国家都在加紧进行无人驾驶飞机的研制工作。

随着科学技术的进步,无人机逐渐从军事应用转移到民事应用中,现如今的无人机用途范围广泛,如航拍摄影、农业植保、电力巡检、森林防火、应急通信、快递物流及各种救援活动等。据中国航空工业集团有限公司于 2022 年 11 月发布的《通用航空产业发展白皮书(2022)》显示,2021 年全球民用无人机市场规模超过 1600 亿元,同比增长 61.6%,其中工业级无人机占 60% 左右。随着下游应用领域的不断扩大,未来将继续保持增长,预计 2025 年将达到 5000 亿元,届时工业级无人机市场规模占比将超过 80%。民用无人机市场的发展受到技术进步、航空数据和成像需求增加及无人机在各行业应用范围不断扩大的推动,未来民用无人机市场很可能会继续增长并扩展到新的领域。目前,中国是全球民用无人机最主要的产业基地,民用无人机最大的市场在于政府公共服务的提供,如警用、消防、测绘、植保、巡检、气象等,占到总需求的 80%。中国民用无人机的市场发展潜力巨大,消费级及工业无人机都取得了高速发展,逐渐成为全球无人机行业重要的板块之一。民用无人机市场规模逐年增长,在民用无人机领域,中国已经走在世界前列,以大疆为代表的中国民用无人机研发生产企业发展迅速,并在国际市场上占据了较好的竞争地位。

无人机在人们的生活中发挥着越来越重要的作用,越来越多的国家对无人机项目进行了深入的计划和研究,无人机在全球呈现出蓬勃发展的局面,未来的无人机将成为必不可少的工具。

1.5 民用航空的发展

1.5.1 世界民用航空发展历程

世界民用航空的发展可以分为五个主要发展阶段:

1. 形成期

国际民用航空的形成期是 1918—1938 年。

1918 年,第一次世界大战结束,大量军机闲置,数以千计的飞行或技术人员急需谋求军事以外的出路,各国政府开始大力支持民用航空的发展。

航空邮政运输率先开启,成为世界民用航空发展史上的一个重要起始点。

1918 年 3 月,奥匈帝国在乌克兰的基辅和奥地利的维也纳之间开通了世界上第一条国际定期邮运航线。

1919 年 2 月,德国在柏林至魏玛之间开辟了欧洲第一条定期客运航线。整个 1919 年,德国共开辟了 9 条商业航线。

1919 年 3 月,法国在巴黎至比利时布鲁塞尔之间开辟了世界上第一条国际定期客运航线。

1919 年 9 月,英国和法国在伦敦与巴黎之间开辟了世界上第一条两国对飞的国际定期客运航线。

在这一阶段,各国民航运输业纷纷启动发展,虽然举步维艰,但是它显示出的重要战略意义和巨大市场潜力依然引起了许多国家政府和有识之士的重视。

当今业界巨头的一些航空公司就是在这一时期诞生的,如荷兰皇家航空公司(1919年)、比利时航空公司(1923年)、捷克航空公司(1923年)、芬兰航空公司(1923年)、英国航空公司(1924年)、美国达美航空公司(1924年)、德国汉莎航空公司(1926年)、西班牙国家航空公司(1927年)、巴西航空公司(1927年)、波兰航空公司(1929年)、智利航空公司(1929年)、法国航空公司(1933年)、美利坚航空公司(1934年)。

这一阶段,民用航空处于发展初期,虽然飞机设计与制造技术在不断改善和提高,但飞机飞行和维护技术尚不成熟,大多数航空公司对经营管理没有经验,处于亏损状态,只能依靠政府的经济资助和财政补贴开展经营。

这一阶段,机场设施开始改善,机场不再是简单地为飞机起降、加油和维修提供场所的平地。机场开始建设候机楼,机场服务设施开始出现,现代机场的雏形初现端倪。业界开始重视民航运输安全,逐步开展有关机载设备、气象预报、夜航设备、空中交通管制、地面服务保障、通信导航等领域的研究。

民航运输的发展也引起了一系列急需国际社会协商解决的政治和技术问题,因此,相关的国际组织和国际法规开始建立。1919年8月,英国、丹麦、挪威、德国、瑞典的航空公司领导人在海牙聚会,成立了国际航空业务协会,这是国际航空运输协会(International Air Transport Association,IATA)的前身。1919年10月,38国在法国巴黎会议上通过了《巴黎航空公约》(简称《巴黎公约》),并成立了空中航行国际委员会,这是国际民航组织(International Civil Aviation Organization,ICAO)的前身。《巴黎公约》是世界上第一部国际航空法典,它第一次确立了领空主权原则,规定了无害通过领空的权利和限制及国际航线的规则和条件,并对航空器的分类、国籍登记、适航性、出入境、机组人员执照及禁运物品等做了具体的规定,对维护国际航空秩序和促进民航运输业的有序发展发挥了重要的历史作用。

2. 发展期

世界民用航空的发展期是1939—1957年。

1939年,第二次世界大战爆发,美国和欧洲的一些国家政府宣布航空公司国有化,为战时服务。战争使得民航运输业萎缩,但战争的强烈需求刺激了航空工业的研究与发展,使得航空材料、发动机、飞机设计与制造、通信导航等方面的技术更加先进成熟,为战后民航运输业的发展孕育了新动力。

1945年,第二次世界大战结束,大量航空公司如雨后春笋般诞生,战争期间修建的大型机场遍布世界各地,为民用航空提供了现成的起降场地,民航运输快速发展,逐渐由过去的点线结构发展成全球范围的航空网。军用飞机的喷气技术被直接应用到民航飞机上,各国掀起了研制喷气客机的热潮。1949年,英国研制的世界上第一架喷气客机"彗星号"试飞成功,1952年投入商业运营,但在随后的两年内接连发生了3次坠毁事故。1956年,苏联研制的喷气客机图-104投入商业运营,但由于"冷战"背景,该飞机没有进入欧美市场,使用的航线范围有限。这一时期喷气客机在民航的应用并不顺利,但喷气客机的优越性已经显现出来,为喷气时代的到来准备了条件。

在这一阶段,民用航空的国际组织和国际法规也得到完善。1944年12月,52个国家在美国芝加哥签署了《国际民用航空公约》(简称《芝加哥公约》)。该公约生效后,取代了《巴黎公约》并成为现代国际航空法的基础,它是目前最重要和最具普遍性的航空公约,被誉为"调整国际民用航空关系的宪章性文件"。1945年4月,来自31个国家的57家航空公司成立了国际航空运输协会(IATA),为航空公司之间的合作提供了安全、可靠和经济的服务。1947年4月4日,根据《芝加哥公约》的规定,国际民航组织(ICAO)成立。从此在世界范围内民用航空有了统一的管理和协调机构,民用航空从此变成了有统一规章制度的世界范围的行业。

3. 成熟期

世界民用航空的成熟期是1958—1977年。

1958年,美国波音公司的喷气客机波音707投入商业运营,它是世界上第一架在商业上取得成功的喷气客机,使喷气客机真正得到了全世界的认可。此后,大批喷气运输机进入民用航空运输领域。1969年,全世界的喷气运输机约占整个民航运输机队的90%,这标志着民航运输业进入喷气运输机时代。

这一时期民航关键技术也取得突破,如飞行数据记录器(俗称"黑匣子")、气象雷达、避撞系统等一系列先进设备得到普遍应用,飞机运载能力、航行距离、飞行速度、舒适性、经济性和安全性等都显著提高。

喷气飞机的大量使用使整个民航系统发生了变化。对于航空公司而言,由于喷气飞机可以造得更大、速度可以更快、航程可以更远,这就使得远程、大众化和廉价的航空运输成为可能,在巨大的市场需求和利润驱使下,航空公司积极开拓市场,参加国际竞争。美国、欧洲迅速发展成为民航运输大国,亚太地区的民航运输也得到发展。对于机场而言,由于喷气飞机的尺寸、质量、噪声等问题,旧机场已不适合使用,于是,改造旧机场适应喷气机,兴建新机场满足不断增长的客流、货流,成为一个持续推进的过程。时至今日,机场的改、扩建活动仍在继续。对于航行管理系统的各部分,从空中交通管制到航路建设、航行情报都要跟上喷气时代的速度和容量,因而整个民航系统都在进行着改造和更新。总之,在这一时期,民用航空发展进入了一个新阶段,民航运输由一个国家或地区少量人使用的运输手段,发展为一个全球性的、大众化的运输行业,极大地促进了全球的交通发展,也使航空运输成为现代交通运输的重要组成部分。

4. 变革期

世界民用航空的变革期是1978—1997年。

由于民航运输牵涉国家安全和旅客安全,因此在1978年以前,各国对于航空公司的经营实行严格管制。以美国为例,民航运输市场准入、航空公司经营范围、航线经营权、运营飞机的座位数量、票价等都由美国民用航空委员会决定,航空公司没有自主权。这种严格管制对早期民航运输业的发展是必要的,但随着民航运输的迅速发展,过度僵化的管理体制严重制约了航空公司的竞争性和活力,不仅制约了航空公司自身的发展,对消费者的权利和整个国家的经济也造成了损害,因此放松管制的呼声越来越高。1978年10月24日,美国颁布了《航空公司放松管制法》(The Airline Deregulation Act of 1978),标志着美国国内航空自由化政策的正式实施。自此美国国内民航运输市场准入自由,任何美国公民或企业在符合法律规定的条件下都可以成立航空公司,航空公司除75%的股权应属于美国公民或企业外,在国内市场上还可以自主决定票价、机型、运力和班次,自由进入或退出航线运营等。

《航空公司放松管制法》的目的是减少政府干预,通过市场竞争,促使航空公司不断改善经营,建立高效率、低价格的民航运输体系。

放松管制对美国民航业的发展产生了深远的影响。由于行业准入门槛降低,大量航空公司涌入市场,1978—1986年,先后有198家新航空公司进入市场。随之而来的是航空公司间激烈的市场竞争,运行效率和管理水平低下的航空公司被淘汰,1978—1986年,共有160多家航空公司破产、倒闭或被兼并,只有适应市场的航空公司被留下。为了保持竞争优势,航空公司努力优化航线结构,谋求最佳的资源配置,最大限度地控制成本。受此影响,民航票价持续下降,价格最终维持在一个比原来低得多的水平上,这刺激了大量的消费者涌入民航运输市场,最终导致了美国航空出行的普及化和大众化。由于航空公司可以自由地与各个机场协商开通航线,因此航线数量和航班频率都迅速提高,促使美国航线网络扩大和密集化。又由于没有了对民航服务质量方面的限制,一些低成本航空公司开始兴起,如美国西南航空公司(1971年)、精神航空公司(1980年)、太阳城航空公司(1982年)、边疆航空公司(1994年)、忠实航空公司(1997年)、捷蓝航空公司(1999年),进一步扩大了民航运输的目标客户范围和市场容量。总之,美国民航放松管制的结果是行业整体效率提高,航空公司竞争力加强,从而使其在与其他国家的对手竞争时更具优势,间接地迫使其他国家的政府做出同样的改变,就这样,放松管制的趋势逐渐扩散至全球。

受美国放松管制政策的影响,欧盟制订了一个从1987年12月到1997年4月分三个阶段逐步放松航空管制政策的十年计划。通过三个阶段的政策改革,欧盟实现了所有航线全部向各成员国的航空公司开放,形成了单一的航空运输市场。在这个单一市场上,成员国航空公司可自由经营,包括定价、航线、运力和新航空公司的设立。

美国在国内推行放松管制政策的同时,也致力于将航空自由化做法推向国际。1992年,美国政府出台了关于"开放天空"的政府令,其主要内容是:倡议各国对国际民航运输市场的通航点、承运人、班次、机型、运价管理、地面服务和机票销售系统等业务权,以及航空公司所有权和控制权、空中交通管制等领域不加限制,以保证航空公司在国际民航市场上拥有自由经营的权利。"开放天空"提倡自由竞争,对促进民航运输市场的发展具有积极的意义。最先经历国内自由化改革洗礼的美国航空公司竞争力明显较强,因此,"开放天空"的实施更有利于美国航空公司占领国际市场,因此美国政府积极主动地与其他国家签订"开放天空"协议。自1992年与荷兰签署了第一份"开放天空"协议后,美国已经先后与包括欧盟在内的114个国家和地区签署了"开放天空"协议,将双方航空公司在两国国际航线的经营限制降到最低限度。

目前,国际上积极推行"开放天空"的国家大致包括三类:第一类是民航业相对很强的国家,如美国和欧盟国家,它们力促其他国家向其开放民航市场,进而对外扩张,取得并保持其国际民航运输霸主地位;第二类是本国航空资源短缺或航空市场很小,但空运企业有一定实力的小国,如新加坡、荷兰,"开放天空"不但于其无损,反而可以借助航空资源重新配置、航空市场重新分割的良机,走出去谋求更大的发展空间;第三类是出于本国经济发展的需要,如以旅游业为经济支柱的国家,泰国、墨西哥、智利、阿联酋等均属此类。

"开放天空"是国际民航业发展的趋势,伴随着世界经济全球化的发展,各国都在有序、逐步、不同程度地开放本国的民航运输市场。

5. 重组期

世界民用航空的重组期是1998年至今。

这一阶段,世界民用航空业呈现出两大值得关注的重要特征和趋势:

1) 航空公司联盟蓬勃发展

放松管制和"开放天空"使民航运输自由化的浪潮波及世界各国,也使民航运输市场竞争趋于白热化,航空公司的利润空间不断被压缩,单纯通过技术革新带来的收益已经无法抵消价格下降带来的影响,航空公司需要寻求新的战略管理模式来实现盈利。同时,经济全球化的进程加速了市场对"无缝隙"旅行的需求,因为航权等因素制约,单个航空公司没有能力完成全程运输,需要寻求和其他航空公司的合作,因此,为了生存和发展,也为了适应市场需求,航空公司联盟应运而生。

航空公司联盟是指两个或两个以上的航空公司,为共同提高相对于竞争对手的竞争优势,签订合作协议,组成的一种新型战略伙伴关系。联盟的主要方式有联合采购、共用人员设备设施、联合销售、代码共享、航线联营等。航空公司通过联盟方式可以整合全球性资源,扩大民航运输规模,降低成本,提高运输服务质量,扩大利润空间,增强国际竞争力。2000年,全球范围内有220多家航空公司组成了579种不同方式的联盟。目前,全球空运市场最大的三个航空公司联盟是星空联盟、寰宇一家和天合联盟。

星空联盟(Star Alliance)成立于1997年,创始成员为:北欧航空公司、泰国航空公司、美国联合航空公司、加拿大航空公司(原名枫叶航空,2000年更名)和德国汉莎航空公司,总部位于德国法兰克福。目前,星空联盟拥有26家正式成员,航线涵盖了190多个国家和地区及1200多座机场。

寰宇一家(Oneworld)成立于1999年,创始成员为:美国航空公司、英国航空公司、国泰航空公司、澳洲航空公司和加拿大航空公司(2000年被并购后退出),总部位于美国得克萨斯州沃斯堡市。目前,寰宇一家拥有13家正式成员,航线涵盖了170多个国家和地区及900多座机场。

天合联盟(Sky Team)成立于2000年,创始成员为:法国航空公司、达美航空公司、墨西哥航空公司和大韩航空公司,总部位于荷兰阿姆斯特丹。目前,天合联盟拥有18家正式成员,航线涵盖了170多个国家和地区及1060多座机场。

2) 机场私有化(民营化)

民用机场是民航运输和城市发展的重要基础设施,是综合交通运输体系的重要组成部分,过去都是由政府出资建造并运营。但随着民航运输业的快速发展,为了承载未来的客货吞吐量,政府需要投入大量资金新建机场或扩大机场基础设施建设规模。而且,部分机场因管理不善或地方经济落后,出现亏损,此时,政府出于社会公益属性考虑,依然需要持续投入资金维持这些机场运营,因此,一些机场逐渐成为政府的经济负担和管理包袱,在这样的背景下,一些国家的政府开始探索机场商业化经营和机场私有化的可能性。目前,全球约有14%的机场在不同程度上进行了私有化,由于这些机场主要是大型枢纽机场,因而私有机场的吞吐量约占全球的40%。美国是全球机场私有化程度最低的国家,2018年,美国国会才全面开放机场私有化。但是到目前为止,只有圣胡安的路易斯·马林国际机场实现了私有化,另外还有一些机场的部分航站楼实现了私有化,如纽约拉瓜迪亚机场的B航站楼。2016年,我国民航局发文(民航发〔2016〕117号)鼓励社会资本投资建设运营民用机场,除枢纽机场和具有战略意义的运输机场保持国有或国有控股外,其他运输机场在中方相对控股的前提下,对国有控股比例不作限制。全面放开通用机场建设,对投资主体不作限制。

机场私有化,进行市场化运营,可以缓解政府的财政压力,能够提高机场运营效率和服务质量,但也存在一定的风险,在私人手中,股东回报可能成为机场运营的首要事项,而不是优先考虑支持地方与国家繁荣,成为经济的催化剂,而且垄断机场运营的航空公司的费用及成本会增加。因此机场私有化需要找到旅客、航空公司、投资方、政府及民众利益的平衡点。

1.5.2 中国民用航空发展历程

1918年,北洋政府交通部成立了"筹办航空事宜处",统筹民用航线和航空邮件业务。同年11月11日,又成立航空事务处,这是中国历史上第一个主管民航事务的正式管理机构。从此,中国民航登上了历史的舞台。1920年,开通的北京—天津航线是我国的第一条航线。1930年,南京国民政府与美商合资组建中国航空公司(简称"中航"),1931年,又与德国汉莎航空公司合资组建欧亚航空公司(1943年改组为中央航空公司,简称"央航")。1936年开通了广州到河内的航线,这是我国开通的第一条国际航线。

1919—1949年,我国民航业在北洋军阀政府和之后的南京国民政府推动下有些发展,但由于经济落后和战乱,整体发展十分缓慢。

1949年10月,中华人民共和国成立,揭开了我国民航业发展的新篇章。新中国民航的发展可以分为四个主要发展阶段。

1. 创建期

中国民航业的创建期是1949—1977年。

1949年11月2日,中共中央政治局会议决定,在人民革命军事委员会下设民用航空局,受空军司令部指导,发展民航事业。11月9日,中国航空公司、中央航空公司的2000多名员工在香港宣布起义,随后在两家公司总经理刘敬宜和陈卓林的带领下,率领12架飞机飞回北京、天津。这就是我国民航发展史上著名的"两航起义"。

"两航起义"的12架飞机和后来由两航员工修复的国民党遗留在大陆的17架飞机构成了新中国民航初期的机队主体。"两航起义"归来的大批技术人员成为新中国民航事业建设中的一支主要技术骨干力量,奠定了新中国民航发展的基础。

1952年5月,为了使民航成为空军的后备力量,中央军委对民航进行整编,整编后的民航划归空军建制。民航的行政领导、党政工作、供应关系、技术业务等均直属空军司令部,但其名义上仍使用民用航空局,以便对外联系。

1954年11月,民用航空局又由空军建制改为国务院直属局。

1958年2月27日,国务院决定将民航划归交通部领导,成为交通部的部属局。

1960年11月17日,民用航空局改称"交通部民用航空总局"。1962年4月13日,又改为"中国民用航空总局"(简称民航总局)。

1962年4月15日,国务院决定将民航总局从交通部的部属局改为国务院直属局。

1969年11月,民航再次划归军队建制,成为空军的一个组成部分,各项制度按军队执行,使民航实行军事化体制,这一制度执行了十年之久。

这一时期,民航领导体制几经改变,使民航发展受到很大制约,民航主要是为政治和军事目的服务,客货运输任务放在第二位,因此,虽然航线里程和总周转量相较1949年的水平有很大增长,但和我国国民经济的发展极不相称,在这一阶段,我国民航还不足以成为国民经济中的一个重要组成部分。

2. 发展期

中国民航业的发展期是1978—1986年。

1978年12月,党的十一届三中全会召开,标志着中国进入了改革开放的历史新时期。

1980年2月,邓小平同志做出"民航一定要企业化"的重要指示,中国民航由此进入了一个以"军转民和企业化"为核心内容的发展期。

1980年3月,民航脱离军队建制,民航总局不再由空军代管,而是归属国务院直接领导,实行企业化管理。在这期间,民航总局政企合一,既是主管民航事务的政府部门,又是以"中国民航(CAAC)"名义直接经营民航运输、通用航空业务的全国性企业,下设北京、上海、广州、成都、兰州(后迁至西安)、沈阳六个地区管理局。

1980年,我国民航只有140架运输飞机,且多数是20世纪四五十年代生产制造的苏式中小型飞机,载客量仅为20~40人,机场只有79座。1980年,全民航全年旅客运输量仅为343万人,全年运输总周转量4.29亿吨公里,居新加坡、印度、菲律宾、印尼等国之后,列世界民航第35位。

民航走上企业化道路后,极大地促进了民航业生产力的发展,1986年年底,我国民航的运输总周转量、旅客运输量、货邮运输量分别是1978年的5.2倍、4.3倍和3.5倍。

3. 改革期

中国民航业的改革期是1987—2001年。

1984年,中央做出了《关于改革经济体制的决定》,民航业也在精心筹划着一轮重大改革,从提出酝酿到最终确定方案,大约用了3年时间。

1987年,中央决定对民航业进行以"政企分开、机场与航空公司分设"为主题的体制改革。改革的主要内容是将原民航北京、上海、广州、西安、成都、沈阳6个地区管理局的民航运输和通用航空相关业务,资产和人员分离出来,组建6个国家骨干航空公司,实行自主经营、自负盈亏、平等竞争。这6家国家骨干航空公司是:中国国际航空公司、中国东方航空公司、中国南方航空公司、中国西南航空公司、中国西北航空公司、中国北方航空公司。此外,以经营通用航空业务为主并兼营航空运输业务的中国通用航空公司也于1989年7月成立。

在组建骨干航空公司的同时,还组建了民航东北、华北、华东、中南、西南和西北6个地区管理局,在各省(区、市)建立民航省(区、市)局,形成"民航总局-地区管理局-省(区、市)局"三级行政管理体制。地区管理局不仅管理地区民航事务,还领导管理各民航省(区、市)局和机场。民航省(区、市)局根据授权承担部分政府职能,同时对所在地机场实行企业化经营管理。

民航运输服务保障系统也按专业化分工的要求相应地进行了改革。1990年,组建了专门从事航空油料供应保障业务的中国航空油料总公司,该公司通过设在各机场的分支机构为航空公司提供油料供应。属于这类性质的单位还有从事航空器材(飞机、发动机等)进出口业务的中国航空器材公司,从事全国计算机订票销售系统管理与开发的计算机信息中心,为各航空公司提供航空运输国际结算服务的航空结算中心,以及飞机维修公司、航空食品公司等。

这轮体制改革虽然进行得并不彻底,但依然使民航业呈现出新的面貌。国际国内民航运输市场快速增长,民航运力和机场客货吞吐能力都显著提高。2001年,中国民航拥有以波音和空客系列为主体机型的各类民用运输飞机566架,通用航空飞机296架;拥有民用航班机场(含军民合用)143座、通用航空机场(含军民合用)30座;定期航班运输总周转量达到138.02亿吨公里,世界排名第6位。

4. 重组期

中国民航业的重组期是2002年至今。

2002年3月,中央决定对中国民航业进行重组。这次重组的目的是进一步推进政企分开,使民航行业管理部门与所属企业彻底"脱钩",并在各省、自治区、直辖市将行政管理机构与机场分离。重组的主要内容有:

1) 直属航空公司与服务保障企业联合重组

民航总局直属航空公司及服务保障企业合并后于2002年10月11日正式挂牌成立,由六大集团公司组成,分别是:中国航空集团公司、东方航空集团公司、南方航空集团公司、中国民航信息集团公司、中国航空油料集团公司、中国航空器材进出口集团公司。成立后的集团公司与民航总局脱钩,交由国务院国有资产管理委员会管理。民航总局作为主管全国民航事务的政府机构,将承担安全管理、市场管理、空中交通管理、宏观调控及对外关系等方面的职能,不再代为行使六大民航集团公司的国有资产所有者职能。

2) 民航政府机构调整

撤销民航省(区、市)局,成立民航省(区、市)安全监督办公室,作为地区管理局的派驻机构,将"民航总局-地区管理局-省(区、市)局"三级行政管理改为"民航总局-地区管理局"两级行政管理。

最终,民航总局下设7个地区管理局(东北地区管理局、华北地区管理局、华东地区管理局、中南地区管理局、西南地区管理局、西北地区管理局、新疆管理局)和26个安全监督管理办公室(2009年更名为安全监督管理局),对民航事务实施监管。

3) 机场实行属地管理

除首都机场、西藏自治区内的民用机场继续由民航总局管理外,民航总局按照政企分开、属地管理的原则,原民航总局直属的机场全部下放所在省(区、市)地方政府管理,相关资产、负债和人员一并划转。

2004年7月8日,随着甘肃机场移交地方,机场属地化管理改革全面完成,也标志着民航体制改革全面完成。

2008年3月,为了有利于构建综合交通运输体系,民航总局由国务院直属机构划归交通运输部管理,从国务院直属局改为交通运输部管理的部属局,机构名称由原来的"中国民用航空总局"改称为"中国民用航空局"(简称民航局)。

2010年2月25日,民航局印发《建设民航强国的战略构想》,从6个方面对民航强国建设进行了阐述,提出到2030年,中国民航用20年的时间,全面建成安全、高效、绿色的现代化民用航空系统,实现从民航大国到民航强国的历史性转变,成为引领世界民航发展的国家。

自此,中国民航以坚定的信念、昂扬的姿态为实现民航强国的战略目标而努力奋斗。

1.6 民用航空管理机构

1.6.1 国际民用航空管理机构

国际民用航空管理机构是协调和管理国际民航运输、沟通政府间政策、直接或间接地为从事国际民航运输的各空运企业提供合作途径、解决实际运作中的困难和问题的国际机构。

1. 国际民航组织

1947年4月4日,国际民航组织(ICAO)正式成立,并于5月6日召开了第一次大会。同年5月13日,国际民航组织正式成为联合国的一个专门机构,其总部设在加拿大的蒙特利尔,目前有193个成员国,机构徽标如图1-32所示。

图1-32 国际民航组织徽标

国际民航组织是政府间的国际组织,是各主权国家以自己本国政府的名义参加的官方国际组织,取得国际民航组织成员资格的法律主体是国家,代表这些国家的是其合法政府。

1) 宗旨

国际民航组织的宗旨和目的在于发展国际航行的原则和技术,促进国际航空运输的规划和发展,保证国际民航安全、正常、有效和有序地发展,以便实现下列各项目标:

(1) 确保全世界国际民用航空安全和有序地发展。
(2) 鼓励和平用途的航空器的设计和操作技术。
(3) 鼓励发展国际民用航空应用的航路、机场和航行设施。
(4) 满足世界人民对安全、正常、有效和经济的航空运输的需要。
(5) 防止因不合理的竞争造成的经济上的浪费。
(6) 保证缔约各国的权利充分受到尊重,每个缔约国均有经营国际空运企业的公平机会。
(7) 避免各缔约国之间的差别待遇。
(8) 促进国际航行的飞行安全。
(9) 普遍促进国际民用航空在各方面的发展。

以上9条涉及国际航行和国际航空运输两个方面的问题。前者为技术问题,主要是安全;后者为经济和法律问题,主要是公平合理,尊重主权。二者的共同目的是保证国际民航安全、正常、有效和有序地发展。

2) 组织机构

国际民航组织由大会、理事会和秘书处三级框架组成。

(1) 大会

大会是国际民航组织的最高权力机构,由全体成员国组成。一般情况下每三年举行一次,由理事会负责召开,遇有特殊情况或应1/5以上的成员国要求,可以召开特别会议。

大会的主要职能为:选举理事会成员国;审查、处理理事会报告并裁决理事会报告的事项;提出未来三年的工作计划;通过财政预算,授权理事会必要的权力以履行职责,并可随时撤回或改变这种权力;审议关于修改《国际民用航空公约》的提案;审议提交大会的其他提案;执行与国际组织签订的协议;处理其他事项;等等。

(2) 理事会

理事会是向大会负责的常设机构,由大会选出的36个理事国组成,每三年为一任期。理事国分为三类:一类理事国由在航空运输方面占主要地位的国家组成,二类理事国由在国际民用航空的空中航行提供设施方面贡献最大的国家组成,三类理事国由确保世界上各主要地理区域在理事会中均有代表的国家组成。

2004年,中国当选为一类理事国并连任至今。2022年国际民航组织第41届大会选举的新一届理事会成员见表1-1。

表1-1 ICAO第41届理事国

类 别	国 家
一类理事国	澳大利亚、巴西、加拿大、中国、法国、德国、意大利、日本、英国、美国
二类理事国	阿根廷、奥地利、埃及、冰岛、印度、墨西哥、尼日利亚、沙特阿拉伯、新加坡、南非、西班牙、委内瑞拉
三类理事国	玻利维亚、智利、萨尔瓦多、赤道几内亚、埃塞俄比亚、加纳、牙买加、马来西亚、毛里塔尼亚、卡塔尔、韩国、罗马尼亚、阿拉伯联合酋长国、津巴布韦

理事会的主要职责包括:向大会提交年度报告;按照大会决定的方向工作;管理本组织财务;领导属下各机构工作;通过国际标准和建议措施(SARPs),并将其纳入《芝加哥公约》附件;向缔约各国通报有关情况,对争端和违反公约的行为进行裁决;等等。

(3) 秘书处

秘书处是国际民航组织的常设行政机构,由秘书长负责保证国际民航组织各项工作的顺利进行。秘书长由理事会任命,秘书处下设空中航行局、航空运输局、技术合作局、法律事务和对外关系局、行政服务局,以及财务处、外事处等;此外,秘书处还直接领导分设在曼谷、开罗、达喀尔、利马、墨西哥城、内罗毕和巴黎的7个地区办事处,主要任务是建立和帮助缔约各国实行国际民航组织制定的国际标准和建设措施及地区规划。

3) 主要工作

近20年来,各种新技术飞速发展,全球经济环境发生了巨大变化,对国际民用航空的航行和运输管理制度形成了前所未有的挑战。因此,国际民航组织制订了战略工作计划,重新确定了工作重点。

(1) 法规。修订现行国际民航法规条款并制定新的法律文书。

(2) 航行。制定并刷新关于航行的国际技术标准和建议措施是国际民航组织最主要的工作,要求这一工作跟上国际民用航空的发展速度,保持这些标准和建议措施的适用性。

(3) 安全监察。要求所有缔约国必须接受国际民航组织的安全评估。

(4) 制止非法干扰。制止非法干扰即我国通称的安全保卫或空防安全。这项工作的重点是敦促各缔约国按照《芝加哥公约》附件"安全保卫"规定的标准和建议措施,特别加强机场的安全保卫工作。

(5) 实施新航行系统。新航行系统即"国际民航组织通信、导航、监视/空中交通管制系统",是集计算机网络技术、卫星导航和通信技术及高速数字数据通信技术为一体的革命性导航系统,将替换现行的陆基导航系统,大大提高航行效率。该系统于20世纪80年代末期提出,现已进入过渡实施阶段。但这种新系统要达到全球普遍适用的程度,尚有许多非技术问题需要解决,如卫星导航服务的法律框架、运行机构、全球各地区和各国实施进度的协调与合作、融资与成本回收等。

(6)航空运输服务管理制度。该领域的重点工作为"简化手续",即"消除障碍以促进航空器及其旅客、机组、行李、货物和邮件自由地、畅通无阻地跨越国际边界"。

(7)统计。统计资料主要包括:承运人运输量、分航段运输量、飞行始发地和目的地、承运人财务、机队和人员、机场业务和财务、航路设施业务和财务、各国注册的航空器、安全、通用航空及飞行员执照等。这对指导国际民航组织的审议工作是必要的,并且对协助各国民航当局根据现实情况制定民航政策也是必不可少的。国际民航组织的统计工作还包括经济预测和协助各国规划民航发展。

(8)技术合作。技术合作由国际民航组织技术合作局组织实施,以支持发展中国家的民航项目。

(9)培训。国际民航组织向各国和各地区的民航训练学院提供援助,使其能向各国人员提供民航各专业领域的在职培训和国外训练。

2. 国际航空运输协会

国际航空运输协会(IATA),简称国际航协,1945年4月19日正式成立,总部设在加拿大的蒙特利尔,其机构徽标如图1-33所示。目前国际航协的会员包括来自120个国家的300家航空公司,这些航空公司的定期国际航班客运量约占全球总客运量的83%。

图1-33 国际航空运输协会徽标

国际航协是非营利、非政府的全球航空公司行业协会,但是由于世界上大多数国家的航空公司是国家所有,即使非国有的航空公司也受到所属国政府的强力参与或控制,因此国际航协实际上是一个半官方组织。

1)宗旨

国际航协的宗旨是代表、引领和服务航空运输业。

2)会员制度

国际航协的会员面向所有经营定期和不定期航班的航空公司开放,分为正式会员和准会员两类。经营国际航班的航空公司为正式会员,只经营国内航班的航空公司为准会员。

3)组织机构

国际航协的最高权力机构是全体会员大会,每年召开一次。理事会是协会的最高管理执行机构,由大会选出的31家正式会员航空公司的高级管理人员组成。国际航协下设9个行业咨询委员会,分别为:行业事务、金融分销、行业财务、货运、数字转型、法务、安全飞行及地面运行、安保、可持续性及环境委员会,其成员为会员航空公司相关领域的专家或部门领导。会员航空公司通过这些行业委员会向国际航协反映运行中的问题及建议,委员会则致力于解决方案及研究制定相关的行业标准。

国际航协在全球设有5个地区办事处,分别是:北亚地区(北京)、亚洲太平洋地区(新加坡)、非洲中东地区(安曼)、欧洲地区(马德里)、美洲地区(迈阿密)办事处。此外,国际航协还在全世界53个国家设有56个办事处,分别接受相应的地区办事处领导。

4）基本职能

国际航协的基本职能包括：国际航空运输规则的统一，业务代理，空运企业间的财务结算，技术合作，参与机场活动，协调国际航空客货运价格，航空法律工作，帮助发展中国家航空公司培训高级和专门人员。

3. 国际机场理事会

国际机场理事会（Airports Council International，ACI），原名为国际机场联合协会（Airports Association Council International），于1991年1月成立，1993年1月1日改称国际机场理事会，总部原设在瑞士的日内瓦，于2011年搬至加拿大的蒙特利尔，其机构徽标如图1-34所示。

图1-34　国际机场理事会徽标

国际机场理事会是全世界机场的行业协会，是一个非营利、非政府组织，目前拥有178个国家和地区的573名正式会员，运营着1640座机场，其宗旨是加强各成员与全世界民航业各个组织和机构的合作，包括政府部门、航空公司和飞机制造商等，并通过这种合作，促进建立一个安全、有效与环境和谐的航空运输体系。

有了国际机场理事会，航空运输系统中的机场方面就有了在世界协商的舞台上代表自己说话的组织，它可以代表来自世界五大洲的机场运营商，用同一个声音说话，在航空运行系统的关键问题上发表自己的意见，以取得自己的合法权益和提出合理的要求。

4. 国际民用航空导航服务组织

国际民用航空导航服务组织（Civil Air Navigation Services Organization，CANSO）成立于1996年，是非营利、非政府的全球空管单位协会，总部设在荷兰的胡多普，其机构徽标如图1-35所示。

图1-35　国际民用航空导航服务组织徽标

在航空运行之初，大多数国家的航空导航服务是由政府提供和保障的。随着航空事业的发展，越来越多的国家把提供航空导航服务的责任从过去单纯由政府民用服务部门负责转换到形式不同的、独立程度不同的各种非政府组织机构负责。现在的导航服务机构既有直接由政府控制的航空导航服务组织，也有类似于向政府汇报的一个委员会控制下的国有企业，还有部分上市公司或完全由不同股东投资的私人实体。任何为民用航空提供航空导航服务的机构都可以加入CANSO，目前，其会员正为全球85%以上的空中交通提供着航行服务。CANSO还在国际民航组织任正式观察员，在参与ICAO标准制定，特别是空管领域的行业标准制定方面有着较大的影响力和发言权。

1.6.2　中国民用航空管理机构

1. 中国民用航空局

中国民用航空局（Civil Aviation Administration of China，CAAC），简称中国民航局或民航局，是中华人民共和国国务院主管民用航空事业的由部委管理的国家局，归交通运输部管理。民航局代表政府制定民航业的各项法规，对民航各方面的工作进行总的规划管理，对驾驶员进行资格认证和考核，协调和指挥空中交通，负责重大国际民航业的外事活动，监督处理重大航空安全事务等。

1) 组织机构

民航局的组织机构如图1-36所示。

图1-36 民航局的组织机构图

（1）内设机构

内设机构包括综合司、政策法规司、财务司、国际司（港澳台办公室）、飞行标准司、机场司、公安局、全国民航工会、航空安全办公室、发展计划司、人事科教司、运输司、航空器适航审定司、空管行业管理办公室、直属机关党委、离退休干部局。

（2）地区管理局

地区管理局包括东北地区管理局、华北地区管理局、华东地区管理局、中南地区管理局、西南地区管理局、西北地区管理局及新疆管理局。

（3）驻外机构

驻外机构为中华人民共和国驻国际民航组织理事会代表处。

（4）直属机构

直属机构包括空中交通管理局、中国民航飞行校验中心、清算中心、信息中心、首都机场集团、中国民航出版社、中国民航大学、中国民航管理干部学院、中国民航飞行学院、科研院所等单位。

视频：中国民用航空局空中交通管理局

2) 主要职责

根据中央政府对民航局的职能定位，它的主要职责如下：

（1）提出民航行业发展战略和中长期规划、与综合运输体系相关的专项规划建议，按规定拟订民航有关规划和年度计划并组织实施和监督检查。起草相关法律法规草案、规章草案、政策和标准，推进民航行业体制改革。

（2）承担民航飞行安全和地面安全监管责任。负责民用航空器运营人、航空人员训练机构、民用航空产品及维修单位的审定和监督检查，负责危险品航空运输监管、民用航空器国籍登记和运行评审工作，负责机场飞行程序和运行最低标准监督管理工作，承担民航航空人员资格和民用航空卫生监督管理工作。

（3）负责民航空中交通管理工作。编制民航空域规划，负责民航航路的建设和管理，负责民航通信导航监视、航行情报、航空气象的监督管理。

（4）承担民航空防安全监管责任。负责民航安全保卫的监督管理，承担处置劫机、炸机及其他非法干扰民航事件的相关工作，负责民航安全检查、机场公安及消防救援的监督管理。

(5) 拟订民用航空器事故及事故征候标准,按规定调查处理民用航空器事故。组织协调民航突发事件应急处置,组织协调重大航空运输和通用航空任务,承担国防动员的有关工作。

(6) 负责民航机场建设和安全运行的监督管理。负责民用机场的场址、总体规划、工程设计审批和使用许可管理工作,承担民用机场的环境保护、土地使用、净空保护的有关管理工作,负责民航专业工程质量的监督管理。

(7) 承担航空运输和通用航空市场监管责任。监督检查民航运输服务标准及质量,维护航空消费者权益,负责航空运输和与通用航空活动有关的许可管理工作。

(8) 拟订民航行业价格、收费政策并监督实施,提出民航行业财税等政策建议。按规定权限负责民航建设项目的投资和管理,审核(审批)购租民用航空器的申请。监测民航行业的经济效益和运行情况,负责民航行业统计工作。

(9) 组织民航重大科技项目的开发与应用,推进信息化建设。指导民航行业人力资源开发、科技、教育培训和节能减排工作。

(10) 负责民航国际合作与外事工作,维护国家航空权益,开展与港澳台的交流与合作。

(11) 管理民航地区的行政机构、直属公安机构和空中警察队伍。

(12) 承办国务院及交通运输部交办的其他事项。

2. 中国航空运输协会

中国航空运输协会(China Air Transport Association,CATA),简称中国航协,成立于2005年9月26日,是以航空公司为主体,由民航企事业单位法人和社团法人自愿参加组成的全国性、不以营利为目的的行业性组织。协会总部设在北京,截至2022年3月,共有协会会员984家。其主要职责如下:

(1) 根据民航局授权和政府部门委托,组织对航空公司及有关专业人员进行岗位技能培训,进行专业岗位或代理人等的资质和资格认证。

(2) 组织、推进国际与海峡两岸业界的联系与交流。

(3) 协助政府对民航运输企业的市场行为进行监督,反对不正当竞争,维护航空运输企业的合法权益。

3. 中国民用机场协会

中国民用机场协会(China Civil Airports Association,CCAA),简称机场协会,成立于2006年8月25日,是以中国民用机场为主体,相关企事业单位法人和社团法人自愿结成的全国性、不以营利为目的的行业性组织。协会总部设在北京,截至2022年年底,共有协会会员566家,其中运输机场225家,通用机场129家。

机场协会的宗旨是按照"坚持共同参与、共同分享、共同成就"的指导思想,为会员提供交流合作的平台,提出发展中国机场的行业政策建议,不断提高我国的机场管理和建设水平。

 拓展阅读

【中国商用飞机有限责任公司的使命与担当】

来源:中国商用飞机有限责任公司门户网站

中国商用飞机有限责任公司(以下简称中国商飞)是实施国家大型飞机重大专项——中

大型客机项目的主体,也是统筹干线飞机和支线飞机发展、实现我国民用飞机产业化的主要载体,主要从事民用飞机及相关产品的科研、生产、试验试飞,从事民用飞机销售及服务、租赁和运营等相关业务。

中国商飞于2008年5月11日成立,总部设在上海。由国务院国有资产监督管理委员会、上海国盛(集团)有限公司、中国航空工业集团有限公司、中国铝业集团有限公司、中国宝武钢铁集团有限公司、中国中化股份有限公司共同出资组建,2018年底新增股东单位中国建材集团有限公司、中国电子科技集团有限公司、中国国新控股有限责任公司。

中国商飞下辖设计研发中心(上海飞机设计研究院)、总装制造中心(上海飞机制造有限公司)、客户服务中心(上海飞机客户服务有限公司)、北京研究中心(北京民用飞机技术研究中心)、民用飞机试飞中心、基础能力中心(上海航空工业(集团)有限公司)、营销中心、新闻中心(上海《大飞机》杂志社有限公司)、商飞学苑(商飞党校)、四川公司、美国有限公司、商飞资本有限公司、商飞集团财务有限责任公司等成员单位,在美国洛杉矶、法国巴黎分别设有美国办事处、欧洲办事处等办事机构。中国商飞还参股成都航空有限公司和浦银金融租赁股份有限公司。

中国商飞坚持"发展民机、壮大产业、开拓创新、勇创一流"的发展方针和"自主研制、国际合作、国际标准"的技术路线,坚持"产业化、国际化、市场化"的发展方向,全力打造更加安全、经济、舒适、环保的商用飞机,矢志让中国的大型客机翱翔蓝天。

【使命与担当】

企业使命:让中国的大飞机翱翔蓝天。

企业愿景:为客户提供更加安全、经济、舒适、环保的商用飞机。

大飞机创业精神:航空强国、"四个长期"、永不放弃。

【管理理念】

客户观:以客户为中心。

质量观:精湛设计、精细制造、精诚服务、精益求精。

安全观:生命至上,安全第一。

人才观:广纳天下英才,共创民机伟业,成就精彩人生。

成本观:管控全生命周期、全产业链成本费用。

廉洁观:始终敬畏组织、敬畏群众、敬畏纪法,做到一心为公、一身正气、一尘不染,保持清白做人、清正干事、清廉翱翔。

合规观:遵守法律法规和国际规则。

【主要产品】

C919大型客机是我国首款按照国际通行适航标准自行研制、具有自主知识产权的喷气式干线客机。座级158~192座,航程4075~5555km。2015年11月2日完成总装下线,2017年5月5日成功首飞,2022年9月29日获得中国民用航空局颁发的型号合格证,2022年12月9日全球首架交付,2023年5月28日圆满完成首次商业飞行。

ARJ21飞机是我国首次按照国际民航规章自行研制、具有自主知识产权的中短程新型涡扇支线客机,座级78~97座,航程2225~3700km。于2014年12月30日取得中国民航局型号合格证,2017年7月9日取得中国民航局生产许可证。目前,ARJ21飞机已正式投入航线运营。市场运营及销售情况良好。

C929 是我国首款按照国际通行适航标准自行研制、具有自主知识产权的喷气式远程宽体客机。C929 基本型座级 280 座,航程 12000km,可以广泛满足全球国际、区域间航空客运市场的需求。

思考题

1. 中国为什么要成立中国商用飞机有限责任公司?
2. 中国商用飞机有限责任公司未来的市场竞争如何?

本章小结

本章介绍了航空的定义,按飞机的用途和构造对飞机进行了分类,介绍了古代和现代中国的航空发展史,同时也介绍了西方主要发达国家的航空史。

本章还详述了飞机在军事、民事上的应用,另外对当下流行的无人机也进行了介绍。针对航空科技重要应用端的民用航空,介绍了世界和中国民用航空的发展历程,并对主要的民用航空管理机构做了介绍。

复习与思考

1. 简述航空的定义。
2. 请简单介绍一下通用航空。
3. 航空器是如何分类的?
4. 请叙述五代战斗机各自的特点。
5. 请讲述新中国航空工业的基础。
6. 我国早期和现在著名的飞机设计师有哪些?
7. 试列举我国生产的民用客机类型。
8. 简述大飞机的定义。
9. Y-10 飞机的探索给我们留下了什么经验?
10. 大飞机 C919 再次启动研制有什么意义?
11. 简述无人机的定义。
12. 常见的国际民航管理机构有哪些?

本章习题

一、单项选择题

1. 航空是指载人或不载人的飞行器在地球( )的航行活动。
   A. 高空 B. 大气层内 C. 宇宙 D. 大气层外
2. 航天是指载人或不载人的航天器在地球( )的航行活动。
   A. 高空 B. 大气层内 C. 宇宙 D. 大气层外
3. 轻于空气的航空器靠( )升空。
   A. 与空气相对运动产生的升力 B. 推力
   C. 空气的静浮力 D. 拉力
4. 重于空气的航空器靠( )升空。
   A. 与空气相对运动产生的升力 B. 推力

C. 空气的静浮力　　　　　　　　　D. 拉力

5. 滑翔机是指没有（　　）的重于空气的固定翼航空器。

　　A. 动力装置　　B. 燃油系统　　C. 操纵系统　　D. 液压冷气系统

6. （　　），两名法国人乘坐蒙特哥菲尔兄弟的气球，在900m高的空中飞行了9km，完成了人类首次乘坐航空器飞行的伟大壮举。

　　A. 1883年　　B. 1783年　　C. 1683年　　D. 1583年

7. 莱特兄弟于（　　），驾驶"飞行者一号"，完成了人类历史上第一次持续而有控制的动力飞行，标志着世界上第一架飞机的诞生。

　　A. 1899年　　B. 1903年　　C. 1909年　　D. 1911年

8. （　　），冯如在美国自制了中国的第一架飞机"冯如1号"。

　　A. 1899年　　B. 1903年　　C. 1909年　　D. 1911年

9. 《国际民用航空公约》又称为《芝加哥公约》，是在（　　）签署的。

　　A. 1940年　　B. 1944年　　C. 1945年　　D. 1947年

10. 国际民航组织（ICAO）成立于（　　）。

　　A. 1940年　　B. 1945年　　C. 1947年　　D. 1950年

二、填空题

1. 飞行器分为：_____、_____、_____与导弹三大类。
2. 运载"嫦娥一号"卫星飞向月球的长征二号乙运载火箭使用了_____。
3. 民用航空包括_____（又称为商业航空）和_____。
4. 直升机的主要特点是_____。
5. 在1919年的巴黎和会上，法国政府就建议草拟一份航空公约作为巴黎和约的一部分，后有38个国家签署这一条约，该条约被称为_____，是世界上第一部国家间的航空法。

三、判断题

1. 飞行器在地球大气层内的航行活动称为航空。（　　）
2. 主要在大气层外空间飞行的飞行器称为航天器。（　　）
3. 美国推行"开放天空"的目的是要建立自由竞争的国际民航运输环境。（　　）
4. 国际民航组织的成员是各国航空公司。（　　）
5. 国际航空运输协会的成员是国家。（　　）
6. 国际航空运输协会是航空公司的行业组织。（　　）
7. 第一次世界大战中喷气式飞机开始崭露头角，并在战斗中发挥了重要的作用。（　　）
8. 20世纪初第一架载人上天的飞机是用木材、布和钢制造的。（　　）
9. 无人机一定不能搭载人。（　　）
10. 当前，中国民航局的上级领导部门是交通运输部。（　　）

第 2 章 飞行原理

庞大的飞机如何飞上蓝天呢？轻于空气的航空器（如气球、飞艇等）可以依靠空气的静浮力升空，而对于重于空气的航空器（如飞机、风筝等），则是靠升力的作用升空。此外，为确保飞机在空中安全飞行，需要具有良好的平衡性、稳定性和操纵性。

本章介绍飞机的飞行原理，主要介绍空气动力的产生原理、飞机的运动及飞行性能、飞机的起飞和着陆、飞机稳定性的概念及飞机的操纵原理。

2.1 大气飞行环境

视频：为什么飞机要飞到万米高空？

飞行器在大气层内飞行时所处的环境条件称为大气飞行环境。大气环境对飞行有很大影响，飞机的空气动力特性、发动机的工作性能等也都与大气环境密切相关，恶劣的天气条件会危及飞行安全，并且大气环境的变化对飞机的飞行性能和飞行航迹也会产生不同程度的影响。要了解飞机的飞行原理，首先需要对大气有一个基本的了解。

2.1.1 大气的组成

包围在地球外部的大气主要有三种成分：纯干空气、水蒸气及尘埃颗粒。纯干空气是由多种气体混合而成的，其中，氮气占 78.00%、氧气占 20.25%、氩气占 0.93%、二氧化碳占 0.03%。此外，其他的组成元素按含量的递减依次排列为氖、氦、氪、氙、氢、氯、氧化亚氮、臭氧、二氧化硫、二氧化氮、氨、一氧化氮及碘。大气中的水蒸气在气象中扮演了一个重要角色，水蒸气的比例决定了云的形成及规模。大气中的尘埃则主要来自地球表面，如沙尘、花粉、烟尘、汽车尾气等。

2.1.2 大气的分层

视频：大气共有几层呢？

大气的底部是地面，但没有明显的顶部，因为除大气之外，还有极其稀薄的星际气体。大气的各种特性在铅垂方向上的差异非常明显，如空气密度随着高度的增加而很快趋于稀薄。以气温变化为主要依据，可将大气划分为对流层、平流层、中间层、热层（电离层）和散逸层五层，如图2-1所示。其中，对流层和平流层是航空器飞行的大气环境。

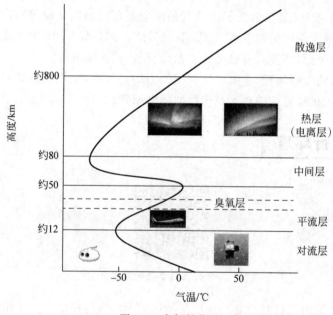

图 2-1 大气的分层

1. 对流层

对流层是大气中最低的一层。对流层的气温随高度的增加而降低，空气的对流运动极为明显，空气温度和湿度的水平分布也很不均匀。对流层的厚度随纬度的变化而有所不同，在赤道地区，对流层的厚度平均为16～18km，中纬度地区平均为10～12km，高纬度地区平均为8～9km。就季节而言，我国绝大部分地区一般是夏季对流层厚、冬季对流层薄。

对流层集中了全部大气约3/4的质量和几乎全部的水汽，这一层中天气变化最为复杂，因此，对流层对飞行影响最重要。飞行中所遇到的各种重要天气现象几乎都出现在这一层中，如雷暴、浓雾、低云幕、雨、雪、大气湍流、风切变等。现代大型民用运输机的巡航高度一般在11km左右。对流层的气温随高度的增加而递减，这主要是因为对流层大气的热量绝大部分直接来自地面，因此离地面越高的大气，受热越少，气温越低。

2. 平流层

平流层位于对流层之上,顶部伸展到约50km。在平流层的下半部,随着高度的增加气温基本保持不变,平均为-56.5℃。到了25~30km以上,气温升高较快,到了平流层顶部气温升至0℃附近。平流层的这种气温分布特征同它受地面影响小和存在大量臭氧有关。在平流层中,天空清晰湛蓝,水汽和尘粒含量也较少,空气的垂直运动远比对流层弱,因而气流比较平缓,能见度较佳。平流层底部是民用运输机比较理想的飞行空间。

3. 中间层

中间层自平流层顶伸展到80km的高度。中间层的特点是:气温随高度的增加而下降,空气有相当强烈的垂直运动。中间层的顶部气温可低至160~190K。

4. 热层(电离层)

电离层的范围是从中间层顶部伸展到约800km高度。这一层的空气密度很小,声波也难以传播。该层的一个特征是气温随高度的增加而上升,另一个重要特征是空气处于高度电离状态。

5. 散逸层

散逸层又称逃逸层、外大气层,是地球大气的最外层,位于电离层之上。那里的空气极其稀薄,同时又远离地面,受地球的引力作用较小,因而大气分子不断地向星际空间逃逸。

2.1.3 大气的物理特性

1. 空气密度

单位体积内空气的质量叫作空气密度,它表示空气的稠密程度。空气的密度大,说明单位体积内的空气分子多,比较稠密;反之,空气密度小,说明空气比较稀薄。

随着高度的增加,空气密度减小。在海平面,压力为 $1.01325 \times 10^5 \mathrm{Pa}$、温度为15℃时的空气密度为 $1.225 \mathrm{kg/m^3}$;在6600m的高空,空气密度则降为海平面密度的一半。

2. 空气温度

温度是表示空气冷热程度的参数,空气温度的高低反映了空气分子无规则运动的平均动能的大小。

温度的高低通常用两种方法表示:摄氏温度 t(℃)和绝对温度 T(K)。这两种温度的换算关系是:$T = 273.15 + t$。

在对流层中,高度增加,气温降低,并且近似呈线性变化。

3. 空气压力

空气压力就是空气的压强,即垂直作用在物体单位面积上的空气作用力。

随着高度的增加,空气压力减小。例如,在5500m的高度上,气体压力为 $0.5 \times 10^5 \mathrm{Pa}$,仅为海平面压力的1/2左右。在这个高度上,人的反应明显低于正常水平,可能出现意识的丧失。因此,在高空飞行时,必须使用氧气设备或增压座舱,以保证氧气和气压在正常范围之内。

4. 空气的黏性

不同流速的相邻空气层之间相互牵扯的物理属性,称为空气的黏性。空气具有黏性的主要原因是空气分子做不规则运动。在流速不等的相邻空气层之间,由于黏性而产生的作用力,叫作黏性力,也叫作流体的内摩擦力。其计算公式为

$$F = \mu \cdot \frac{dv}{dy} \cdot S \tag{2-1}$$

式中：F 为流体的黏性力；$\frac{dv}{dy}$ 为流动层的速度梯度；S 为相邻两流动层间的接触面积；μ 为流体的黏性系数，其大小与流体的性质和温度有关。

由于大气分子间的距离相对较大，分子间的内聚力较小，大气的黏性主要是气体分子做不规则运动的结果。当大气层与层之间的流动速度不同时，流动快的一层的大气分子由于不规则运动而侵入流动慢的一层，促使该层大气加速，同样流动慢的一层大气分子进入流动快的一层，也会促使该层大气减速。这样相邻两层大气之间就产生了相互牵扯的内摩擦力，即黏性力。

大气流过物体时产生的摩擦阻力是与大气的黏性有关系的。因此，飞机飞行时所产生的摩擦阻力与大气的黏性也有很大的关系。

不同流体的黏性性质是不相同的。流体的黏性性质可以用流体的黏性系数来衡量，黏性系数的大小反映了流体黏性的大小。常温下，水的黏性系数为 $1.002 \times 10^{-3} Pa \cdot s$，而空气的黏性系数为 $1.81 \times 10^{-5} Pa \cdot s$，其值仅为水的 1.81%。由于空气的黏性很小，生活中不易察觉，而如果将一根树枝浸入水中，抽出时会带出很多水珠，可见水的黏性较大。一般情况下，空气对物体的黏性作用力可以不予考虑，但对于像飞机这样在空气中快速运动的物体，由于空气黏性作用在飞机外表面上的摩擦阻力已不是一个小数值，因此必须加以考虑。

流体的黏性和温度是有关系的。随着气体温度的升高，其黏性将增加，而液体的黏性反而减小。对气体来说，相邻流动层间产生黏性阻力的原因是气体分子在相邻层之间互相碰撞产生的横向动量交换的结果，温度越高，空气分子的无规则热运动加剧，这种横向动量交换也会随之加剧，因此黏性增大。而液体的黏性主要来自相邻流动层分子间的内聚力，温度升高，液体分子的热运动加剧，分子间距离将变大，其内聚力随之减小，所以黏性也会随之减小。根据这一原理，在用管道运输石油时，对石油加温可以起到减少流动损失、节省能耗的作用。

5. 空气的可压缩性

一定质量的空气，当其压强或温度改变时，其密度（或体积）也会发生相应的变化。空气的这种物理性质，称为空气的可压缩性。

空气的压缩性比水大得多，水几乎很难压缩。在低速时，空气压强的变化一般不大，空气密度的变化很小，空气的压缩性对于飞机的飞行影响也很小。所以，在低速飞行时，可以认为空气是不可压缩的，即可以认为密度是一个不变的数值。这样问题就简单多了。但在高速（超声速）飞行时，就必须考虑空气的压缩性。

2.1.4 国际标准大气

视频：标准大气压

现代大型民航飞机一般都在对流层和平流层内飞行。在这两层大气中，由前述可知，空气的物理性质经常随季节、昼夜、地理位置、高度等变化。因此，同一架飞机在不同地点做飞行试验所得出的飞行性能就会有所不同；即使同一架飞机，在同一地点、同一高度试飞，只要季节或时间不同，所得的性能也不同。为了便于比较飞机的飞行性能，有必要规定一个标准大气来统一航空工程的数据资料。为了提供大气压力和温度的通用参照标准，国际标准化组织规定了国际标准大气作为某些飞行仪表和飞机大部分性能数据的参照基础。

所谓国际标准大气(international standard atmosphere，ISA)，就是人为地规定一个不变的大气环境，包括大气温度、密度、气压等随高度变化的关系，得出统一的数据，作为计算和试验飞机的统一标准。

国际标准大气的基本规定如下：

(1) 海平面。海平面上的高度为0，这一海平面称为ISA标准海平面；海平面气温为15℃或288.15K；海平面气压为$1.01325×10^5$Pa或1.0132bar(1bar=10^5Pa)；海平面声速为341m/s。

(2) 对流层。对流层高度为11km；对流层内的温度呈线性变化，每增加1km温度递减6.5℃，或每增加1000ft(1ft=0.3048m)温度递减2℃。

(3) 平流层。11～20km的平流层底部气体温度为定值：−56.5℃或216.65K。

实际工作中，常把国际标准大气各参数随高度的变化预先计算出来，称为国际标准大气表，使用时直接查表就可以了。

2.2　气流特性

2.2.1　流体模型化

1. 理想流体

空气流过飞机时，一般只在贴近飞机表面的地方(附面层内)考虑空气黏性的影响，附面层外的主流沿翼面的法向速度梯度很小，说明受空气黏性的影响很小，甚至可以忽略不计。这种黏性作用可以忽略不计的流体叫作理想流体，也称作无黏流体。

2. 不可压流体

空气流过机翼时，密度要发生变化，其变化量的大小取决于马赫数(Ma)。当$Ma≤0.4$时，可以忽略密度的变化，而把流体视为不可压流体，考虑密度变化的流体则称为可压流体。当$Ma>0.4$时，必须考虑流体密度变化对流动参数的影响。

3. 绝热流体

不考虑气体热传导性的流体，称为绝热流体。在低速流动($Ma≤0.4$)中，一般不考虑气体的热传导性，认为空气在流过飞机时，温度是不变的。在高速流动($Ma>0.4$)中，则需要考虑温度的变化对流动的影响。

综上所述，在低速流动中，可以把附面层外的主流视为理想的、绝热的不可压流体。

2.2.2 流场及其描述方法

视频:气流流经机翼1

视频:气流流经机翼2

流体运动所进行的空间,称为流场。

人们希望用一些曲线将流场的流动情况表现出来,这就是流线。流线的定义:流场中的一条空间曲线,在该曲线上每点的流体微团的速度与曲线在该点的切线重合。

所有流线的集合就是流线谱,如图2-2所示。流线谱反映了流体流过物体时的流动情况。

由许多流线所围成的管状曲面称为流管(图2-3),流管就像真正的管壁,管内的流体不会穿过流管流出来,管外的流体也不会穿过管壁流进去。

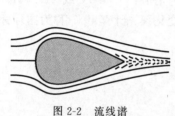

图2-2 流线谱

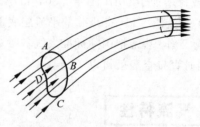

图2-3 流管

整个流场的流动参数都不随时间变化的流动称为定常流,如果来流为直匀流,机翼在气流中固定不动,那么整个流场的流动参数不会随时间变化,这就是定常流。如果流动参数随时间变化,则称为非定常流。

2.2.3 连续方程

连续方程是把质量守恒定律应用于运动流体所得到的数学表达式,因此又称为质量方程。它是空气动力学中最基本且最常用的方程之一。

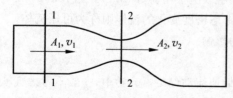

图2-4 空气在流管中流动

在图2-4所示的流管中,任取两个垂直于管轴的截面1—1、截面2—2,气流由截面1—1流入,由截面2—2流出。设截面1—1的面积为A_1,该截面处的流速为v_1,空气密度为ρ_1;截面2—2的面积为A_2,该截面处的流速为v_2,空气密度为ρ_2,那么,单位时间内经截面1—1流入的空气质量为$\rho_1 v_1 A_1$,经截面2—2流出的空气质量为$\rho_2 v_2 A_2$。根据质量守恒定律,有

$$Q_m = \rho_1 v_1 A_1 = \rho_2 v_2 A_2 = C(常数) \tag{2-2}$$

式中:Q_m为质量流量。

在低速气流中,空气密度基本不随流速变化,即 $\rho_1 = \rho_2$,则式(2-2)可化为

$$v_1 A_1 = v_2 A_2 = C(\text{常数}) \tag{2-3}$$

或

$$\frac{v_1}{v_2} = \frac{A_2}{A_1} \tag{2-4}$$

式(2-2)是一维定常流动的连续方程。其物理意义是:在一维定常流动中,单位时间内流过同一流管任一截面的流体质量都相等。

式(2-3)和式(2-4)是不可压缩的一维定常流动连续方程。其物理意义是:在不可压缩的一维定常流动中,单位时间内通过同一流管任一截面的流体体积都相等。

式(2-4)还说明,在不可压缩的一维定常流动中,同一流管各截面上的流速与截面积成反比,即流管粗的地方流速慢,流管细的地方流速快。这种现象在日常生活中也常常可以看到,如高楼大厦之间的对流通常比空旷地带大,山谷里的风通常比平原大,这都是连续方程的体现。

2.2.4 伯努利定理

视频:伯努利定理

伯努利定理是瑞士物理学家丹尼尔·伯努利首先提出的。伯努利方程是伯努利定理的数学表达式,该方程是流体力学中的一个重要方程。

能量守恒定律是伯努利定理的基础。空气的能量主要有四种:动能、压力势能、热能、重力势能。空气低速流动时热能可忽略不计;空气的密度小,重力势能也可忽略不计。因此,沿流管任意截面能量守恒,即

$$\text{动能} + \text{压力势能} = \text{常值}$$

用公式表达为

$$p + \frac{1}{2}\rho v^2 = p_0 \tag{2-5}$$

式中:$\frac{1}{2}\rho v^2$ 为动压,是单位体积空气所具有的动能;p 为静压,是单位体积空气所具有的压力能;p_0 为总压,为动压和静压之和。

伯努利定理可以表述为:稳定气流中,在同一流管的任意截面上,空气的动压和静压之和保持不变。

由伯努利定理可知,动压大,则静压小;动压小,则静压大;即流速大,压力小;流速小,压力大;流速减小到零时,压力增大为总压值。

飞机上的空速管和空速表就是应用伯努利方程来测量飞机的飞行速度的。空速管测量飞行速度的原理示意图如图 2-5 所示。

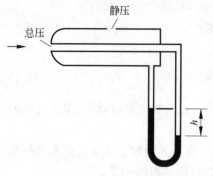

图 2-5 空速管示意图

在飞行中,空速管的管轴与气流方向一致,空速管头部有一个小孔正对着来流方向,由于气流在这一点上完全滞止,流速减为零,该点感受到的就是总压 p_0,此孔也称为总压孔。在空速管侧壁上有一圈小孔垂直于来流方向,所感受到的是气流的静压 p,和前方来流静压基本相等,此孔为静压孔。将总压孔和静压孔分别与压力传感器相连,便可测出总压和静压,计算出气流的速度。

由伯努利方程可得

$$v = \sqrt{\frac{2(p_0 - p)}{\rho}} \qquad (2\text{-}6)$$

总压孔通过导管与空速表的开口膜盒内腔相通,静压孔通过导管与空速表的开口膜盒外部相通。空速表膜盒在总压与静压之差(即动压)的作用下膨胀,并相应地带动指针转动,根据动压指示的速度即为表速。

2.3 升力和阻力的产生

视频:飞机升力的奥秘(中英文双字幕)

视频:百吨飞机为什么能飞上天?

视频:飞机的升力

2.3.1 机翼的形状和几何参数

飞机的空气动力主要由机翼产生,机翼的空气动力取决于绕机翼的流动情况,而流动情况又取决于机翼的几何形状及机翼相对气流的位置,要了解机翼的空气动力性能,首先需要了解机翼形状的相关知识。

机翼的形状分为剖面形状和平面形状。

1. 机翼的剖面形状

机翼一般都有对称面,平行于机翼对称面截得的机翼截面称为翼剖面(图 2-6),通常也称为翼型。翼型的几何形状是机翼的基本几何特性之一。图 2-7 展示了几种翼型。

早期的飞机大都采用弯度很大的薄翼型,颇像飞鸟的翼剖面;现代低速飞机的机翼大多采用平凸形或双凸形翼型;部分高速飞机的机翼和各种飞机的尾翼一般采用对称翼型。20 世纪 60 年代,

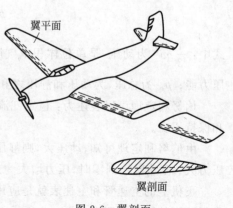

图 2-6 翼剖面

科学家又提出了高亚速翼型、尖峰翼型、超临界翼型。超声速飞机要求翼型具有尖前缘,如双弧形翼型、菱形翼型,由于要兼顾各个速度范围的气动特性,目前大多数超声速飞机仍采用小钝头的高亚声速翼型。

各种机翼剖面的形状特点可以用翼型的几何参数来描述,如图 2-8 所示。

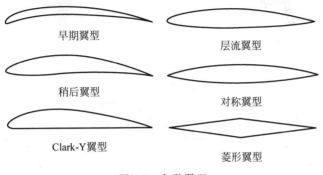

图 2-7　各种翼型

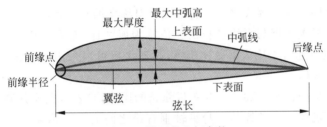

图 2-8　翼型的几何参数

(1) 翼弦。翼型的最后端点称为后缘点,以后缘点为圆心,画一圆弧,此弧与翼型的相切点即前缘点。前后缘点的连线称为翼型的几何弦,即翼弦。翼型的弦长记为 c,弦长是翼型的特征尺寸。

(2) 翼型的弯度。和翼型的上下表面相切的一系列内切圆圆心的连线,称为中弧线。它是一条表示翼型弯曲程度的曲线。翼型中弧线与翼弦之间的距离叫作弯度或弧高。最大弯度与翼弦长的比值叫作相对弯度。相对弯度的大小表示翼型上下翼面向外凸出的不对称程度。现代飞机的相对弯度为 0~2%。翼型的最大弯度所在的位置到前缘的距离叫作最大弯度位置。

(3) 翼型的厚度。上下翼面在垂直于翼弦方向的距离叫作翼型的厚度。翼型的最大厚度与翼弦弦长之比叫作翼型的相对厚度。最大厚度到前缘的距离与弦长的比值称为最大厚度位置。现代飞机的翼型相对厚度为 4%~16%,最大厚度位置为 30%~50%。

2. 机翼的平面形状

机翼的平面形状根据飞机的使用目的和适用范围而变化,机翼不同的平面形状都有其各自的优、缺点。

机翼按基本平面形状分类,可分为矩形翼、椭圆形翼、梯形翼、后掠翼和三角翼等,如图 2-9 所示。从 20 世纪 50 年代起,陆续出现了由上述基本平面形状发展组合而成的复合机翼和辅助翼,如双三角翼、S 形前缘翼、变后掠翼和边条翼。

描述机翼平面形状的主要参数有翼展、展弦比、梢根比和后掠角,如图 2-10 所示。

图 2-9 机翼的平面形状

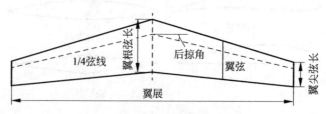

图 2-10 机翼的平面形状参数

(1) 翼展。翼展为左右翼尖之间垂直于飞机对称面的直线距离。

(2) 展弦比。机翼翼展与平均弦长的比值称为展弦比,它表示机翼平面形状长短和宽窄的程度。低速飞机通常采用大展弦比机翼,高速飞机可以采用小展弦比机翼。现代飞机的展弦比一般为 2~10。

(3) 梢根比。梢根比是翼尖弦长与翼根弦长的比值,它表示机翼翼尖到翼根的收缩度。

(4) 后掠角。机翼 1/4 弦线与机身纵轴垂直线之间的夹角称为后掠角,它表示机翼的平面形状向后倾斜的程度。

2.3.2 升力

1. 迎角

所谓迎角,是指翼弦与相对气流之间的夹角,用 α 表示,如图 2-11 所示。迎角有正负之分,相对气流方向指向翼弦下表面为正迎角;相对气流方向指向翼弦上表面为负迎角;相对气流与翼弦平行,则迎角为零。飞行中,可以通过操纵驾驶盘来改变飞机的迎角。

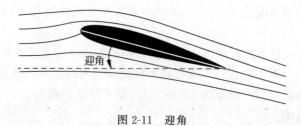

图 2-11 迎角

飞行状态不同,迎角的大小一般也不同。飞机平飞时,机头高,迎角大;机头低,迎角小,如图 2-12 所示。在其他飞行状态时,则不能通过机头的高低来判断迎角的大小。飞机在平飞、下降、上升时的迎角如图 2-13 所示。

2. 升力的产生原理

飞机在空中飞行时,相对气流流过飞机,就会产生作用于飞机的空气动力,飞机各部分

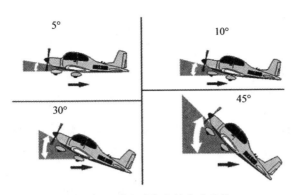

图 2-12　平飞时迎角的大小比较

图 2-13　飞机在平飞、上升、下降时的迎角

所产生的空气动力的总和叫作飞机的总空气动力,用 R 表示。

如图 2-14 所示,总空气动力的方向是向上并向后倾斜的。根据其所起的作用不同,可以将总空气动力分解为垂直于飞行速度方向和平行于飞行速度方向的两个分力。垂直于飞行速度方向的分力叫作升力,用 L 表示。平行于飞行速度方向的分力叫作阻力,用 D 表示。飞行时,飞机的绝大部分升力是由机翼产生的。下面通过分析翼型表面的流动情况来说明升力产生的原理。

图 2-15 是气流绕翼型表面的流线谱,可以看到,前方来流流到翼型的前缘时,由于受到翼型前缘的阻挡而发生绕流。前方来流被机翼分为两部分:一部分从上表面流过;另一部分从下表面流过,并且在翼型的后缘汇合之后向后流去。

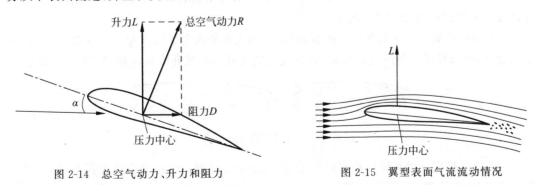

图 2-14　总空气动力、升力和阻力　　　　图 2-15　翼型表面气流流动情况

在翼型的上表面,由于正迎角和翼面外凸的影响,流管收缩,流速加快,压力减小;而翼型下表面的情况正好相反,由于气流受阻,流管扩张,流速减慢,压力增大。因此,机翼下表面的压强比上表面的压强高,换句话说,就是大气施加于机翼下表面的压力(方向向上)比施加于机翼上表面的压力(方向向下)大,二者的压力差便形成了飞机的升力。机翼升力的着

力点,称为压力中心。

3. 升力的大小

机翼升力大小的计算公式为

$$L = \frac{1}{2}C_L \rho v^2 S \tag{2-7}$$

式中:L 为机翼所受的升力,N;S 为机翼的面积,m^2;ρ 为空气的密度,kg/m^3;v 为相对气流的速度,m/s;C_L 为升力系数,N·s/kg,综合表达了机翼形状、迎角等对飞机升力的影响。

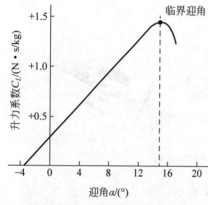

图 2-16 升力系数随迎角的变化

由升力公式可以看出,影响飞机升力大小的因素有三个:

(1) 升力系数 C_L 越大,飞机升力越大。升力系数的大小主要随迎角变化,图 2-16 为升力系数随迎角变化的关系曲线,可以看出,在一定的迎角范围内,升力系数随迎角的增大而增大;直到临界迎角,升力系数值达到最大;然后,迎角再增大,升力系数则开始急剧下降。因此,在实际飞行中,飞机的飞行迎角不能超过临界迎角,否则可能导致飞机失控而发生事故。

(2) 相对气流速度(即飞机的飞行速度)越大,飞机的升力越大。

(3) 机翼面积越大,飞机的升力越大。

4. 增升装置

飞机的升力主要随飞行速度和迎角的变化而变化。飞机在起飞和着陆时,为了缩短滑跑距离,要求有较小的离地速度和接地速度,这就需要有较大的升力系数。然而,采用增大迎角的方法来增大升力系数是有限的,所以,在实际的飞机设计中,为了保证飞机在起飞和着陆时仍然能够产生足够的升力,通常会在机翼上安装增升装置。目前,使用比较广泛的增升装置有前缘缝翼、后缘襟翼、前缘襟翼等。

(1) 前缘缝翼。前缘缝翼位于机翼的前缘,当飞机的迎角接近或超过临界迎角时,打开前缘缝翼,可以延缓机翼的气流分离,从而提高最大升力系数和临界迎角,如图 2-17 所示。

图 2-17 前缘缝翼的开合示意图

(2) 后缘襟翼。襟翼位于机翼后缘,因此叫作后缘襟翼。常用的后缘襟翼有分裂襟翼、简单襟翼、开缝襟翼、后退襟翼、后退开缝襟翼等,如图 2-18 所示。放下后缘襟翼,既可增大升力系数,同时也增大了阻力系数。因此,在飞机起飞时一般放小角度襟翼,飞机着陆时放大角度襟翼,如图 2-19 所示。

(3) 前缘襟翼。位于机翼前缘的襟翼叫作前缘襟翼。这种襟翼广泛用于高亚声速和超声速飞机(图 2-20)。

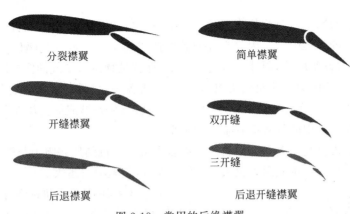

图 2-18 常用的后缘襟翼

图 2-19 波音 747 的后退开缝襟翼

图 2-20 波音 737-800 的前缘襟翼——克鲁格襟翼

视频：波音飞机的克鲁格襟翼

2.3.3 阻力

视频：飞机是如何减少阻力的？

飞机在高速飞行的同时，会因为不同原因受到非常大的阻力。阻力是与飞机运动轨迹平行，而与飞行速度方向相反的力。阻力阻碍飞机的飞行，但没有阻力飞机又无法稳定飞行。

1. 阻力的产生和种类

（1）摩擦阻力。当两个物体相互滑动时，这两个物体上就会产生与运动方向相反的力，阻止两个物体的运动,这就是物体之间的摩擦阻力。当飞机在空气中飞行时,也会受到空气的摩擦阻力,飞机的摩擦阻力是因为空气的黏性造成的。当气流流过物体时,由于黏性,空气微团与物体表面发生摩擦,阻滞了气流的流动,这就是物体对空气的摩擦阻力,反之,空气对物体也给予了摩擦阻力。飞机的机翼面积越大,机翼表面越粗糙,摩擦阻力就越大。

（2）压差阻力。压差阻力是由于运动物体的前后压强差形成的。压差阻力同物体的迎风面积、形状和在气流中的位置都有很大的关系。

飞机的机翼、机身和尾翼等部件会产生压差阻力。飞机的压差阻力与迎风面积、形状和迎角有关。迎风面积大,压差阻力也大;迎角越大,压差阻力也越大。

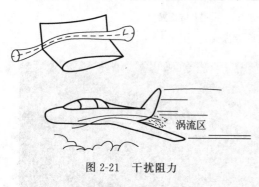

（3）干扰阻力。飞机的各个部件,如机翼、机身、尾翼的单独阻力之和小于把它们组合成一个整体所产生的阻力,这种由于各部件气流之间的相互干扰而产生的额外阻力,称为干扰阻力。干扰阻力在飞机总阻力中所占的比例较小。飞机各部件之间的平滑过渡和整流片可以有效地减小干扰阻力（图2-21）。

图2-21 干扰阻力

（4）诱导阻力。诱导阻力是伴随着升力而产生的,如果没有升力,诱导阻力就等于零。因此,这个由升力诱导而产生的阻力叫作诱导阻力,又叫作升致阻力。

飞机的诱导阻力主要来自翼面,当飞机飞行时,下表面压强大,上表面压强小,由于机翼翼面的长度有限,因此,下表面的气流就力图绕过翼尖流向上表面,如图2-22所示,这样在翼尖处就不断形成旋涡。随着飞机向前飞行,旋涡自翼尖向后流去,并产生向下的下洗流ω,在下洗流的作用下,原来的气流速度由v变成v'。由v'所产生的升力L'是垂直于v'的,而L'又可以分解为垂直于v的分量L和平行于v的分量D。其中L起着升力的作用,而D则起着阻碍飞机飞行的作用,因此,由于下洗流的影响产生的这个附加阻力就是诱导阻力。

诱导阻力与机翼的平面形状、翼剖面形状、展弦比等因素有关。可以通过增大展弦比、选择适当的平面形状（比如椭圆形的机翼平面形状）、增加翼梢小翼等来减小诱导阻力。图2-23所示为翼梢小翼对翼尖旋涡的削减作用示意图。

图2-22 诱导阻力

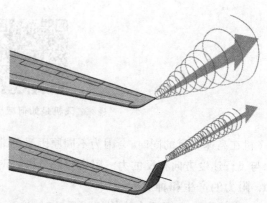

图2-23 翼梢小翼对翼尖旋涡的削减示意图

此外,飞机的阻力还有激波阻力等,由于其产生的机理复杂,此处不做深入介绍。各种阻力在飞机阻力中所占的比例见表 2-1。

表 2-1 典型的飞机阻力构成　　　　　　　　　　　　　　　　%

阻力名称	亚声速运输机	超声速战斗机	单旋翼直升机
摩擦阻力	45	23	25
诱导阻力	40	29	25
干扰阻力	7	6	40
激波阻力	3	35	5
其他阻力	5	7	5

2. 阻力的大小

和升力类似,阻力的大小也可以用阻力公式来表达,即

$$D = \frac{1}{2} C_D \rho v^2 S \tag{2-8}$$

式中:D 为机翼所受的阻力,N;C_D 为飞机的阻力系数,N·s/kg;ρ 为空气的密度,kg/m³;v 为相对气流的速度,m/s;S 为机翼面积,m²。

因此,阻力的大小也取决于飞机的飞行速度、机翼面积及阻力系数。

阻力系数随迎角变化的规律如下:

(1) 在中小迎角范围内,阻力系数随迎角的增大而缓慢增大,飞机的阻力主要为摩擦阻力。

(2) 在迎角较大时,阻力系数随迎角的增大而较快增大,飞机的阻力主要为压差阻力和诱导阻力。

(3) 在接近或超过临近迎角时,阻力系数随迎角的增大而急剧增大,飞机的阻力主要为压差阻力。

阻力系数的大小随迎角变化的曲线关系如图 2-24 所示。在一定的迎角范围内,阻力系数随迎角的增大而增大,在较小的迎角范围,增大的趋势较缓,随着迎角的增大,阻力系数则迅速增加。

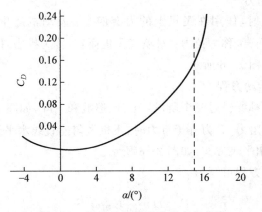

图 2-24 阻力系数随迎角的变化曲线

2.4 飞机的运动和飞行性能

视频：揭秘飞机操纵面：三轴坐标系如何掌控飞行？

飞机在空中的运动由随重心的移动和绕重心的转动组成，一般可分解为以下六种运动（图 2-25）：

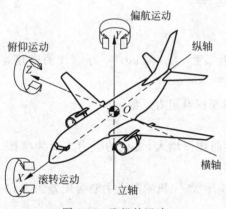

图 2-25 飞机的运动

(1) 沿纵轴方向的前后移动。
(2) 沿立轴方向的上下移动。
(3) 沿横轴方向的左右移动。
(4) 绕纵轴的转动（又称为滚转运动）。
(5) 绕立轴的转动（又称为偏航运动）。
(6) 绕横轴的转动（又称为俯仰运动）。

把(1)(2)(6)三种运动中一种以上的运动称为飞机的纵向运动（飞机对称平面内的运动）；将(3)(4)(5)三种运动中一种以上的运动称为飞机的横侧运动（非对称运动）。

此外，飞机的运动按其运动的速度和方向有没有发生改变分为两种：飞机的匀速直线运动和飞机的机动飞行。

2.4.1 飞机的匀速直线运动

当作用在飞机上的各个力达到平衡时，飞机就做匀速直线运动。

1. 作用在飞机上的力

当飞机在空中飞行时，作用在飞机上的力有四个：发动机产生的使飞机前进的力 P（这个力对螺旋桨飞机而言，称为拉力；对喷气飞机而言，称为推力，以下统称为推力）、阻力 D、升力 L 和重力 G，如图 2-26 所示。

2. 飞机平飞时的运动方程

飞机每次飞行一般都要经过三个阶段：上升、巡航和下降，如图 2-27 所示。

当拉力（推力）等于阻力、升力等于重力时，飞机做匀速直线水平运动，称为飞机的平飞。飞机在巡航时，主要采用平飞方式，如图 2-28 所示。

飞机平飞时的运动方程可写为

$$P = D = \frac{1}{2}C_D \rho v^2 S \tag{2-9}$$

$$L = G = \frac{1}{2}C_L \rho v^2 S \tag{2-10}$$

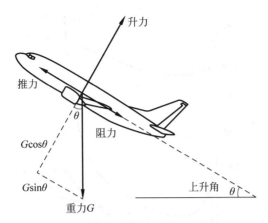

图 2-26 飞机运动的受力分析

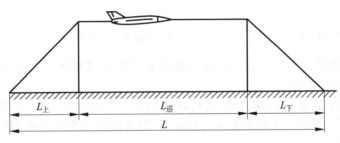

图 2-27 飞机飞行的几个阶段

对民航客机而言,旅客总是希望飞机的速度越大越好,这样可以缩短旅行时间,尽快到达目的地。那么,飞机的速度最大可以达到多少呢? 飞机平飞的最大速度由飞机的平飞性能决定。

3. 飞机的平飞性能

飞机的平飞性能主要包括平飞最大速度、平飞最小速度、平飞速度范围等。平飞是飞机的主要飞行状态,因此,平飞性能的好坏直接影响到飞机的总体性能。

(1) 平飞最大速度 $v_{\max}$

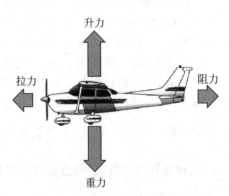

图 2-28 飞机平飞时的受力情况

平飞最大速度是指飞机在满油门条件下保持平飞所能达到的稳定飞行速度,用 $v_{\max}$ 表示。它是衡量一架飞机飞行速度大小的指标,是飞机性能的主要指标之一。

由式(2-9)可以画出平飞所用推力 $P_{平需}$ 随速度的变化情况,如图 2-29 所示。由图可见,在不同飞行高度,平飞需要的推力不同,飞行高度 H 越高,需要的推力越小。

发动机在满油门下产生的推力称为可用推力。可用推力的大小随着飞行高度而变化,高度越高,可用推力越小。

将飞机在某个高度下满油门时发动机产生的可用推力随速度的变化曲线(称为可用推力曲线)和平飞所要克服的阻力随速度的变化曲线(称为平飞需用推力曲线)画在同一幅图上时,两条曲线在右方的交点即为平飞最大速度 $v_{\max}$,如图 2-29 所示。在该点,满油门下的

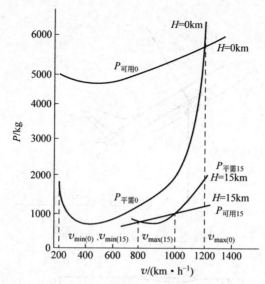

图 2-29 平飞推力曲线图(注:此图推力单位为 kg,表示质量 1kg 的物体所受到的重力)

可用推力与阻力相等。当 $v>v_{max}$ 时,可用推力小于阻力,飞机将减速,不能保持等速平飞,因此,v_{max} 是稳定平飞的最大速度。

苏联的图-144 是世界上第一架成功试飞的超声速客机,它的平飞最大速度可达 2500km/h。而军用机的平飞最大速度可以更高,如美国的战略侦察机 SR-71,其平飞最大速度为 3400km/h。

找出不同高度下的平飞最大速度 v_{max},即可绘制 v_{max} 随高度 H 的变化曲线,如图 2-30 所示。由图可见,对亚声速和跨声速飞机,v_{max} 随高度 H 一直减小。对超声速飞机,在对流层内,v_{max} 随高度的增加而增大;而在平流层内,v_{max} 则随高度的增加而减小。

实际上,在飞机设计中,v_{max} 还要受到其他一些因素的限制。例如,超声速飞行时,气流的冲击、压缩和摩擦会使飞机表面温度升高,称为气动加热,飞机的气动加热使飞机结构的温度可能会超过允许承受的能力,这时就要限制飞行马赫数(飞行马赫数为飞行速度和声速的比值),即限定 Ma_{max};再如低空高速飞行时,气动载荷过大$\left(即\frac{1}{2}\rho v^2,低空时空气密度 \rho 大,因此气动载荷大\right)$会造成飞机结构强度受损,这时要限制飞行中的动压不得大于容许的最大动压 q_{max}。

图 2-31 为实际的最大飞行马赫数随高度的变化曲线。

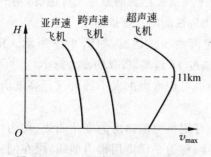

图 2-30 v_{max} 随高度 H 的变化曲线

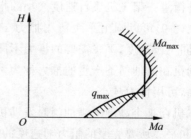

图 2-31 最大飞行马赫数随高度的变化曲线

2) 平飞最小速度 v_{min}

飞机的平飞速度也不能过小。平飞最小速度是指飞机在某一高度上能保持平飞的最小稳定速度,用 v_{min} 表示。飞机的起降性能与飞机的平飞最小速度有关。因为平飞最小速度越小,飞机起飞着陆时所需的跑道越短。

平飞最小速度主要受到两个因素的限制:最大升力系数和可用推力。

飞机发动机提供的可用推力随高度的增加而降低。在低高度下,发动机可用推力足够时,平飞最小速度受到最大升力系数的限制。由平飞时 $L=G$ 可以得到

$$v = \sqrt{\frac{2G}{C_L \rho S}} \tag{2-11}$$

由此可见,在一定的飞行高度,当升力系数等于最大升力系数(相当于迎角等于临界迎角,即失速迎角)时,平飞速度最小。

以临界迎角对应的平飞最小速度飞行,容易造成失速。事实上,即使采用稍小于临界迎角的某一迎角飞行,飞机也会出现抖动现象,一般不宜采用这些迎角平飞。所以最大升力系数对应的平飞最小速度只具有理论意义,并无实用意义。实际上,平飞最小速度应由飞行安全条件允许的升力系数来确定,称为允许平飞最小速度,一般为失速速度的 1.1～1.25 倍。由式(2-11)可知,随着高度的增加,空气密度减小,平飞最小速度将增加。

在高空,发动机的可用推力大大减小,这时平飞最小速度受到可用推力的限制。在推力曲线上,可用推力曲线和所需推力曲线左边的交点所对应的速度就是平飞最小速度。

找出不同高度的 v_{min},就可以绘制 v_{min} 随高度 H 的变化曲线,如图 2-32 所示。由图可见,一般情况下,飞机在低空飞行时,平飞最小速度受到最大升力系数的限制,由最大允许升力系数确定;而在高空,平飞最小速度受可用推力的限制。

3) 平飞速度范围(飞行包线)

各高度下飞机的平飞速度范围介于平飞最大速度和平飞最小速度之间,平飞速度范围随高度变化的曲线称为飞行包线,可由 v_{max}-H 和 v_{min}-H 曲线确定。图 2-33 所示为考虑了实际飞行限制后的飞行包线。飞机只能在这个速度范围内以某个特定速度飞行。

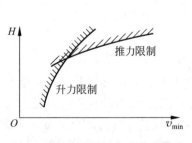

图 2-32 v_{min} 随高度 H 的变化曲线

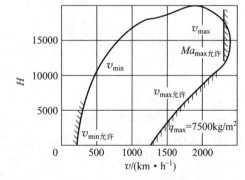

图 2-33 飞行包线

4. 飞机的上升和下降

当飞机起飞和着陆时,飞机就要上升或下降。下面分析飞机上升和下降时的受力情况。

飞机的上升是指飞机沿倾斜向上的轨迹做等速直线飞行,这是飞机获取高度的基本

视频：飞机最高能飞多高？

方法。

飞机的定常直线上升飞行与平飞不同的是，航迹与地面有一个倾角 θ，又称航迹倾角。飞机在空中稳定上升时，受到四个力的作用：升力（L）、重力（G）、推力（P）、阻力（D），如图 2-34 所示。发动机推力 P 不仅要克服直线运动中的阻力 D，还要克服飞机重力在航迹方向的分力 $G_2 = G\sin\theta$。

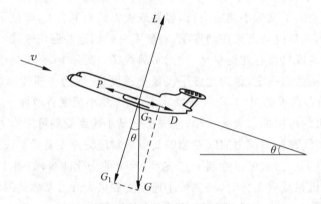

图 2-34　飞机上升时的受力

在定常直线上升时，飞机的质心运动方程为

$$P = D + G\sin\theta \tag{2-12}$$

$$L = G\cos\theta \tag{2-13}$$

由式（2-12）和式（2-13）可见，飞机上升所需推力大于气动阻力，而上升升力小于飞机的重力。

航迹倾角 θ 可由式（2-13）推得

$$\sin\theta = \frac{P - D}{G} = \frac{\Delta P}{G} \tag{2-14}$$

式中：ΔP 为剩余推力。

由式（2-14）可知，飞机的剩余推力越大，质量越小，则飞机的上升角越大。上升角大，代表通过相同的水平距离，飞机上升的高度高，即上升梯度大，说明飞机的越障能力强。

但有的时候，需要飞机能尽快到达一定的高度，特别是对于歼击机。为了及时消灭敌机，歼击机必须在很短的时间内爬升到很高的高度，以便在空战中能迅速获得高度优势。这时就需要飞机有较大的上升率。

上升率是指飞机在特定的重量和发动机工作状态下做定常直线上升时，单位时间内上升的高度，以 v_y 表示，是飞行速度在竖直方向的分量，如图 2-35 所示。

飞机的上升率大，表示在相同时间内，飞机上升的高度大，飞机的上升性能好。上升率是歼击机的一项重要性能指标。现代优良的歼击机的上升率可达9000~12000m/min,即这种飞机从海平面起飞的1min内就可上升到超过世界第一高峰珠穆朗玛峰的高度。

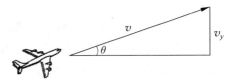

图2-35 上升率

飞机的静升限是一架飞机能飞的高度指标。随着飞行高度的增加,最大上升率逐渐减小,直到某一飞行高度,最大上升率减至零,这时飞机不能继续上升了,该高度便是飞机稳定上升所能达到的最大高度,称为理论静升限。理论静升限是推力曲线图上可用推力曲线和所需推力曲线相切时所对应的飞行高度。在理论静升限,飞机只能以可用推力曲线和所需推力曲线相切点所对应的速度平飞。

理论静升限是最大上升率等于零或最大剩余推力为零时的飞行高度,实际上,理论静升限是不可能达到的。因为高度升高,飞机的上升率降低,每升高1m所需的时间变长,在接近理论静升限的高度上,飞机的上升率接近于零,飞机爬升到理论静升限所需的时间趋于无穷大,所以理论静升限没有实际意义。

为此,实际中规定:对螺旋桨飞机,最大上升率为30.48m/min时对应的高度为实用升限;而对高速喷气式飞机,最大上升率为152.4m/min时对应的高度为实用升限。飞机性能手册中介绍的都是这种实用升限。

飞机沿倾斜向下的轨迹做等速直线的飞行叫作下降。下降是飞机降低高度的基本方法。

飞机在空中稳定下降时,受到四个力的作用:升力(L)、重力(G)、推力(P)、阻力(D),如图2-36所示。

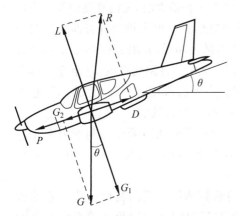

图2-36 飞机下降时的受力情况

定常直线下降时,飞机的质心运动方程为

$$P = D - G\sin\theta \quad (2\text{-}15)$$
$$L = G\cos\theta \quad (2\text{-}16)$$

由式(2-15)和式(2-16)可知,飞机下降时升力小于重力,发动机的推力小于飞机的阻力。根据推力情况可分为三种下降:零推力、正推力和负推力下降。零推力时的下降又称为下滑。

下降角是指飞机的下降轨迹与水平面之间的夹角,以θ表示。由式(2-15)可计算得到飞机的下降角,即

$$\sin\theta = \frac{D-P}{G} \quad (2\text{-}17)$$

综合式(2-15)和式(2-16)可得

$$\tan\theta = \frac{D-P}{L} \quad (2\text{-}18)$$

当发动机推力为零时的下降运动称为下滑,飞机下滑时的下滑角为

$$\tan\theta = \frac{D}{L} = \frac{1}{R} \quad (2\text{-}19)$$

式中：R 为飞机的升阻比。

无推力下滑时，下滑角取决于飞机的升阻比，升阻比越大，下滑角越小，用有利的速度下滑，升阻比最大，下滑角最小。因此，当飞机发动机在空中发生故障停车时，可以通过控制飞机的迎角来调节飞机的下滑角，使飞机降落在较合适的场地上。

5. 飞机的续航性能

飞机的续航性能是指飞机持续航行的性能，主要研究飞机的航程和航时，它涉及飞机能飞多远和能飞多久的问题。飞机的续航性能直接关系到飞机营运的经济性和飞行的安全性。因此，飞机的续航性能是评价飞机性能好坏的主要指标之一。

航程也称为飞行距离，是指飞机沿给定的方向，在平静大气中耗尽其可用的燃料储备量时所飞过的水平距离。续航时间简称航时，是指飞机耗尽其可用燃料在空中所能持续飞行的时间，是飞行中所经历的总时间。

飞机航程和航时的大小主要取决于飞机所带燃料量的多少和飞行中燃料消耗的快慢。飞行中燃料消耗的快慢取决于发动机的耗油特性和飞行中所需的推力或功率大小。

以航程为例，为获得最大航程，一般要求减小推力。由式(2-18)和式(2-19)可得到推力的计算公式为

$$P = \frac{G}{R} \tag{2-20}$$

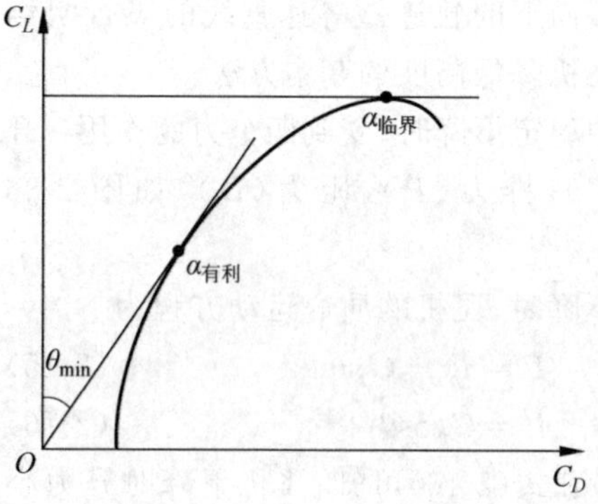

也就是说，当升阻比最大时，飞机平飞所需推力最小，这样就可以节省燃料。由飞机的升力曲线和阻力曲线可以得到飞机的极曲线，如图 2-37 所示。由图可知，在某个迎角下，飞机的升阻比最大，这个迎角称为有利迎角。因此，当飞机采用有利迎角飞行时，它所受到的阻力最小，所需推力最小。

由 $G=L$ 可计算得到飞机采用有利迎角平飞所需的速度，这个速度称为有利速度，又称为最小阻力速度。

图 2-37 飞机的极曲线图

由于飞机的燃料消耗还受到其他一些因素的影响，因此，一般飞机巡航时通常以稍大于有利速度的速度飞行，从而可获得最大平飞航程。

6. 飞机的起飞及起飞性能

飞机的每次飞行，总是从起飞开始，以着陆结束。因此，起飞、着陆是完成一次完整飞行不可或缺的两个环节。

飞机从起飞线开始滑跑到离开地面，并上升到一定安全高度(我国民航定为15m，军机定为25m，英、美等国规定为50ft或35ft)的运动过程，叫作起飞。飞机从地面滑跑到离地升空，是升力不断增大直到大于飞机重力的结果。只有当飞机速度增大到一定值时，才可能产生足以支持飞机重力的升力。可见，飞机的起飞是一个速度不断增加的加速过程。

喷气飞机的起飞过程包括三个阶段：地面加速滑跑阶段、离地阶段和加速上升到安全高度阶段，如图 2-38 所示。

飞机的起飞性能主要包括离地速度、起飞滑跑距离和起飞距离。

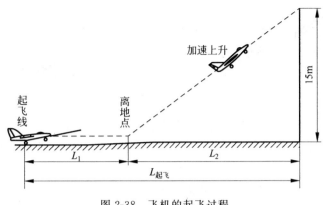

图 2-38 飞机的起飞过程

飞机的离地速度是起飞滑跑时,当升力刚好等于重力时的瞬时速度,可按式(2-21)计算:

$$v_{离} = \sqrt{\frac{2G}{C_{L离}\rho S}} \tag{2-21}$$

式中:$C_{L离}$为飞机离地时的升力系数,根据飞机近地面起飞襟翼构型的升力特性和离地迎角 $\alpha_{离}$ 确定,可从有关资料中查得。

起飞滑跑距离是自起飞线至飞机离地点的距离。加速度和离地速度是影响起飞滑跑距离的主要因素。离地速度小,飞机短时间内就能增速到离地速度而离地,所以滑跑距离短。在离地速度一定时,加速度大,则飞机增速快,能更快地增速到离地速度,所以滑跑距离也短。要加大加速度,就要增大推力和减小阻力及摩擦力。因此起飞过程中发动机一般采用满油门起飞。

起飞距离是指飞机从跑道上开始滑跑到离地15m高度所经过的水平距离,它等于起飞滑跑距离和加速上升段所经过的空中水平距离之和。起飞距离是飞机起飞的重要性能参数,因为它确定了跑道要求。为缩短起飞滑跑距离,飞行员应使用最大油门,放下一定的角度襟翼,朝着逆风方向起飞。情况允许时,可以适当减轻机身重量或利用下坡起飞。

7. 飞机的着陆及着陆性能

飞机从安全高度过跑道头开始,下降过渡到接地滑跑,直至完全停止的整个减速运动过程称为着陆。着陆是飞机高度不断降低、速度不断减小的运动过程。

飞机的着陆一般分为下降、拉平、飘落、滑跑四个阶段,如图2-39所示。飞机从一定高度着陆下降时,发动机处于慢车状态,即一般采用带小油门下降的方法下降,航迹接近直线,下降到离地面5~10m时,飞行员向后拉驾驶杆将机头抬起,使飞机由下降转入拉平阶段,拉平段结束后,飞机缓慢下沉。当主轮接地时进入滑跑阶段,飞机便开始沿跑道滑跑。滑跑速度减小到一定程度时,驾驶员推杆使前轮接地(起落架为前三点式时),进行三轮滑跑,同时使用刹车和减速装置使飞机继续减速,直至完全停止,着陆过程结束。

飞机的着陆性能主要包括着陆进场速度、接地速度、着陆滑跑距离和着陆距离等。

着陆进场速度是飞机以安全高度通过跑道头时的瞬时速度,应按规定取值,且必须大于着陆进场参考速度,所以大小一般取为飞机着陆构型下失速速度的1.3倍,主要由飞机的着陆重量和襟翼位置决定。着陆重量越大,着陆进场参考速度越大;襟翼角度越小,着陆进场

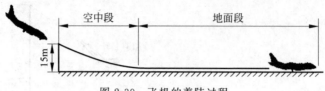

图 2-39 飞机的着陆过程

参考速度越大。飞行员可根据飞行手册确定着陆进场参考速度。

着陆进场速度偏高,着陆距离会增加;但如果着陆进场速度偏低,则飞机的飞行不稳定,不易操纵和平稳着陆。

接地速度是指着陆过程中飞机主轮接地瞬间的速度,即

$$v_{接地} = k\sqrt{\frac{2G}{\rho S C_{L接地}}} \tag{2-22}$$

式中:$C_{L接地}$ 为接地时的升力系数;k 为速度修正系数,一般取 0.90~0.95,此时,飞机的构型为:起落架放下,襟翼及其他增升装置位于着陆位置,计及地面效应的影响。

由式(2-22)可见,接地速度的大小取决于飞行重量、地面空气密度及接地时升力系数的大小。为减少接地后地面滑跑的距离,接地速度应尽可能小,这就希望加大接地时的升力系数,即加大接地迎角,但接地迎角又受飞机抖动迎角和飞机擦尾角的限制。另外,襟翼放下角度越大,升力系数越大,因此,着陆时,飞机一般都将襟翼全部放下。

飞机从接地到滑跑停止所经过的距离,称为着陆滑跑距离。着陆距离是指飞机从安全高度过跑道头开始,下滑、接地、滑跑直至完全停止运动所经过的水平距离。飞机的着陆滑跑距离和着陆距离越短,着陆性能越好。为缩短着陆距离和着陆滑跑距离,应严格控制好飞机的进场速度和接地速度,将襟翼放在最大角度位置上,尽可能向逆风和上坡着陆,滑跑中应及时正确地使用刹车,使飞机尽快减速。

2.4.2 飞机的机动飞行

视频:为什么战斗机的机动性如此关键?

飞机的机动飞行是指飞机的速度或方向发生改变时的飞行,一般分为竖直平面内的机动飞行和水平平面内的机动飞行。

1. 竖直平面内的机动飞行

飞机在竖直平面内的机动飞行包括速度机动(平飞加、减速),以及同时改变速度、高度的典型飞行动作——俯冲、跃升和筋斗。

1)平飞加、减速性能

平飞加、减速性能表示飞机改变飞行速度大小的能力。飞机增加或减小一定的速度所需的时间越短,表明其加、减速性能越好。现代喷气式飞机的最大速度不断提高,平飞速度

范围日益扩大,加、减速的幅度也随之增大,因此,对飞机的速度机动性提出了更高的要求。

对于亚声速飞机,一般采用由 $0.7v_{max}$ 加速到 $0.97v_{max}$ 的时间作为加速性指标;采用 v_{max} 减速到 $0.7v_{max}$ 的时间作为减速性指标。而对于超声速飞机,采用亚声速飞行时的常用马赫数到最大使用马赫数之间的加、减速时间作为加、减速性能指标。

实现平飞加、减速飞行要保持平飞条件 $L=G$,飞机平飞减速飞行时的运动方程为

$$P - D = \Delta P = ma = \frac{G}{g}a \tag{2-23}$$

显然,飞机的加、减加速度 a 取决于剩余推力($P-D$)的符号,即当 $P>D$ 时,飞机加速;当 $P<D$ 时,飞机减速。

由式(2-23)可见,加速度与剩余推力 ΔP 的大小成正比,与飞机的重量成反比。飞行员可以通过油门调节发动机推力,使加速飞行时 $\Delta P>0$,减速飞行时 $\Delta P<0$。

为了提高飞机的速度机动性,现代喷气发动机一般都有加力装置,有的飞机上还装有火箭加速器,使用加力或火箭加速器后,飞机的加速性能大大提高。飞机上还设有减速装置,放出减速板可使飞机的减速性提高。

2) 跃升、俯冲和筋斗

跃升和俯冲是同时改变速度、高度的机动飞行。跃升是将飞机的动能转化为位能,迅速获得高度优势的机动飞行;俯冲是将飞机的位能转化为动能,迅速降低高度和增加速度的机动飞行。通常,可将整个跃升、俯冲飞行过程分为三段:进入段、直线段及改出段,如图 2-40 所示。筋斗亦可看成是由进入跃升段、改出俯冲段等组成。

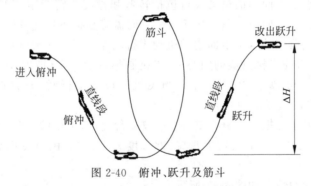

图 2-40 俯冲、跃升及筋斗

3) 机动飞行的过载

飞机在空中飞行时,作用在飞机上的外力有发动机推力 P、空气动力 R 和重力 G。作用在飞机上的除重力之外的合外力与飞机重量之比,称为过载。过载是一个矢量,其方向沿推力及空气动力合力的方向。过载 n 为

$$\vec{n} = \frac{\vec{R} + \vec{P}}{G} \tag{2-24}$$

由升力引起的过载起着重要作用,因此,如果不加说明,一般说的过载都是指升力与重力的比值,又称为载荷因素,用 n_y 表示。

可以证明,当飞机以过载 n_y 做机动飞行时,驾驶员会感觉身上受到一个相当于他本身重量 n_y 倍的作用力。这个作用力实际上是飞机做机动飞行时,座椅给飞行员的反作用力。

飞行中,当 $n_y>1$ 时,飞行员会感觉到相当于他本身重量 n_y 倍的压力,形成超重现象。

这时,人体内的血液会由于惯性向下肢积聚,时间久了会感到晕眩。一般情况下,如果飞行员坐姿正确,在 5~10s 内能承受的极限过载为 8;在 20~30s 内能承受的极限过载为 5。

飞行中,当 $n_y=1$ 时,飞行员感觉如同静止。

飞行中,当 $n_y<1$,甚至 $n_y<0$ 时,飞行员会感觉到失重。这时血液向头部集中,飞行员更难以忍受。因此飞机很少在负的过载下飞行。某些飞行中,如在退出跃升或进入俯冲时,飞行员为避免负的法向过载,可使飞机倾斜甚至倒飞(头朝下)。

飞机设计中也要考虑到飞机所能承受的过载。常见的民用飞机的限制载荷因数见表 2-2。

表 2-2　常见的民用飞机的限制载荷因数

类　　别		限制载荷因素	
		正过载	负过载
FAR23	正常类	3.8	1.5
	实用类	4.4	1.8
	特技类	6.0	3.0
FAR25	运输类	2.5	1.0

一些典型飞行状态的过载如下:飞机平飞时,由于升力等于重力,因此 $n_y=1$;飞机上升时,由于升力大于重力,因此 $n_y>1$;飞机下降时,由于升力小于重力,因此 $n_y<1$。

2. 水平平面内的机动飞行

飞机在水平平面内的机动飞行性能着重反映飞机的方向机动性,即飞机改变速度方向的能力。最常见的水平平面内的机动飞行包括转弯和盘旋。转弯是高度不变、飞行方向变化的机动飞行,转弯时,方向改变角度小于 360°;而盘旋是指飞机连续转弯不小于 360° 的机动飞行。盘旋是比较典型的水平平面内的机动飞行动作。下面主要介绍飞机的盘旋性能。

盘旋时,为了获得使飞机盘旋的向心力,飞机必须带滚转角(坡度)γ。滚转角是飞机对称面与竖直方向的夹角,如图 2-41 所示。当飞机带坡度飞行时,升力在水平面内的分量 $L\sin\gamma$ 提供了飞机盘旋所需的向心力。

按盘旋的坡度大小可把盘旋分为三种:小坡度盘旋,即飞机滚转角(坡度)小于 20°;中坡度盘旋,即坡度在 20°~45°;大坡度盘旋,即坡度大于 45°。民航飞机盘旋转弯的坡度一般在 30° 以下。

飞机盘旋时的受力情况如图 2-41 所示。

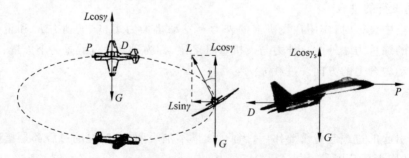

图 2-41　飞机盘旋受力分析

通常把运动参数(飞行速度、盘旋半径)不随时间变化的盘旋称为正常盘旋,正常盘旋具有一定的代表性。

2.5 飞机的稳定性和操纵性

在飞机设计中,除了考虑让飞机有足够的升力可以飞上天之外,还要考虑飞机的稳定性和操纵性。飞机飞行状态的变化,归根到底,都是力和力矩作用的结果。飞机的平衡、稳定性和操纵性是阐述飞机在力和力矩的作用下,飞机状态保持和改变的基本原理。下面首先介绍飞机平衡的概念。

2.5.1 飞机的平衡

视频:飞机如何保持平衡?

当作用在飞机上的外力及外力矩之和都等于零时,飞机处于平衡状态。因此,飞机的平衡包括作用力平衡和力矩平衡两个方面。前面在讨论飞机的运动情况时,把飞机当作一个质点,主要讨论了飞机的等速直线运动,即作用力的平衡问题。本小节主要讨论力矩平衡。相对横轴(OZ 轴)的力矩平衡称为俯仰平衡,相对立轴(OY 轴)的力矩平衡称为方向平衡,相对纵轴(OX 轴)的力矩平衡称为横向平衡。

1. 飞机的俯仰平衡

飞机的俯仰平衡又称为纵向平衡,是指作用在飞机上的俯仰力矩的平衡,即作用于飞机的各俯仰力矩之和为零,这时飞机迎角保持不变。

作用在飞机上的俯仰力矩是由飞机各个部件所受到的空气动力产生的力矩及推力产生的力矩组成的,主要有机翼产生的俯仰力矩、水平尾翼产生的俯仰力矩、推力(或拉力)产生的俯仰力矩等。

1) 机翼产生的俯仰力矩

当飞机在空中飞行时,机翼上将产生升力和阻力,升力和阻力合称为空气动力,其作用点称为压力中心,用 C_L 表示。在研究机翼的俯仰力矩时,由于阻力产生的俯仰力矩相对很小,通常忽略不计。因此,机翼的俯仰力矩主要由升力产生。一般情况下,机翼产生下俯力矩,如图 2-42 所示。但当重心后移较多且迎角又很大时,则可能产生上仰力矩。

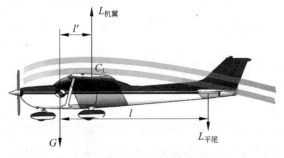

图 2-42 飞机的俯仰力矩

2) 水平尾翼产生的俯仰力矩

正常飞机的水平尾翼一般安装在机翼之后,平尾处的流场要受到前方流动的影响。平尾处的气流速度 $v_{平尾}$ 小于飞行速度 v 且平尾区平均流速方向较飞行速度方向向下偏转了一个角度,称为下洗角 ε,如图 2-43 所示。

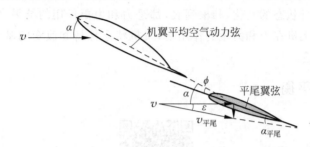

图 2-43 平尾处的有效迎角

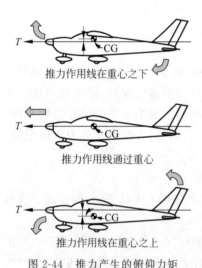

图 2-44 推力产生的俯仰力矩

另外,考虑到平尾的安装方向通常与机翼的安装方向有偏差,存在安装角 ϕ(即平尾翼弦延长线与机翼翼弦之间的夹角,延长线在机翼翼弦以下,$\phi>0$,反之 $\phi<0$。常规布局飞机 $\phi>0$,以产生负升力,形成足够的上仰力矩),因此,平尾处的有效迎角 $\alpha_{平尾}$ 为

$$\alpha_{平尾} = \alpha - \phi - \varepsilon \qquad (2-25)$$

一般情况下,平尾处为负迎角,因此,在正常飞行中,水平尾翼产生负升力,故水平尾翼产生上仰力矩。当迎角很大时,也可能产生下俯力矩。

(3) 推力(或拉力)产生的俯仰力矩。喷气发动机的推力或螺旋桨的拉力的作用线若不通过飞机重心,也会形成围绕重心的俯仰力矩,称为推力力矩(图 2-44)。但推力力矩相对而言较小,不是影响俯仰力矩的主要因素,这里不详细讨论。

2. 飞机的方向平衡

飞机的方向平衡是指作用于飞机的各偏转力矩之和为零。

作用在飞机上的偏转力矩主要有两翼阻力对重心产生的偏转力矩、垂尾侧力对重心产生的偏转力矩及双发或多发飞机推力产生的偏转力矩(图 2-45)。

正常情况下,飞机两翼受到的阻力对重心产生的偏转力矩是相等的,可以互相抵消。但是当一边机翼发生变形时,机翼两侧的阻力就会不同,一旦两侧的偏转力矩产生了差异,就会打破原来的方向平衡。

同样,对双发飞机,当两侧发动机工作状态不同时,也会使两侧的偏转力矩产生差异。另外,气流作用在垂尾上的侧力产生的偏转力矩也会影响到飞机的方向平衡。

3. 飞机的横向平衡

飞机的横向平衡是指作用于飞机的各滚转力矩之和为零,坡度不变。

作用在飞机上的滚转力矩主要有两翼升力对重心产生的滚转力矩和垂尾上的侧力对重心

产生的滚转力矩,螺旋桨飞机还要考虑螺旋桨反作用力矩对重心产生的滚转力矩(图2-46)。

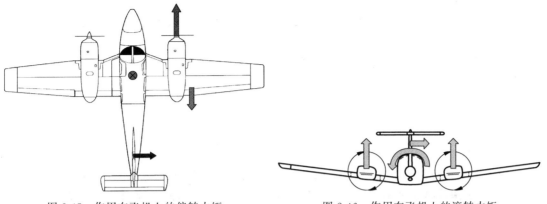

图 2-45　作用在飞机上的偏转力矩　　　　图 2-46　作用在飞机上的滚转力矩

正常情况下,飞机两翼受到的升力对重心产生的滚转力矩是相等的,可以互相抵消。但是当一边机翼发生变形时,机翼两侧的升力就会不同,因此,两侧的滚转力矩产生了差异,从而打破原来的横向平衡。

飞机上由于燃料的消耗及人员、货物的移动可能会造成重心左右移动,使滚转力矩发生变化。

另外,对螺旋桨飞机,当油门改变时,螺旋桨的反作用力矩会发生改变,从而影响横向平衡。

2.5.2　飞机的稳定性

视频：静稳定性是飞机偏离平衡位置后的最初趋势

飞机的稳定性是指飞机受到扰动偏离平衡状态,当扰动停止后,飞机能够自动恢复到平衡状态的能力。如果飞机没有稳定性,则当飞机受到扰动后,飞行员要及时进行操纵,使其回到平衡状态。但这样就增加了飞行员的工作负荷,而且由于飞行员的操纵总是存在一定的滞后效应,因此,有时会形成反操纵,使飞机更快地偏离平衡状态,最终导致事故的发生。因此,为了确保飞行安全,飞机必须具有稳定性。

1. 稳定性的概念

物体的稳定性是指物体在平衡状态的基础上,受到微小扰动后,偏离了原平衡状态,在扰动消失后,又能自动回到原平衡状态的特性。

根据物体偏离其平衡位置的扰动作用停止后,物体能否自动回到原先的平衡位置,可将物体的稳定性分为三种情况：稳定、不稳定、中立稳定,如图2-47所示。

在图2-47(a)中,圆球受轻微扰动后,最终能回到原来的平衡位置,则称圆球具有稳定性；在图2-47(b)中,圆球受轻微扰动后,不能回到原来的平衡位置,但能在新的位置平衡下来,称为中立稳定;在图 2-47(c)中,圆球受轻微扰动后,最终不能回到原来的平衡位置,则圆球是不稳定的。

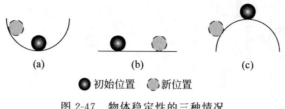

图 2-47 物体稳定性的三种情况
(a)稳定;(b)中立稳定;(c)不稳定

物体必须具备两个条件,才具有稳定性。以单摆为例,如图 2-48 所示,下垂的单摆是稳定的,一旦摆锤偏离原平衡状态,重力的分力形成的力矩力图使摆锤回到原平衡位置。此外,摆锤在摆动过程中还受到空气阻力形成的力矩作用。单摆在这两个力矩的共同作用下,最终回到原平衡状态。

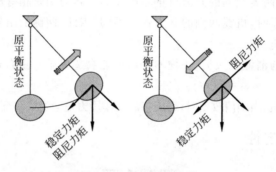

图 2-48 单摆的稳定性

可见,下垂的单摆之所以具有稳定性,是因为它受到了稳定力矩和阻尼力矩的共同作用。稳定力矩是指物体受扰偏离原平衡状态后,自动出现的、力图使物体回到原平衡状态的、方向始终指向原平衡位置的力矩。阻尼力矩是指物体在受扰后的运动过程中,自动出现的、力图使物体最终回到原平衡状态的、方向始终与运动方向相反的力矩。

稳定力矩和阻尼力矩是物体具有稳定性的两个充要条件。例如,倒立的单摆因为不具备稳定力矩,因此是不稳定的;放置在真空中的下垂单摆不具备阻尼力矩,因此也是不稳定的。

2. 飞机的稳定性

飞机的稳定性包括俯仰(纵向)稳定性、方向稳定性和横向稳定性。

1) 俯仰(纵向)稳定性

飞机的俯仰稳定性,指的是飞行中,飞机受微小扰动导致俯仰平衡遭到破坏,在扰动消失后,飞机自动趋向恢复原平衡状态的特性(图 2-49)。

图 2-49 飞机的俯仰稳定性

飞机要具有俯仰稳定性,就必须同时具备俯仰稳定力矩和俯仰阻尼力矩。俯仰稳定力矩主要由平尾产生。如图 2-50 所示,当飞机受扰机头上抬时,水平尾翼上的迎角增加,产生向上的附加升力,对飞机重心形成下俯的稳定力矩,使飞机趋向于恢复原来的迎角。反之,当飞机受扰机头下俯时,水平尾翼产生向下的附加升力,对飞机重心形成上仰的稳定力矩,使飞机趋向于恢复原来的迎角。

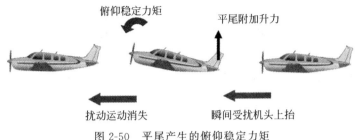

图 2-50 平尾产生的俯仰稳定力矩

确保飞机俯仰稳定性的另一个要素俯仰阻尼力矩,也主要由水平尾翼产生(图 2-51)。飞机受扰动后,绕横轴转动,飞机的转动与空气相互作用的结果是在飞机上产生了一个新的附加力矩,力图阻止飞机转动,称为俯仰(纵向)阻尼力矩。在此俯仰阻尼力矩的作用下,飞机受扰动后的俯仰摆动逐渐减弱,直至完全消失,最后飞机重新取得平衡。

图 2-51 平尾产生的俯仰阻尼力矩

水平尾翼离重心较远,其阻尼作用最大,因此,飞机的俯仰阻尼力矩主要由水平尾翼产生。当飞机发生扰动,偏离原俯仰平衡位置后,在稳定力矩的作用下,飞机绕横轴转动,试图回到原平衡位置。例如,当飞机在稳定力矩作用下机头向上转动时,平尾将向下运动,相对气流方向向上,从而加大了平尾处的迎角。平尾上产生向上的附加升力,对重心形成使机头下俯的力矩,这个力矩方向与飞机的转动方向相反,以阻止飞机绕横轴转动,所以称为纵向阻尼力矩。

所以,一般飞机上除了机翼之外,都装有水平尾翼,又称为水平安定面,其主要作用就是确保飞机具有俯仰稳定性。当飞机受扰使俯仰平衡遭到破坏时,飞机在水平尾翼的帮助下在扰动消失后又能自动恢复到原平衡状态。

2) 方向稳定性

飞机的方向稳定性,指的是飞行中,飞机受微小扰动导致方向平衡遭到破坏,在扰动消失后,飞机自动趋向恢复原平衡状态的特性。

方向稳定性是方向稳定力矩和方向阻尼力矩共同作用的结果。方向稳定力矩主要是由垂尾产生的。如图 2-52 所示,当飞机受扰动使机头偏离原来的运动方向时,气流会对飞机垂尾产生附加侧力,该侧力作用在飞机重心之后,对重心形成方向稳定力矩,力图使飞机机头回到原来的方向平衡状态。

另外,飞机上反角和后掠角的设计等也能够使机翼产生方向稳定力矩,如图 2-53 所示。

图 2-52　飞机的方向稳定力矩

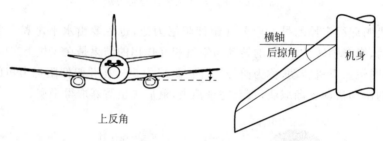

图 2-53　飞机的上反角和后掠角

飞机的方向阻尼力矩则主要由垂尾产生，如图 2-54 所示。

在飞机转动过程中，垂尾处出现附加的侧向气流速度分量，导致垂尾出现侧力，侧力形成的力矩起到阻碍转动的作用，称为方向阻尼力矩。

3）横向稳定性

飞机的横向稳定性，指的是飞行中，飞机受微小扰动导致横侧平衡遭到破坏，在扰动消失后，飞机自动趋向恢复原平衡状态的特性。

横向稳定性是横向稳定力矩和横向阻尼力矩共同作用的结果，如图 2-55 所示。

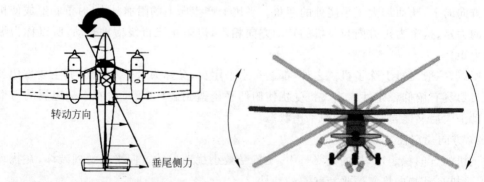

图 2-54　飞机的方向阻尼力矩　　　　图 2-55　飞机的横向稳定性

横向稳定力矩主要由侧滑中机翼的上反角和后掠角产生。另外，上单翼（即飞机机翼在飞机重心之上）和垂尾也能够使机翼产生横向稳定力矩。在飞机的设计中，为取得合适的横向稳定性，往往采用这几种机翼构型的组合。图 2-56 为上单下反后掠布局。

飞机的横向阻尼力矩主要由机翼产生。飞机在受扰后的转动过程中，由于机翼存在附

图 2-56 上单下反后掠布局

加上、下气流分量,使两翼迎角不等,从而导致两翼升力不等,这一阻尼力矩对飞机的转动起阻碍作用(图 2-57)。

图 2-57 机翼产生的横向阻尼力矩

飞机的方向稳定性和横向稳定性是相互耦合的,统称为横侧稳定性。

飞机的稳定性是相对的、有条件的,同一架飞机,当飞行条件(如飞行速度、高度、飞机迎角、重心位置等)发生变化时,其稳定性也会随之变化。对于具有横侧稳定性的飞机,在受扰偏离原平衡状态后,虽然能自动恢复原来的力和力矩平衡,但是飞机不能自动恢复原来的飞行状态,因为飞机的高度和速度方向都已经改变了。如果希望飞机恢复原来的平衡状态,飞行员必须及时对飞机实施操纵。

2.5.3 飞机的操纵性

视频:波音和空客的操纵杆为什么不一样?

飞机运动状态的改变主要是通过飞行员在驾驶舱内的操纵来实现的。飞机的操纵性是指飞行员通过操纵升降舵、方向舵和副翼改变飞机飞行状态的能力,包括俯仰操纵性、方向操纵性和横向(滚转)操纵性。飞机的操纵性主要研究飞行状态的改变与杆舵行程和杆舵力大小之间的基本关系、飞机反应快慢及影响因素等。

1. 俯仰操纵性

飞机的俯仰操纵性是指飞行员操纵驾驶盘偏转升降舵后,飞机绕横轴转动而改变其迎角等飞行状态的特性。

在飞机水平尾翼的后端有一块可以上下活动的舵面,称为升降舵。在飞行中,飞行员通过前后推拉驾驶杆,控制升降舵向下或向上偏使飞机绕横轴转动来改变飞机的迎角。如

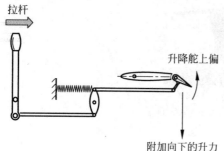

图 2-58 改变迎角操纵的基本原理

图 2-58 所示,当飞行员拉杆带动升降舵上偏时,平尾上会产生向下的附加升力,打破原有俯仰平衡,使飞机机头上仰。由于迎角增加,具有稳定性的飞机会产生稳定力矩,在直线飞行中当稳定力矩与操纵力矩相等时,飞机停止转动,并保持较大的迎角飞行。

如果飞行员再向后拉一点杆,则飞机迎角会再增大一点,飞机将保持更大的迎角飞行。而如果飞行员往前推一点杆,则飞机就会保持较小的迎角飞行。由此可见,飞行中,驾驶杆前后的每一个位置(或升降舵偏角)对应着一个迎角。驾驶杆位置越靠后,升降舵上偏角越大,对应的迎角也越大;驾驶杆位置越靠前,升降舵下偏角越大,对应的迎角也越小。

2. 方向操纵性

飞机的方向操纵性是指飞行员操纵方向舵以后,飞机绕立轴偏转而改变其飞行状态的特性。

飞机飞行中飞行员通过操纵方向舵使飞机机头偏转的基本原理同操纵升降舵改变飞机迎角的原理基本类似。飞行员通过蹬右舵,操纵方向舵向右偏转,使垂直尾翼上产生向左的附加气动力,它对飞机重心产生的力矩打破了原有的方向平衡,使飞机机头向右偏转。机头右偏时,方向稳定力矩又有使飞机机头左偏的趋势。开始时,由于当操纵力矩大于方向稳定力矩,飞机机头继续左偏。随着偏转角的增加,方向稳定力矩增加,当方向稳定力矩和操纵力矩相等时,飞机稳定在一个新的、较大的偏转角上。可见,在不带滚转的直线飞行中,每一个脚蹬位置对应着一个偏转角,即蹬右舵,飞机机头向右偏转;蹬左舵,飞机向左偏转(图 2-59)。

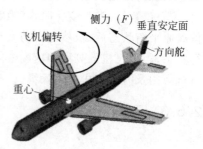

图 2-59 飞机的方向操纵

3. 横向(滚转)操纵性

飞机的横向(滚转)操纵性是指飞行员操纵副翼以后,飞机绕纵轴转动而改变其滚转角速度、坡度等飞行状态的特性。

飞行中横向操纵的基本原理如下:飞行员向右压杆,左侧副翼下偏,右侧副翼上偏,下偏侧机翼上的升力增加,上偏侧机翼上的升力减小,两侧副翼上的升力不同会打破原有的横向平衡,使飞机开始向右滚转。在飞机向右滚转的过程中会产生滚转阻尼力矩,制止飞机滚转。开始时,横向操纵力矩大于阻尼力矩,滚转角速度逐渐增大。随着滚转角速度的增大,阻尼力矩逐渐增大。当横向操纵力矩等于阻尼力矩时,飞机保持一定的角速度滚转(图 2-60)。可见,在横向操纵中,驾驶杆左右移动的每个位置都对应着一个稳定的滚转角速度,即压左杆,飞机左滚转;

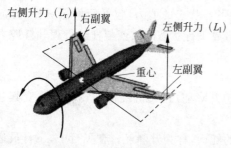

图 2-60 飞机的滚转操纵

压右杆,飞机右滚转。驾驶杆左右移动的位移越大,滚转的角速度就越大。这是与俯仰操纵和方向操纵不一样的地方。

俯仰操作是前后推拉驾驶杆,驾驶杆的每一个前后位置对应一个迎角;方向操纵是左右蹬舵,每一个舵位移对应一个偏转角;横向操纵是左右压杆,驾驶杆的每一个左右位置对应的是一个稳定的滚转角速度,而不是一个坡度。

飞行中,如果要达到一个预定的坡度,如飞行中进行转弯或盘旋操纵时,必须在接近预定坡度时使驾驶杆回到中立位置,消除横向操纵力矩,飞机才能在横向阻尼力矩的作用下,使滚转角速度逐渐消失,稳定在预定坡度上。

 拓展阅读

(一)

【西南航空公司"2·24"特大飞行事故反思】

1999年2月24日,中国西南航空公司TYI54M/B-2622号飞机在执行成都至温州SZ4509航班任务时,在温州地区撞地失事,飞机粉碎性解体。机上61人全部遇难,其中旅客50名、空勤人员11名(包括飞行员4人、安全员2人、乘务员5人)。

事故发生后,事故调查组在现场进行了细致勘察和多方查证,对搜集的有关部件残骸进行了初步分析。现场调查结束后,调查组的飞行、适航、记录器等专业小组对现场获取的残骸又进行了实验分析,并进行了地面试验、模拟机验证等取证和分析研究工作。作为航空器的设计制造国,独联体航空委员会派代表和技术顾问参加了现场调查,并在记录器译码、地面试验等方面提供了帮助。

1. 事故经过

2月24日14时35分,该机从成都双流机场起飞,航线飞行高度11400m。16时,飞行高度9600m过德兴;16时5分,飞行高度7800m过上饶;16时16分过云和。16时19分,机组报告高度为5700m,请求下降,温州塔台指挥飞机下降到2100m。16时27分,塔台询问飞机测距仪的距离,机组回答21海里;塔台指挥飞机下降到场压高度1200m飞过东山导航台。16时29分21秒,机组报告场压高度1200m过东山导航台,塔台指挥该机下降到700m并建立盲降报告,机组复诵正确。从16时31分开始,塔台连续呼叫B-2622飞机,均无回答。舱音记录截止时间是16时30分27秒。

据现场目击者反映,飞机在最后坠落阶段飞过一排楼房后直冲向地面,一声巨响之后,冒出很高的烟,并伴有火光。飞机失事位置在浙江瑞安市阁巷镇柏树村东北方向约500m的农田里,位于温州机场跑道西南端226方位27km处。

2. 实验和验证

调查组对现场获得的135摇臂与拉杆的连接进行了实验分析,用TYI54M飞机在地面做135摇臂与拉杆脱开后升降舵操纵试验,以及在模拟机上做了模拟脱开的飞行验证。经实验分析、地面试验、模拟机验证表明,135摇臂与拉杆连接螺栓上安装的螺母是自锁螺母,且螺母尺寸(直径8mm,螺距1.25mm)与螺栓尺寸(直径7mm,螺距1.00mm)不匹配。坠机前拉杆与摇臂连接处已出现螺母、螺栓脱落,导致拉杆与摇臂脱开,驾驶杆与升降舵的线性运动关系已不存在,不能避免飞机坠毁。

相关人员又通过对驾驶舱舱音记录情况和飞行数据记录器译码数据的分析,验证了上述结论。

分析表明,起落架放下后,升降舵对驾驶杆操纵的反应仍处在不正常状态。在坠毁前的大幅拉杆和推杆过程中,虽然升降舵做出了反应,但这种反应不按正常线性规律进行变化,致使飞机出现了极不正常的状态,在最后的10多秒钟时间里,升降舵对驾驶杆操纵反应失灵的现象再次发生,最终导致飞机失去控制。

3. 事故原因

根据飞行数据记录器及驾驶舱舱音记录器提供的信息分析,螺栓脱落前飞行正常,螺栓脱落后,无论是自动驾驶还是人工操纵飞行状态,驾驶杆对升降舵的操纵都已失灵,随即飞行员就感觉到飞机的俯仰操纵不正常,由于此时飞机重心变化不大,机组在采取了向前移动旅客和放出阻流板的方法后,可以勉强使飞机维持下降状态。随着起落架的放出,飞机产生了下俯力矩,飞行员拉杆试图保持飞行状态,但是,由于升降舵的操纵已不正常,飞机继续下俯。操纵出现反常情况,飞行员加大拉杆量,这时,正如地面试验所表明,由于拉杆与135摇臂的触碰,升降舵突然上偏,飞机猛烈上仰。为了克服这种猛烈上仰的趋势,飞行员快速推杆,由于俯仰操纵已经失去了线性变化规律,升降舵急速向下偏转至最大,飞机大幅下俯,冲向地面。最后,飞行员虽尽力拉杆,但舵面没有相应的变化,飞机未能改变俯冲状态。

通过调查取证、对残骸的实验分析、地面试验和模拟机验证及飞行数据记录器和驾驶舱舱音记录器提供的信息,可以证实以下几点:

(1) B-2622号飞机在向温州机场下降的过程中,由于失去了对俯仰通道的操纵而坠地失事。

(2) 飞机俯仰通道失去操纵的原因,是由于飞机升降舵操纵系统的拉杆与135摇臂的连接在飞行中脱开。

(3) 根据实验和分析,拉杆与135摇臂脱开的最大可能是由于在拉杆与摇臂的连接螺栓上安装了自锁螺母,而不是规范中规定安装的用开口销保险的花螺母,并且螺母比螺栓的尺寸大,不能保证限动功能。

(4) 调查组尽管做了大量调查工作,仍然不能确定是在俄罗斯大修时还是在西南航空公司的维修中给该拉杆和摇臂的连接处安装了自锁螺母。因此,整个事故最后的结论是:在TYI54M/B-2622飞机的升降舵操纵系统中,最大的可能是错误地安装了不符合规定的自锁螺母,而在维修中又未能发现,飞机飞行中螺母旋出,连接螺栓脱落,造成飞机俯仰通道操纵失灵而失事。

思考题

1. 飞行员如何对飞机进行俯仰操纵?
2. 在升降舵失去控制的情况下,如何操作才能确保飞机安全着陆?

(二)

【美鹰航空4184号班机空难事故原因及其技术分析——自然结冰】
中国商用飞机有限责任公司民用飞机试飞中心　王舒眉　殷湘涛

1. 美鹰航空4184号班机空难事故回顾

1994年10月31下午,美国老鹰航空公司(简称美鹰航空)4184号航班(ATR72-212双发螺旋桨飞机)在到达目的地芝加哥上空的下降过程中,飞机发出告警提示下降速度太快

(襟翼打开状态下)。在收回襟翼后飞机却发出怪声,刹那间控制杆急剧向右转,飞机往右倾斜,开始翻滚,失去控制,几秒钟内便冲向一处农地坠毁。事故造成机上全部乘客 64 人和机组人员 4 人丧生。

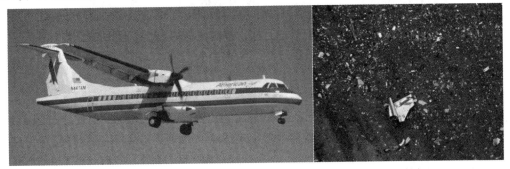

图 1 ATR72-212 飞机及事故现场照片

2. 美鹰航空 4184 号班机空难的原因

美国国家运输安全委员会(National Transportation Safety Board,NTSB)随后展开了事故调查。调查结果显示,ATR72-212 飞机完全符合当时的飞机防除冰适航性要求,包括飞机运营过程中的持续适航要求,但在这起事故中该型飞机在盘旋等待和下降过程中遭遇了超出 FAR 25 部附录 C 的更严重的结冰环境,其中含有直径超过 $100\mu m$ 的过冷大水滴,因而在机翼除冰装置之后产生了异常结冰而无法除去,使得流过积冰机翼的气流受到扰动甚至破坏,最终导致飞机失控坠毁。

3. 美鹰航空 4184 号班机空难事故技术分析

针对事故的原因,本文对美鹰航空 4184 号班机空难进行了更加详细的技术分析。

1) 结冰环境

自然结冰气象是民用飞机航线运营过程可能遭遇的不利气象条件之一。对于飞机而言,当绕飞机表面气流的温度低于零度时,飞机表面就有可能出现结冰现象。结冰会破坏飞机原有的气动外形,使得失速提前,此外飞机表面结冰脱落后,进入发动机,会造成叶片损坏、发动机推力损失,甚至使发动机停车,可见自然结冰对运输类飞机的危害巨大。

气象记录显示,事故发生时,一个低气压中心覆盖了印第安纳州中西部地区,有雨,云底低于 1000ft,能见度小于 3mile。同时有一条中等强度冷锋自低气压中心向西南方向延伸,一条中等强度的静止锋也自低气压中心向东延伸,降水伴随着该系统在静止锋以北和冷锋以西演变为中雨和阵雨。这是一个结冰程度为轻度到中度的环境特点。美鹰航空 4184 号航班在 LUCIT 路点进行盘旋等待时,碰上了过冷云团和水滴,机身上产生了混合的毛冰和明冰。当时该区域的过冷水滴直径大于 $100\mu m$,有些甚至达到了 $2000\mu m$,也就是"过冷大水滴"。过冷大水滴的直径约为雨滴的 1/100,它们形成于风暴云内部,温度接近冰点,碰到固体水滴便会结冰。过冷大水滴具有一定的流动性,不仅会在机翼前缘结冰,还会流向机翼后缘,从而导致在除冰装置后方形成冰脊,如图 2 所示。

2) 飞机设计因素

ATR-72 型客机是由法国和意大利合资的飞机制造商 ATR 制造的双发涡轮螺旋桨短程支线客机,为 ATR-42 型的加长版。采用直线形上单翼,后掠式双梁 T 形垂直尾翼和直

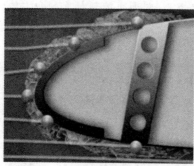

图2 结冰示意图

线形水平尾翼设计。

记录显示,ATR-42、ATR-72的飞行安全记录堪忧,历史上有5起飞行事故和美鹰航空4184号航班类似。根据飞行数据记录器记载,美鹰航空4184号航班和之前事故中飞机副翼倾斜的角度相同。这种倾斜不是飞行员操纵的副翼移动,而是积冰导致的。机翼上的乱流强度大到足以抬动副翼,而ATR型客机的设计是操纵杆和副翼通过线索连接在一起的,副翼的移动也牵引着操纵杆向右方偏转,进而导致飞机进入翻转姿态。拉扯副翼的乱流的气动力高达250lb(113kg),而ATR型客机并未设计助力装置,也就是说这些力直接传导到了飞行员手上,因此两名飞行员联手也无法修正飞机的姿态。

3) 飞行员操作的影响

美鹰航空4184号航班在盘旋等待时,机长发现飞机机头过高,所以决定打开襟翼的角度以降低机头的姿态。这大大影响了冰在机翼形成的位置,并加重了结冰的程度。事故发生前,机翼上的积冰已经累计达到了1cm的厚度。不过积冰并未对飞机的飞行造成影响,直到空管员要求美鹰航空4184号航班下降到8000ft的高度,下降时的姿态提高了飞机空速,并引发了报警器。提醒飞行员在襟翼打开时的飞行速度过快,副驾驶决定收回襟翼,这一动作再度抬起了机头。穿越积冰机翼的气流因为机头的抬升而受到了扰动,这个扰动力随即拉动了副翼,使飞机陷入了翻转的困境。

NTSB发现,飞行员没有及时退出结冰区域,并且没有按照标准程序操作飞机。他们没有注意到飞机可能有积冰,并且没有使用自动驾驶仪来保持稳定的速度和高度。他们也没有及时向空中交通管制报告他们遇到了严重的结冰,并请求改变航线或高度。此外,他们在改变航向时使用了过大的转弯角度,增加了飞机失控的可能性。

4. 美鹰航空4184号班机空难适航性分析

该起灾难性事故的发生主要归因于飞机遭遇了微冻雨/冻雨的结冰条件(即过冷大水滴),这超出了当时所有经合格审定飞机所允许的结冰条件;在此次事故之前,适航当局和航空工业界并没有充分认识到冻雾/冻雨结冰条件的特性及其对飞机飞行安全的潜在危害。NTSB在事故调查报告中对FAA提出了多达22条建议,包括修订14CFR23部和FAR 25部中结冰和防除冰相关的标准和要求,扩展附录C的合格审定结冰包线范围,以涵盖包括微冻雨/冻雨和冰晶与过冷水滴混合的结冰条件;修订或新增结冰合格审定相关咨询通告及指导性材料,包括结冰合格审定程序等。

美鹰航空4184号班机空难事故之后,FAA意识到原FAR 25部附录C未包含的过冷大水滴结冰天气条件对安全飞行的重大危害后,立即启动了航空器空中结冰安全性审查,并于 1996 年 5 月召开航空器空中结冰国际研讨会,基于研讨会的成果,FAA 制定了一项包含过冷大水滴结冰在内的结冰问题长期研究规划,并委托航空规章制定咨询委员会(ARAC)下属的防冰协调工作小组(IPHWG)开展过冷大水滴结冰问题的研究,主要内容包括如下几个方面:

(1) 定义包含过冷大水滴(SLD)条件的结冰环境。
(2) 研究定义混合相结冰条件(过冷水和冰晶)的必要性。
(3) 制定飞机运行能力评估要求,或者可在过冷大水滴和混合相的大气环境中无限制飞行,或者可安全飞行直至脱离这种结冰环境。
(4) 研究结冰要求变化对条款 25.773"驾驶舱视界"、条款 25.1323"空速指示系统"、条款 25.1325"静压系统的可能影响"。
(5) 研究制定攻角探针防冰要求的必要性。

2010 年 6 月,FAA 基于 ARAC 提交的研究报告,颁布了文号为 FAA-2010-0636 的规章修订建议通告《过冷大水滴、混合相、冰晶结冰条件下飞机和发动机的合格审定要求》,提议新增 FAR 25 部附录 O"过冷大水滴结冰条件"、条款 25.1420"过冷大水滴结冰条件"和条款 25.1324"攻角系统"等要求,并修订若干结冰的相关条款。

最终的规章修订通过 FAR 25-140 号修正案完成,该修正案的生效日期为 2015 年 1 月 5 日,其中新增了条款 25.1324"攻角系统",条款 25.1420"过冷大水滴结冰条件",25 部附录 O"过冷大水滴结冰条件",33 部附录 C 和附录 D"混合相和冰晶包线",并适应性地修订了 B 分部的相关条款。要求如果申请在结冰条件下进行审定飞行的飞机,其最大起飞质量在 60000lb(1lb≈0.45kg)以下,或者装备了可逆的操纵系统,那么飞机除了要满足条款 25.1419 的要求外,还必须满足条款 25.1420 的要求。本次修订的目的是扩展在运输类飞机和涡轮发动机审定过程中使用的结冰条件类型,从而提升运输类飞机在过冷大水滴、混合相和冰晶结冰条件下运行的安全水平。

EASA CS-25 的绝大部分与结冰相关的条款已经与 FAA 协调一致,主要区别在于过冷大水滴条款的适用性方面。FAA 认为过去的服役历史证明大飞机在过冷大水滴条件下具有良好的安全性,因此规定过冷大水滴结冰条件不适用于最大起飞质量大于或等于 60000lb 的飞机。而 EASA 认为过去的服役历史不能说明将来设计的大飞机的安全性,因此要求质量大于或等于 60000lb 的飞机同样需要考虑这种结冰条件。

CCAR-25 部的结冰相关条款与 FAR 25 部第 121 号修正案的要求一致。因此,目前中国民用航空局(CAAC)没有考虑过冷大水滴的影响。根据我国适航规章 CCAR-25-R4,在已知结冰条件下飞行需要验证的主要条款要求如图 3 所示。

5. 结论

通过本文的技术分析,对美鹰航空 4184 号班机空难及飞机在结冰条件下的运行会有更加深刻的认识。飞机在结冰条件下飞行时,为保证飞行安全,驾驶员必须在飞机临界表面形成危险量的结冰前使飞机飞离结冰区,或者及时启动结冰保护系统,确保临界表面不会积聚危险量的冰。

思考题

请总结自然结冰所引起的飞机失事的原因及其应对措施。

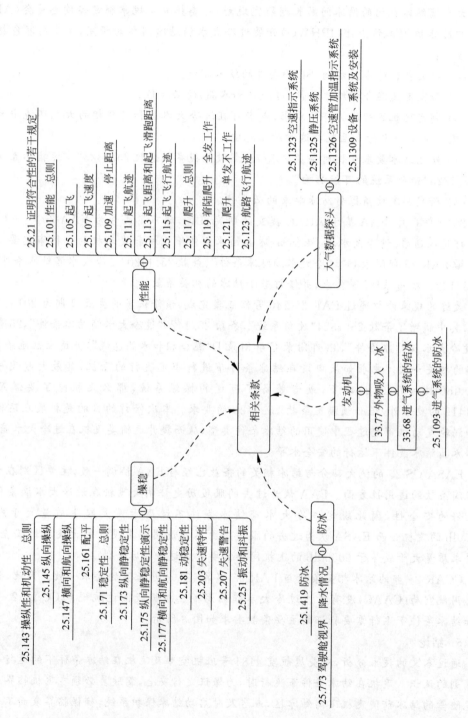

图 3 自然结冰相关验证条款

（三）

【湾流 G650 事故原因及其技术分析——地效】

中国商用飞机有限责任公司民用飞机试飞中心　韩漪雯　殷湘涛

1. 湾流 G650 事故回顾

2011 年 4 月 2 日，著名公务机公司湾流宇航公司（Gulfstream Aerospace Corporation）一架机身编号为 N652GD 的 G650（研制中的全球最快商务飞机，最大巡航速度为 $Ma=0.925$）试验机从位于美国新墨西哥州的罗斯维尔国际航空中心起飞不久后坠毁，造成机上 2 名试飞员、2 名试飞工程师死亡。当时飞机正在依据美国联邦航空局条例 91 部 14 条规定开展起飞性能-单发起飞试验。事故过程记录与描述分别见图 1 和表 1。

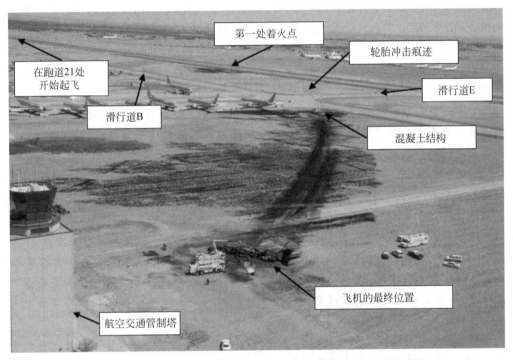

图 1　N652GD 飞机失事现场（引用：NTSB 事故报告 G650 试飞事故）

表 1　N652GD 事故过程描述

时　　间	时间标注	事件过程描述
09:33:16.9	刹车	对准跑道，踩住刹车
09:33:22.2	设置推力	设置油门至起飞位，松开刹车
09:33:25.5	加速	确认飞机开始加速，空速指示正常
09:33:32.3	80	确认速度达到 80kn
09:33:37.8	模拟右发失效	右发油门收至慢车位，模拟右发失效
09:33:45.7	滚转	飞机出现较显著的右滚右偏航趋势，继续起飞并抬前轮
09:33:50.8	表现 1	左主起离地，右翼尖开始失速
09:33:52.1	表现 2	右滚转率达 4.9(°)/s，飞行员呼叫"whoa whoa"
09:33:52.8	表现 3	右主起离地，右翼失速范围扩大，右翼翼尖触地
09:33:53.6	滚转角过大	驾驶舱发出滚转角过大警告，右发油门推至左发油门位置

续表

时间	时间标注	事件过程描述
09:33:54.3	呼叫 power	飞行员呼叫"power power",右发推力逐步恢复
09:33:57.4	表现4	飞机向右偏离跑道区域,向右偏航速率达 9.5(°)/s
09:33:58.5	滚转角	滚转角持续增大至32°,驾驶舱发出告警
09:34:00.0	表现5	主起落架撞击地面
09:34:02.4	告警	驾驶舱发出最后一次告警
09:34:10.3	记录终止	飞机损毁,数据记录终止

2. 湾流 G650 事故原因

美国国家运输安全委员会(National Transportation Safety Board,NTSB)随后展开了事故调查,认为G650飞机在单发失效起飞试飞过程中出现气动失速并发生失控滚转现象是由多种原因导致的,既有技术层面的,又有程序执行层面的,可概括如下:

(1) 在确定 G650 飞机起飞速度时使用了不完善的假设,导致目标 v_2 速度过低以至于无法达到。

(2) 湾流公司并未深究导致35ft处实际 v_2 速度持续超出预设 v_2 速度的根本原因,而是试图通过改变抬轮起飞的驾驶方式来减小 v_2 速度并缩短起飞滑跑距离,并在试飞过程中逐渐以更激进的抬轮起飞方式执行试飞程序。

(3) 试飞过程中过高地估计了在地效影响下的实际失速攻角,导致激活飞机抖杆器信号的临界攻角数值设定过高,以至于飞机失速实际发生时机组并未接收到任何形式的告警。

(4) 湾流公司没有合理定义机上试飞团队的角色和任务,也没有实现对与飞行安全相关的关键参数的实时监控,且试飞过程中的试飞数据及处理结果未得到有效参考。

(5) 湾流公司为G650飞机试飞取证制订了野心勃勃的试飞计划,以确保飞机在2011年第三季度之前取得FAA型号合格证。进度压力及不健全的技术监督体系和安全管理组织流程,使得湾流公司过于关注项目进度的推进而刻意回避对关键假设的应有质疑及对飞机试飞过程中显著异常行为的重视。

(6) 湾流公司对相应的工作流程所进行的技术规划和监督不足,潜在危险未得到全面识别,正确的风险控制措施也未能按计划执行。

3. 湾流 G650 事故原因调查分析

本报告主要对事故分析中的前三条技术问题进行详细分析介绍。

(1) 在确定 G650 飞机起飞速度时使用了不完善的假设,导致目标 v_2 速度过低以至于无法达到。

当G650飞机于1997年4月取证时,根据CFR 25.103,作为最小操纵速度参考的失速速度是指失速速度(v_S),其定义为失速机动中能获得的最小速度。v_2 的最小值必须至少是 $1.2v_S$。

FAA发布了一项新条款(2002年11月26日,修正案25-108号,发表于第67号联邦公报,第70812号),修正参考速度 v_S。具体来说,v_S 可能是低于飞机重量仍然完全由空气动力升力支撑的最低速度。FAA重新定义了新的参考失速速度(v_{SR}),即由申请人选择的不小于1-g 失速速度的校正空速。该条款于2002年12月生效。

条款说明了基于 v_S 确定最小操作速度的系数并不适用于基于 v_{SR} 确定对应的速度。

因此，v_2 的最小值被重新定义为至少是 $1.13v_{SR}$。湾流公司于 2007 年 3 月建立了 G650 的认证基础（在第 25-108 号修正案生效后），并决定将飞机的 v_2 最小值定义为规章所允许的最小速度，即 $1.13v_{SR}$。然而，v_2 速度被定义得过低了。

用于开发 G650 起飞速度时间表的方法不同于湾流公司 GVI 数据分析方法文件（2009年 6 月 25 日）中描述的方法，使得该公司更难认识到飞机无法实现 v_2 速度低至 $1.13v_{SR}$。根据湾流公司的报告，G650 采用了与 GIV 飞机相同的推导方法，并将 v_2 最小值定义为 $1.13v_{SR}$。

除此以外，湾流公司用于确定 G650 目标速度 v_{LOF} 和 v_R 的 v_2-v_{LOF} 与 v_2-v_R 的速度增量数据并不是基于 G650 的测试，而是采用了 G550 飞机的类似数据，因此，由于 G650 的实际 v_2-v_{LOF} 速度增量大于 G550 的，在设定的 v_{LOF} 下起飞会导致低速度大迎角，以及比湾流之前项目更小的失速范围。

（2）湾流公司并未深究导致 35ft 处实际 v_2 速度持续超出预设 v_2 速度的根本原因，而是试图通过改变抬轮起飞的驾驶方式以减小 v_2 速度并缩短起飞滑跑距离，并在试飞过程中逐渐以更激进的抬轮起飞方式执行试飞程序。

试飞架次 132 是 G650 飞机，试飞过程中出现的是第二次右侧机翼外缘失速。该失控滚转事件是在进行第二次起飞性能-单发失效起飞（右侧发动机关闭）试飞过程中发生的，当时飞机襟翼设置为 20°，目标俯仰角为 9°。飞机主试飞员（PIC）为事故架次飞机副试飞员（SIC），监控试飞员为湾流公司委派参与性能试飞的高级试飞员，事故架次飞机试飞工程师（FTE1）也是机上试飞机组成员。

试飞任务单程序要求试飞员："当飞机达到 v_R 速度时以 70lb 拉杆力拉杆直至飞机开始抬轮，逐步松杆到捕获目标俯仰角 9°。"实际试飞过程中，PIC（事故飞机 SIC）先以 65lb 拉杆力拉杆，随后保持足够的杆力使得飞机俯仰角在离地 0.5s 后达到 12°，此后飞机在 1s 内向右侧滚转 8°。随后，机组操纵飞机恢复飞行姿态（监控试飞员推杆使飞机低头，攻角减小），并继续起飞，在此过程中飞机未触及地面。

这次事件发生后，试飞员立即探讨了失控滚转的原因及试飞过程中采用的起飞抬轮技术。对于此次失控滚转事件，试飞机组将失控滚转原因归结为试飞员在速度达到 v_1 时过早抬轮，由于过度抬前轮导致目标超出俯仰角而引起飞机失速。飞后讲评时，主管试飞员指出试飞员起飞抬轮过程中拉杆过快并强调后续试飞过程中要减缓俯仰角速率以确保目标俯仰角不超出预设值。在试飞机组多次练习飞机操纵输入后，主管试飞员简单阐述了下个试飞架次的要点，以缓和的拉杆速率捕获目标俯仰角 9°（双发起飞），以增强事故飞机 SIC 的操纵信心，以便于更好地执行单发失效起飞。在随后的单发失效起飞试飞中，SIC 成功完成起飞操纵程序，飞机未发生任何异常情况。

试飞架次 132 发生失控滚转时，飞机攻角为 11.5°，低于地面效应影响下所预测的失速攻角 1.5°。因此主管试飞员和试飞工程师（FTE1）并未将飞机失控滚转原因归结为飞机发生失速，而是认定为飞机由于偏航阻尼器不起作用使得飞机在受到横向扰动后飞机姿态恶化而产生翻滚（即飞机由于侧滑引起翻滚）。主管试飞员同时建议为避免失控滚转事件再次发生，性能试飞需暂时停止，直到飞机偏航阻尼器功能恢复正常，FTE1 同意此观点。失事事故发生后，湾流公司和 NTSB 重新调查此次滚转事件后，分析报告指出当攻角达到 11°时，飞机发生了失速，而失速开始发生时飞机侧滑角只有 −3°。

(3) 试飞过程中过高地估计了在地面效应影响下的实际失速攻角,导致激活飞机抖杆器信号的临界攻角数值设定过高,以至于飞机失速实际发生时机组并未接收到任何形式的告警。

调查组认为可以将编号为N652GD飞机的失速定义为机翼上出现气流分离,并导致飞机气动性能和操纵特性发生显著的区别于机翼表面无气流分离时的情况。湾流公司的工程师进行了大量的仿真和CFD计算,通过对比采集下来的事故发生时的飞机性能数据和仿真计算预测出的飞机性能,如对比迎角时间历程曲线和经过修正的地效范围内失速迎角$\alpha_{stall,IGE}$确定失速何时发生。CFD分析发现地效作用使失速迎角减小了3°,几乎是事故发生前预测的1.6°的2倍。据此,基本可以确定失速发生在09:33:50.5,当时飞机迎角达到11.2°(见图2)。而事故发生前,湾流公司预测的地效范围内失速迎角$\alpha_{stall,IGE}$为13.1°,而作为失速告警的抖杆器的工作临界值为12.3°,即飞行员在飞机失速前不会收到任何失速告警。

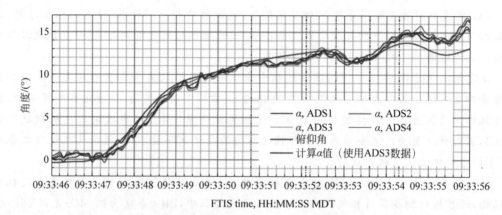

图2 N652GD事故迎角记录及仿真结果对比

调查还发现,作用在N652GD飞机上的滚转和偏航力矩在飞机到达$\alpha_{stall,IGE}$前就开始偏离仿真计算给出的力矩值。基于这一发现,湾流公司的工程师利用工程模拟器计算出N652GD飞机起飞过程中作用在机体上的气动力和力矩,与机载测试系统记录的飞机运动状态所需的气动力和力矩进行比较,将两者的差值定义为"残差,Residuals"。在图3的事故时间历程曲线中,滚转和偏航力矩系数的残差ΔC_R和ΔC_N在09:33:50.5(俯仰角和重心处的迎角超过11.2°,图2)后显著增大,意味着此时真实飞机上突然出现了预测外的气动响应。接下来机组增大左压驾驶盘和蹬左舵的幅度,仍未能使飞机左滚和左偏航,09:33:52.5—09:33:53.2的时间段内ΔC_R出现的局部跳跃很可能是由飞机右翼尖撞地引发的左滚力矩造成的。

NTSB进一步调查分析后指出:一般情况下,在飞机快要达到失速临界状态时,驾驶杆就会出现抖动,发出失速警告,而此次事故中,飞机失速前试飞员没有收到任何告警信号。NTSB分析认为失速前试飞员没有收到任何告警信号是由于飞机驾驶杆抖振器和飞机失速角的设置有问题。G650飞机在空中的临界失速迎角约为14.45°,当时由于地面效应作用的影响,在地面情况下的飞机临界失速角需比空中情况下至少低3.25°。因此在考虑地面效应的情况下,G650飞机的迎角最小在11.2°就可能发生失速。然而湾流公司飞机设计团队认为地面效应作用仅可使飞机失速临界迎角降低1.5°,因而设置地面的失速临界角为

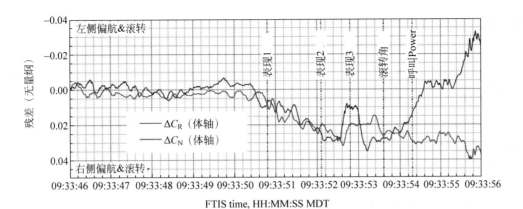

图 3 滚转力矩系数及偏航力矩系数残差分析

12.95°,驾驶杆抖振器设置为 12.35°开始告警。而事实上在地面情况下迎角 11.2°时就发生了失速,没有到抖振器设置的临界警告点,导致告警失败。

4. 湾流 G650 事故避免措施

湾流公司在事故发生后,针对当飞机处于地面效应作用下有可能出现失速的风险,提出了多种改进措施,从技术层面来讲,主要包括两个方面:一方面是在试飞前开展更精准的地面效应失速预测,另一方面是在试飞过程中执行更严格的监控。这两个方面都在 NTSB 报告中有所强调。

事故发生后,湾流公司将起飞安全速度 v_2 调高了 15mile/h(约 11%),利用带有地面效应内/地面效应外气动模型的三自由度模拟器确定各试验架次起飞的目标速度,并确保这些目标速度在起飞过程中留有一定的裕度。飞行员在环模拟验证起飞抬轮过程中采用的驾驶技术是可重复的且不需要特殊飞行技术,实际上这也是型号适航取证过程中 FAA 的要求。湾流公司还在试飞现场安装了 2 台实时计算的仿真计算机,用于对比真实飞机响应和仿真预测结果,一旦发现试验机滑跑加速度、初始爬升段时间等偏离仿真预测值,都将中断试验直到数据分析工作完成。2012 年 9 月 7 日,湾流公司的 G650 飞机通过 FAA 适航审定。

5. 结论

通过本文的技术分析,对湾流公司 G650 事故原因能够有更加深刻的认识。通过分析事故原因及湾流公司的整改措施,对飞行试验中如何开展更精准的地面效应失速预测,并进行更为严格的监控有一定的启发。

思考题

1. 请分析 G650 飞机事故中地面效应对飞机起飞性能的影响。
2. 请总结 G650 事故中飞机失速未告警的原因及应对措施。

本章小结

本章主要介绍了飞机的飞行原理,包括飞机的升力和阻力的产生原理,飞机常见的运动形式,即飞机的等速直线飞行和飞机的机动飞行,以及飞机的起飞和着陆过程、飞机的稳定性概念、飞机的操纵原理。

复习与思考

1. 在不可压缩的一维定常流动中,流管截面积变化与气流速度变化的关系是什么?
2. 机翼的升力是如何产生的?
3. 影响阻力大小的因素有哪些?
4. 没有动力设备的航空器通常称为滑翔机,如何控制滑翔机的下滑航迹呢?
5. 飞机盘旋时,为防止飞机掉高度,飞行员通常要加油门或增加飞机迎角,这是为什么呢?
6. 飞行中人的重量会发生变化吗?为什么?
7. 飞机的俯仰稳定性主要由飞机的哪个部件来保证?
8. 飞行员在飞行中如何控制飞行的姿态?

本章习题

一、单项选择题

1. 由动力驱动的重于空气的航空器是( )。
   A. 飞艇　　　　B. 气球　　　　C. 飞机　　　　D. 气垫船
2. 超声速气流通过斜激波后( )。
   A. 会立即变成亚声速　　　　B. 依然是超声速
   C. 速度不发生变化　　　　　D. 既可能是超声速也可能是亚声速
3. 流体在管道中以稳定的流速流动时,当管道由粗变细时,( )。
   A. 流速变快　　　　　　　　B. 流速变慢
   C. 流速保持不变　　　　　　D. 流速可能变快,也可能变慢
4. 当空气在管道中流动时,根据伯努利定理,可知( )。
   A. 截面积小的地方静压小　　B. 截面积小的地方静压大
   C. 凡是流速小的地方,静压强就小　　D. 压强与截面积无关
5. 民航客机的升力主要是由( )产生的。
   A. 发动机　　　　　　　　　B. 飞机螺旋桨
   C. 飞机重力　　　　　　　　D. 机翼上下表面的压强差
6. 当飞机做成和流线相符的形状时,( )。
   A. 摩擦阻力会减小　　　　　B. 干扰阻力会减小
   C. 诱导阻力会减小　　　　　D. 压差阻力会减小
7. 有些飞机的机翼尖部安装翼梢小翼,其功用是( )。
   A. 减少摩擦阻力　　　　　　B. 减少压差阻力
   C. 减少干扰阻力　　　　　　D. 减少诱导阻力
8. 当机翼接近失速迎角时,其特征中错误的是( )。
   A. 增加迎角却使升力减小　　B. 飞行操纵系统的操纵更加容易
   C. 增加迎角却使空速减小　　D. 失速警告装置发出告警信号
9. 机翼的弦线与相对气流速度之间的夹角叫作( )。
   A. 机翼的安装角　　　　　　B. 机翼的上反角
   C. 纵向上反角　　　　　　　D. 迎角

10. 飞机的重心位置会对飞机的（　　）产生影响。
    A. 纵向安定性　　　　　　　　　　B. 方向安定性
    C. 横侧安定性　　　　　　　　　　D. 不影响安定性

二、填空题

1. 飞机的飞行性能一般包括_____。
2. 请写出升力的公式：_____。
3. 地球大气对流层的主要气象特点是：_____。
4. 请写出大气的状态参数方程_____。
5. 作用在飞机上的空气动力包括_____和_____两部分。

三、判断题

1. 平流层底部是飞机比较理想的飞行空间。（　　）
2. 国际标准大气是人为地规定的一个不变的大气环境。（　　）
3. 翼型是指机翼的翼剖面形状。（　　）
4. 空气流经机翼时，上表面的压强总是比下表面的大。（　　）
5. 展弦比是机翼翼展与最小弦长之比。（　　）
6. 前缘缝翼的增升原理是改变翼型，增大升力系数，增大机翼面积。（　　）
7. 最小平飞速度是指飞机水平直线平衡飞行时，在一定的飞行距离内，发动机推力在最大状态下，飞机所能达到的最小飞行速度。（　　）
8. 迎角的增大可以提高升力并且不会产生飞行失速。（　　）
9. 当气体稳定地、连续不断地流过一段粗细不等的变截面管道时，管道内的任一部分气体都可以中断也能堆积。（　　）
10. 两艘船并行时会自动靠拢的现象可以使用连续性定理来解释。（　　）

第 3 章　航空动力装置

视频：世界航空发动机格局

视频：中国航空发动机：从跟随到引领，65 年的辉煌历程

视频：航空发动机巅峰之作 GE9X

航空动力装置是推动航空器前进、为航空器提供动力的装置，也称航空器动力系统，它包括航空发动机及为保证其正常工作所必需的系统和附件，如燃油系统、滑油系统、点火系统、启动系统和防火系统等。日常交流中，人们通常把航空动力装置简称为航空发动机或者引擎，以方便交流。

航空发动机是飞机的心脏，也是飞机动力的来源，没有动力，飞机就没法移动，也就没有速度，更不能产生升力，发动机性能的好坏直接影响飞机的飞行能力。1833 年，汽油内燃机即活塞式发动机的问世，为第一架飞机的成功试飞创造了条件；喷气发动机的出现则为飞机突破声障提供了强劲的动力来源，并为航空器的发展奠定了基础。航空发动机对航空器的性能、航空器研制的进度和成败有着决定性的影响，而且航空发动机技术具有良好的军民两用特性，对国防和国民经济具有重要的意义。可以说，航空器是伴随着发动机的发展而发展的，航空器发展的每个里程碑都与发动机的发展有着密切的联系。

3.1　航空发动机的分类及特点

视频：飞行器发动机分类

由于飞机机翼与空气的相对运动为飞机提供了升力,飞向天空已经不是问题,但如何才能使机翼与空气产生相对运动,如何才能使飞机飞得更快、更高、更远,这就是航空发动机的任务。1903年,美国莱特兄弟实现了人类历史上首次有动力、载人、持续、稳定和可操纵的重于空气的飞行器飞行。他们制造出了一架装有两个推进式螺旋桨的双翼飞机,这架飞机采用了他们自制的功率为9kW(12hp)的活塞式发动机。虽然今天看来,这台发动机的性能并不先进,但它是世界上第一种飞上天的航空发动机。从那以后,航空发动机不断发展,经历了活塞式发动机、喷气式发动机两个不同阶段,促进了飞机的发展,而另一方面,飞机的发展又促使发动机向更高的境地迈进,两者相得益彰,促进了整个航空事业的发展。

活塞式发动机具有耗油低、成本低、工作可靠等特点,在喷气式发动机发明之前的近半个世纪内,活塞式发动机是唯一可以用于航空器的动力。在这40多年中,活塞式发动机获得了飞速发展,主要表现为:活塞式发动机的功率从9kW增加到2237kW,增加了将近250倍,功率质量比由0.12kW/kg提高到1.85kW/kg。活塞式发动机的发展在第二次世界大战期间达到了顶峰。在1000m高度上,816km/h的飞行速度是活塞式发动机的极限飞行速度。

随着飞机飞行速度的提高,尤其是发展到要突破"声障"这个重要关口时,活塞式发动机就无能为力了。这是因为要进一步增大活塞式发动机的功率以克服剧增的波阻,就必须增加气缸的数目或加大气缸的容积,这必然会使发动机的重量和体积迅速增加,这是飞机设计所无法承受的。而另一方面,当飞机的飞行速度接近声速时,螺旋桨的效率会急剧下降。因为当飞机以接近声速飞行时,螺旋桨桨叶叶尖上的速度会很大,以至于超过声速,甚至大部分桨叶处于超声速范围内,这样就产生了激波和波阻。发动机大部分功率必须用来克服波阻,而使螺旋桨的转速很快降低,限制了飞行速度的提高,要进一步提高飞行速度,尤其要达到或超过声速,则需要寻求新的动力装置。

喷气式发动机可以产生很大的推力,而自身重量又较轻,从而大大提高了飞机的飞行速度。世界上第一架以喷气式发动机为动力的德国亨克尔He-178飞机在1939年首次试飞时,就达到了700km/h的飞行速度,已经接近活塞式发动机飞机的极限速度。第二次世界大战结束后,随着工业技术水平的提高和"冷战"的需要,各国纷纷研制发展喷气式发动机,首先应用于战斗机上,随后用于轰炸机、运输机和民航客机上,引发了一场航空工业的"喷气革命"。

自1939年装有涡轮喷气发动机的飞机在德国首次成功飞行以来,飞机发动机飞速发展。人类航空史上的一切重大成就,几乎都与航空发动机参数及性能的改善或新型动力装置的研制有关。喷气发动机刚出现时,推力只有200~300kgf(1kgf≈9.8N),推重比小于1.0,耗油率大于0.1kg/(N·h),使用寿命只有数小时。第一台喷气式发动机问世后,喷气式发动机大致经历了四次更新换代,运输机和旅客机的动力也大致经历了三个阶段。经过半个多世纪的发展,喷气式发动机的推力已经由最初的200~300kgf增加到了54620kgf,增加了200多倍,耗油率也降低了2/3,发动机推重比增加了十余倍,发动机寿命则增加了近万倍,并且发展出涡轮喷气发动机、涡轮风扇发动机、涡轮轴发动机、涡轮螺桨发动机和涡轮桨扇发动机等不同用途和性能的发动机。

正是航空动力技术的发展,飞机的飞行速度才突破了"声障",实现了超声速飞行,并实现了不着陆的越洋飞行,从而推动了整个航空技术的进步。发动机在飞机发展的过程中起着关键性的作用,没有好的发动机,就不可能有先进的飞机。人类在航空领域中每一次重大的革命性进展,无不与航空发动机技术的突破和进步有着密切的联系。而发动机发展过程中的每一突破,又是采用了当时科学研究、工业生产与航空发动机有关领域中所取得的最新成果获得的。

航空发动机的种类很多,其用途也各不相同。通常可以按发动机产生推力的原理或发动机的工作原理将发动机分成图 3-1 所示的几类。

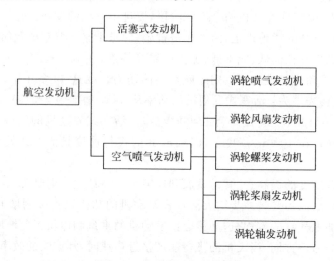

图 3-1 航空发动机的分类

活塞式发动机是一种把燃料的热能转化为带动螺旋桨转动的机械能的发动机。螺旋桨高速旋转时,使空气加速向后流动,空气对螺旋桨产生反作用力,从而推动航空器前进。因此活塞式发动机不能直接产生使航空器前进的推力,而是通过带动螺旋桨转动产生推力的。

空气喷气发动机是利用大气层中的空气,与所携带的燃料燃烧产生高温气体,它以空气中的氧气做氧化剂,因此只能作为航空器的发动机。根据具体结构的不同,空气喷气发动机又可以分为涡轮喷气发动机、涡轮风扇发动机、涡轮螺桨发动机、涡轮桨扇发动机、涡轮轴发动机和冲压喷气发动机等。下面依次介绍这两大类航空发动机。

3.2 航空活塞式发动机

视频:四冲程活塞式发动机的基本工作原理

航空活塞式发动机是一种燃烧汽油的往复式内燃机,它带动螺旋桨等推进器旋转而产生推力。从 1903 年第一架飞机升空到第二次世界大战末期,所有飞机都用活塞式航空发动机作为推力装置。19 世纪 40 年代中期,在军用飞机和大型民用飞机上燃气涡轮发动机逐步取代了活塞式航空发动机,但小功率活塞式航空发动机比燃气涡轮发动机经济,在轻型低速飞机上仍有应用。

1954年8月16日,中国第一台航空活塞式发动机试制成功,结束了中华民族不能独立制造飞机发动机的历史(图3-2)。中国航空发动机的研制是在新中国成立后一穷二白的基础上发展起来的,从最初的仿制、改进、改型到今天可以独立设计制造高性能航空发动机,走过了一条布满荆棘的发展道路。

图 3-2 中国第一台活塞式航空发动机

3.2.1 航空活塞式发动机的基本组成

航空活塞式发动机由主要构件和辅助系统两部分组成。航空活塞式发动机主要包括气缸、活塞、连杆、曲轴、进气活门、排气活门、机匣等机构,如图 3-3 所示,气缸是燃油和空气组成的混合气进行燃烧的地方。活塞用来承受混合气燃烧后所产生的压力,在气缸内来回移

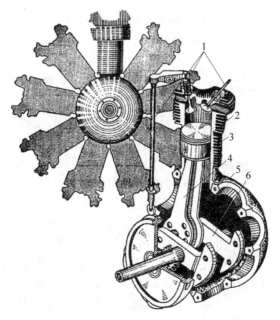

1—进气、排气活门;2—气缸;3—活塞;4—连杆;5—机匣;6—曲轴。
图 3-3 活塞式发动机的主要构件

动做功。连杆是用来当作活塞运动时,通过连杆的传动使曲轴旋转。曲轴则是把活塞的直线运动转换为曲轴的旋转运动,以带动螺旋桨旋转和其他附件工作。进气、排气活门由曲轴带动,用来控制进、排气活门适时地打开和关闭。机匣用来安装气缸、支承曲轴,并将所有的机件连接起来,构成一台完整的发动机。

除了上述各基本组成外,在一些航空活塞式发动机上还装有增压器和减速器。增压器的作用是提高进气压力,以增大发动机的功率;减速器是使螺旋桨的转速低于曲轴的转速,以提高螺旋桨的工作效率。

发动机不仅要具备主要机件,还必须有辅助系统相配合,才能进行工作。它们主要由以下几部分组成:

(1) 进气系统。进气系统内常装有增压器来增大进气压力,以改善高空性能。

(2) 燃料系统。燃料系统由燃料泵、气化器或燃料喷射装置(喷嘴)等组成。燃料泵将汽油压入气化器中,汽油则在气化器里进行雾化,然后和空气充分混合进入气缸。

(3) 点火系统。点火系统一般由磁电机产生高压电,并在规定的时间产生电火花,将气缸内的混合气体点燃,将混合气的化学能转化为热能。

(4) 冷却系统。发动机内的燃料燃烧时将产生大量热量,这些热量除了转化为活塞的动能和将排出的废气带走外,还有很大一部分通过热传递传给了气缸壁和其他有关部件。冷却系统的作用就是将这些热量散发出去,以保证发动机正常工作。

(5) 启动系统。将发动机发动起来,需要借助外来动力,一般用启动电动机带动曲轴转动使发动机启动。

(6) 定时系统。定时系统是由曲轴带动凸轮盘推动连杆和摇臂,定时打开和关闭进气活门和排气活门,以保证发动机顺利工作。

3.2.2 航空活塞式发动机的工作原理

活塞顶部在曲轴旋转中心最远的位置称为上死点,最近的位置称为下死点,从上死点到下死点的距离称为活塞冲程。活塞式航空发动机大多是四冲程发动机,即一个气缸完成一个工作循环,活塞在气缸内要经过四个冲程,依次是进气冲程、压缩冲程、膨胀冲程和排气冲程(图3-4)。

1. 进气冲程

进气冲程的作用,是使混合气进入气缸。要让混合气进入气缸必须具备两个条件:一是要有一条进气通道,二是要减小气缸内的压力,造成气缸内外的压力差。这两个条件是通过进气冲程中进气门的开放和活塞运动来实现的。

在进气冲程中,进气门开着,排气门关着,曲轴带动活塞由上死点向下死点移动,气缸内容积逐渐增加,由气体状态方程可知,体积增加,气缸内压力逐渐降低,气缸内外形成了压力差。在压力差的作用下,混合气便进入气缸(图3-5(a))。

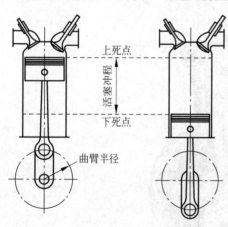

图3-4 航空活塞式发动机的气缸

2. 压缩冲程

活塞从下死点运动到上死点,进气活门和排气活门关闭,混合气体在气缸内被压缩,在上死点附近,由装在气缸头部的火花塞点火。由于活塞从下死点运动到上死点的过程中,气缸内的容积不断缩小,混合气受到压缩(图 3-5(b)),压力和温度都随着升高。

3. 膨胀冲程(工作冲程)

在压缩过程结束时,电火花塞产生电火花,将混合气点燃并进行燃烧,气体的压力和温度迅速升高。膨胀冲程的作用是使燃烧后的高温、高压气体膨胀,推动活塞做功,将热能转换为机械能。在膨胀行程中,进气门和排气门仍然关着。高温、高压的燃气猛烈膨胀,推动活塞向下死点移动(图 3-5(c)),燃气对活塞做了功,并通过连杆和曲轴带动螺旋桨旋转,将热能转换为机械能。燃气在膨胀做功时,气缸内容积不断扩大,压力和温度下降。

4. 排气冲程

燃气膨胀做功以后,排气活门打开排除废气,为再次进入新鲜混合气创造了条件。

在排气冲程中,排气门开着,进气门关着,曲轴带动活塞由下死点向上死点移动。此时,气缸内的废气被排出(图 3-5(d))。

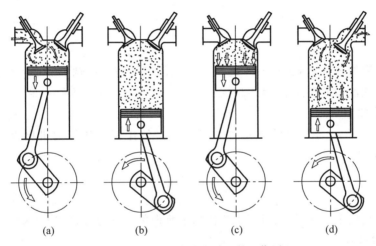

图 3-5 四冲程活塞式发动机的工作原理

发动机在工作中,从进气冲程开始到排气冲程结束,完成了一个工作循环之后,又重新进气、压缩、膨胀和排气。发动机就是这样一个循环接着一个循环,连续不断地将燃料的热能转换为曲轴旋转的机械能。

以上阐述的是一个气缸内四个冲程的工作,实际上,航空活塞式发动机都是多气缸发动机,但不论发动机有多少个气缸,每个气缸都是按照上述四个冲程的顺序进行工作。曲轴每转两圈,每个气缸内的活塞都经过进气、压缩、膨胀和排气四个冲程,混合气也都被点燃一次。但是各个气缸内同样的冲程并非同时进行,而是按照一定的次序均匀错开的。各个气缸的点火也是一样,按相同的次序均匀错开。这样安排,可以保证活塞推动曲轴的力量比较均匀,发动机的运转较为平稳。

3.2.3 评定航空活塞式发动机性能的主要参数

一架飞机的性能如何,在很大程度上取决于它所使用的发动机的性能。每名飞行员都必须了解发动机的性能,以便合理使用发动机。航空活塞式发动机的性能是否良好,主要从以下几个方面评定:

1. 发动机功率

发动机工作时,用来驱动螺旋桨的功率叫作发动机的有效功率,简称发动机功率,用 P_{eff} 表示。发动机功率大,飞机才可能飞得快、飞得高,才可能具有优良的战术性能,所以发动机功率是衡量航空活塞式发动机性能的一个重要标准。影响发动机功率的主要因素有进气压力、转速和余气系数等。

2. 燃油消耗率

发动机经济性的好坏以燃油消耗率的大小为标志。发动机每小时消耗的燃油质量叫作燃油消耗量,用 w_{f} 表示。

如果两台发动机的功率一样大,那么很明显,燃油消耗越小的发动机的经济性就越好。但对于功率不相同的发动机,就不能通过比较燃油消耗量来评定它们的经济性了。在这种情况下,必须通过燃油消耗率来进行比较。发动机产生 1kW 功率,在 1h 之内所消耗的燃油的质量叫作燃油消耗率,用 sfc 表示。换句话说,燃油消耗率就是燃油消耗量与发动机功率的比值,即

$$\text{sfc} = \frac{w_{\text{f}}}{P_{\text{eff}}} \tag{3-1}$$

燃油消耗率的单位是 kg/(kW·h)。发动机的燃油消耗率越小经济性越好,在飞机油箱内装有一定燃油量的条件下,就可以飞得更远一些或飞行时间更长一些。

3. 发动机比重

发动机重力(G_{E})与发动机最大功率($P_{\text{eff.max}}$)的比值叫作发动机比重(Y_{E}),单位是 kW/kg,可表示为

$$Y_{\text{E}} = \frac{G_{\text{E}}}{P_{\text{eff.max}}} \tag{3-2}$$

发动机比重越小,说明发动机产生单位功率所担负的自身重力越小,因此,其性能越好。

4. 发动机尺寸

发动机尺寸是指发动机的迎风面积和长度。如果迎风面积和长度大,则发动机的体积大,装在飞机上所占的空间就大,这对飞机的飞行是不利的,特别是迎风面积增大,会使飞行阻力显著增加,从而多消耗一部分功率。因此,在发出相同功率的条件下,发动机尺寸越小越好,特别是迎风面积越小越好。

在各发动机功率不相同的情况下,衡量迎风面积的大小以发动机产生单位功率所具有的迎风面积的大小作为标准,这个迎风面积越小,说明用于克服发动机迎面气流阻力的功率越小,可以提供给飞机机动的功率就越大。

5. 发动机的使用性能

从以上几个方面,虽然已经可以评定发动机的主要性能,但还不足以完全断定发动机性能的好坏。如有一台发动机,尽管它的功率较大,燃油消耗率较小,但若使用了很短的一段时间就需要翻修,或者在飞行中外界条件发生变化时,不能可靠地保证工作正常,那么这台发动机也不能算是性能良好。因此,还必须从发动机的使用方面出发来考虑发动机的工作可靠性、加速性、使用寿命和维修的繁简程度,以便更全面地评定发动机的性能。

1) 工作可靠性

所谓发动机的工作可靠性,是指发动机在风、雨、雪、冷、热等不同的气象条件和上升、下

降、完成特技等各种飞行状态下，都能按照飞行员的操纵或自动进行调节，保证安全可靠地进行工作。

2）加速性

发动机的加速性，是指推油门时转速上升的快慢程度。通常是以从最小的转速（慢车转速）增到最大转速所需的最短时间作为衡量加速性的标准，所需的时间短，说明加速性好；所需的时间长，说明加速性差。发动机加速性好，可以在短时间内增大发动机功率，有助于改善飞机的机动性能。

3）使用寿命

发动机从出厂开始使用到第一次大翻修这一期间总的工作时数，以及两次大翻修之间的工作时数，都可叫作发动机的寿命。发动机寿命的长短是由工厂经过试验后确定的，发动机到了寿命，便需要送厂翻修。

4）维修的繁简程度

如果发动机的维护工作简便，就能缩短飞行的地面准备时间，保证及时起飞，并可降低维护人员的劳动强度。如果发动机易于修理，就可以缩短修理时间，节约劳动力。

评定发动机性能的这些条件中，有一些是互相牵制、彼此矛盾的。所以，实际上一台发动机往往要根据飞机的实际需要，区分性能的主要和次要方面，使性能中某些方面的优点更加突出。例如，歼击机用的发动机特别强调功率大，而运输机上的发动机则主要是力求燃油消耗率小。

3.3 航空喷气发动机

视频：航空发动机的组装是
一门大学问

视频：航空发动机内部结构
有多复杂？

视频：航空喷气发动机的
工作原理

自1939年9月27日装有燃气涡轮喷气发动机（简称燃气涡轮发动机）的飞机在德国首次试飞成功以来，航空燃气涡轮发动机飞速发展。燃气涡轮发动机一般由进气道、压气机、燃烧室、涡轮、排气装置和附件系统等部分组成。涡轮喷气发动机是航空燃气轮机中最简单的一种，它是飞机的动力装置，如图3-6所示。发动机工作时，通过进气道进入发动机的空气经压气机压缩提高压力后，流入燃烧室与喷入的燃油混合后燃烧，将燃料的化学能转化为热能，形成高温、高压燃气，再进入驱动压气机的燃气涡轮中膨胀做功，使涡轮高速旋转并输出驱动压气机及发动机附件所需的功率。与活塞式发动机相比，燃气涡轮发动机在结构上非常简单，它只是将转动的压气机和涡轮连接在同一根轴上，二者之间装有热源（燃烧室），空气连续不断地被吸入压气机，并在其中压缩增压后，进入燃烧室中喷油燃烧成为高温高压燃气，再进入涡轮中膨胀做功。显然，燃烧的膨胀功必然大于空气在压气机中被压缩所需要的压缩功，使得二者的差值可以被利用。

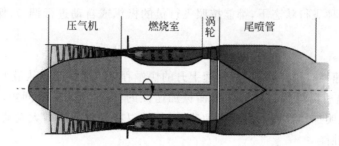

图 3-6 单轴涡轮喷气发动机

作为飞机动力装置的航空燃气涡轮发动机产生推力,使飞机克服阻力飞行。作为直升机动力装置的涡轮轴发动机,通过直升机旋翼产生升力,克服直升机重力,使直升机升空并飞行,无论航空燃气涡轮发动机产生的是推力还是升力,都是由于空气动能增加,动量变化,使发动机或螺旋桨获得的反作用力。本节主要以涡轮喷气发动机为例阐述航空燃气涡轮发动机推力的产生和计算。

涡轮喷气发动机不同于航空活塞式发动机,它既是热机,又是推进器。作为热机,它把燃油化学能转化为机械能,以进出口气体动能差表示;作为推进器,是因为进出口速度的变化,产生动量差,因而产生推力,提供给飞机克服前进的阻力,使飞机飞行或加速。

3.3.1 航空喷气发动机的推力

1. 推力的产生

从涡轮喷气发动机的各个工作部件来看,涡轮喷气发动机的推力是由流过发动机内外壁面的气流对发动机各个部件表面上的作用力产生的。但气体在各个部件上作用力的轴向分力并不都与推力方向相同。例如,涡轮和尾喷管受到的是向后的轴向分力,而气流作用在压气机、燃烧室的轴向分力与推力方向相同(图 3-7)。

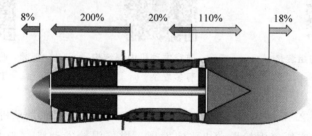

图 3-7 某涡轮喷气发动机各部件所受轴向力情况

从涡轮喷气发动机整体来看,发动机在工作时,外界空气以飞行速度进入发动机,在流过进气道时速度降低,压力升高,进入压气机后,压力进一步升高,随即进入燃烧室,与喷出的燃油混合、燃烧,并释放能量,气体温度升高,进而在喷管中膨胀加速,最后以比气流流进发动机大得多的速度自喷管喷出,产生反作用力,从而产生推力。总的来说,燃气涡轮发动机产生连续推力的原因有三点:

(1) 发动机推力的产生是发动机与工质气体作用与反作用的结果。

(2) 气体在发动机内获得加速度是由燃油与空气燃烧释放出的化学能转换而来,从能量上讲,发动机推力是能量转换的表现形式,所以稳定的燃烧是产生推力的能量基础。

（3）要想获得连续不断的推力，则需要采用热力循环来实现，对于燃气涡轮发动机来说，其采用的是布莱顿循环，所以从热力学过程的角度讲，等压循环是产生连续推力的基础。

2. 推力的计算

计算发动机的推力可以通过计算气体作用在发动机内壁及各部件上的力与作用在外壁上的合力来求得，也可以运用动量方程间接求得。前者极其复杂，后者则要简单得多。

运用动量方程来计算发动机的推力，可以不必考虑发动机内部的实际工作过程和能量在发动机各部件间的转换情况，直接利用发动机进出口截面的气流参数来建立推力计算公式（图 3-8）。

图 3-8　位于机翼下短舱内的发动机

3.3.2　评定航空喷气发动机性能的主要指标

航空燃气轮机作为热机和推进器的综合体，评述其性能的指标主要有：推力（或功率）、单位推力、单位燃油消耗率和总效率、推重比、单位迎面推力。

1. 推力（或功率）

发动机推力的大小直接决定了飞机的主要性能。推力的单位是 N。现有的航空燃气轮机的推力从数百至十万多牛。

但是，仅仅知道发动机推力的大小，还不能说明发动机性能的优劣，因为它并没有表明发动机的尺寸有多大、重量是多少，也不知道消耗了多少燃油才能产生这样大的推力。因此必须引入以下的单位性能参数，才便于比较。

2. 单位推力

发动机推力与通过发动机的空气质量流量之比，称为发动机的单位推力，其单位为 $N \cdot s \cdot kg^{-1}$。

单位推力是航空燃气轮机最重要的性能参数之一。可以用较小的空气流量获得较大的推力，这就意味着可以有较小的发动机尺寸和较轻的发动机重量。

3. 单位燃油消耗率和总效率

单位燃油消耗率的定义是每小时产生 1N 推力所消耗的燃油量。它是发动机在一定飞行速度下的经济性指标。单位燃油消耗率是决定飞机航程和续航时间的重要参数。

航空燃气轮机作为热机和推进器的组合体，可以用总效率 η_0 来衡量它的经济性。总效率 η_0 表示加入发动机的燃料完全燃烧所放出的热量转变为发动机推进功的量。发动机总效率应等于发动机热效率和发动机推进效率的乘积。涡轮喷气发动机在飞行时的总效率通常为20%～30%。

4. 推重比

发动机的推力和发动机的重量之比,称为发动机的推重比。它直接影响飞机的重量和有效载荷,因此它对于飞机的平飞最大速度、升限、爬升速度等机动性能都有直接的影响。由于军用歼击机的机动性能极为重要,因此,要求有尽可能高的推重比。对于垂直起落飞机用的发动机,这一指标更为重要。目前,涡轮喷气发动机在地面时的推重比为3.5～4.0,加力涡轮喷气发动机为5.0～6.0,加力小涵道比涡轮风扇发动机已达到并超过8.0,用于垂直起落的升力发动机已达16以上。

5. 单位迎面推力

单位迎面推力是发动机推力和发动机迎风面积之比。迎风面积是指发动机的最大投影面积。当发动机安装在单独的发动机短舱里时,迎风面积的大小决定了发动机短舱外部阻力的大小。

在全面比较发动机的性能时,除以上原理方面的性能参数外,还应考虑到发动机的使用性能;发动机的启动要迅速可靠,无论在地面不同大气条件下启动还是在空中停车后启动,都要求启动成功率高。发动机的加速性要好,通常将从慢车状态的转速增加到最大转速(或最大推力)所需要的时间作为发动机加速性的指标,加速所需要的时间越短,加速性能越好。目前涡轮喷气发动机的加速时间为5～18s。发动机的工作要可靠,在各种飞行条件下,都能按照飞行员的操纵,安全可靠地工作,不会造成压气机喘振、燃烧室熄火或机件损坏等故障。此外还要求发动机的寿命长、噪声低、维护使用简便、容易加工制造、生产成本低等。

3.3.3 航空喷气发动机的工作部件

1. 进气道

进气道的作用是引导外界空气进入压气机。对进气道的要求是气流流经进气道时具有尽可能小的流动损失,并使气流在进气道出口处(即压气机进口处)具有尽可能均匀的气体流场。

进气道前方气流的速度是由飞机的飞行速度决定的,而进气道出口的气流速度是由发动机的工作状态决定的,一般情况下两者并不相等。进气道要在任何情况下都能达到气流速度的转变条件。进气道进出口气流的状态瞬息万变,而进气道的形状不可能随之变化,因此,空气流经进气道时产生流动损失是不可避免的。

可以看出,当发动机工作状态不变时,进气道流动损失的大小会改变气流总压,直接影响进入发动机的空气流量,从而影响发动机推力的大小。因此,设计进气道时应该尽可能减小气流的总压损失。对进气道最基本的性能要求是:飞机在任何飞行状态及发动机在任何工作状态下,进气道都能以最小的总压损失满足发动机对空气流量的要求。

根据飞机飞行速度的不同,可将进气道分为亚声速进气道和超声速进气道(图3-9)。

如图3-9(a)所示,亚声速进气道的通道形状是扩张形,因此在亚声速飞行时,可以使气流流速降低,从而起到增压作用。这种进气道在飞行马赫数小于1.5的飞机上仍适用,当飞行马赫数大于1时,超声速气流流到这种进气道的入口部位时,便会产生弓形激波,而气流通过激波后会变为亚声速,激波损失也不大。

当飞行马赫数大于1.5时,激波损失加大,需要采用超声速进气道(图3-9(b))。超声速进气道内部装有调节锥,当超声速气流遇到调节锥的头部时会产生斜激波,气流通过斜激

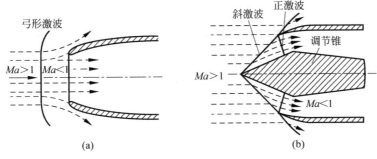

图 3-9 进气道的类型
(a) 亚声速进气道；(b) 超声速进气道

波后，速度下降，压力提高，但速度仍为超声速。气流继续向后流动，在进气道入口处又产生一个正激波，气流速度进一步下降，并变为亚声速气流流入进气道。这种在流动过程中产生两个激波的进气道叫作二波系超声速进气道，它比只产生一个正激波的进气道的能量损失大大降低。如果飞机的马赫数继续增加，还可以采用三波系甚至更多波系的进气道。

2. 压气机

压气机的作用是提高进入发动机燃烧室的空气压力，它是利用高速旋转的叶片对空气做功的。压气机有离心式和轴流式两种类型。

目前大多数航空燃气轮机采用轴流式压气机，只有小功率、小流量的涡轴和涡桨发动机才采用离心式压气机。在早期(20 世纪 40 年代末和 50 年代初)，涡轮喷气发动机也曾采用过离心式压气机。

图 3-10 所示部件为早期涡轮喷气发动机上的一台双面进气离心式压气机。它由进气系统、叶轮、扩压器和集气管四部分组成。压气机通过中间轴与涡轮连接。为了增加进气量，采用双面进气叶轮，这对于平衡作用在轴承上的轴向力也有好处。

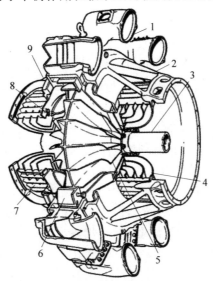

1—集气管；2—后进气机匣；3—压气机轴；4—进气盆；5—导风轮；6—扩压器；
7—预旋片；8—离心叶轮；9—前进气机匣。

图 3-10 离心式压气机

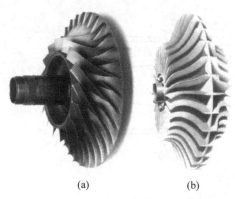

气流从工作叶轮流出后,进入扩压器。扩压器与叶轮之间有较大的缝隙,气流在缝隙中也起扩压作用,故也称为缝隙扩压器。从扩压器出来的气流进入集气管进一步减速扩压,然后进入燃烧室。离心式压气机的优点是结构简单、工作可靠、性能比较稳定,缺点是效率较低、迎风面积大。

图3-11所示为离心式压气机的工作叶轮,其中图(a)为单面进气的叶轮。目前正在研究中的离心式压气机增压比可以达到12以上。

轴流压气机的空气通过压气机时基本上沿轴向流动,如图3-12所示。

(a)　　　　(b)

图3-11　离心式压气机的工作叶轮

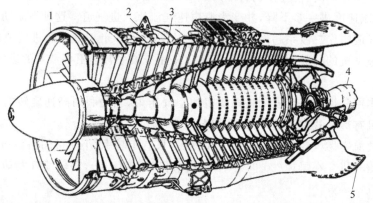

1—进气机匣;2—静子叶片;3—转子叶片;4—涡轮轴;5—与燃烧室机匣相连。

图3-12　轴流压气机结构图

轴流压气机主要由转子和静子两部分组成。转子又称为工作轮,静子又称为导流器。

一排转子叶片和一排静子叶片组成轴流压气机的一个级(图3-13)。在某些压气机第一级前面装有预旋导流叶片,其目的是使气流在进入第一级时获得所需的流场分布。空气通过轴流压气机不断被压缩,空气比容减小、密度增加。因而,轴流压气机的通道截面积逐级减小,呈收敛形,压气机出口截面积比进口截面积要小得多。

压气机喘振是发动机最致命的故障之一,很有可能造成发动机停车甚至结构毁坏。例如,1977年美国一架DC-9客机在佐治亚州遭遇大雨加冰雹的天气,在5182m高空油门杆推在飞行慢车位置,下降到4267m时由于吸入大量的水和冰雹,发动机转速大大下降,高压压气机严重喘振,使高压转子与静子相碰,导致两台发动机均丧失推力,最终导致飞机失事。

3. 燃烧室

燃烧室是涡轮喷气发动机的重要部件。空气经压气机增压后,进入燃烧室,燃料与自压气机出来的高压空气

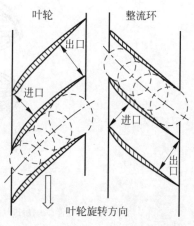

图3-13　转子和静子叶片通道

混合燃烧,在此过程中,燃油的化学能转变为内能,气体的温度和压力升高,将压气机增压后的高压空气加热到涡轮前允许的温度,以便进入涡轮和排气装置内膨胀做功。燃烧室的工作好坏直接影响发动机的工作性能。

燃烧室主要由火焰筒、喷嘴、涡流器和燃烧室外套组成(图3-14)。从压气机出来的高压空气在燃烧室进口处分成两股,其中一小股气流进入火焰筒头部及其小孔与燃料混合进行燃烧,大股空气则沿着火焰筒与燃烧室外套之间的通道向后流动,以冷却火焰筒,当这股气流流到火焰筒的后段时,气流又从火焰筒上的孔洞进入火焰筒内,与燃烧区内的气流混合后流向涡轮,这样不会使火焰筒壁的温度过高,也不会使涡轮因过热而烧毁。

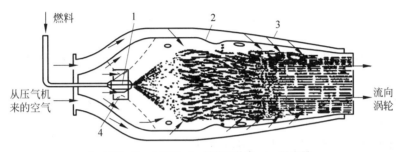

1—喷嘴;2—火焰筒;3—燃烧室外套;4—涡流器。

图 3-14 燃烧室的组成和工作原理

喷嘴的作用是提高燃料的雾化效果,以便从喷嘴中喷出的燃料能与空气充分混合,使燃料更好地燃烧。

涡流器的作用是使从燃烧室头部进来的空气产生涡流,一方面可以与燃料均匀混合,另一方面可以形成稳定的点火源。燃烧室中的气流流速很高,要完成在高速中可靠点火,就要依靠涡流器。涡流器安装在火焰筒头部进口处,其形状如图3-15所示。在两个圆环之间有一排斜向排列的叶片,称为旋流片。气流经过旋流片构成的通道而产生旋转运动,形成一个强旋流流场,中心部分形成低压区,火焰筒后面的高温气体便向中心区倒流,形成一个低速的重复循环区,又称为回流区,重复循环的燃气把新喷进来的燃油雾滴迅速加热到点火温度进行燃烧。回流区形成的环形涡流起稳定和保持火焰的作用。回流区内的气流轴向速度分布复杂,大小和方向有所不同,在轴向气流速度低的地方可以形成点火源,以保证发动机在各种工作状态下稳定点火(图3-16)。

 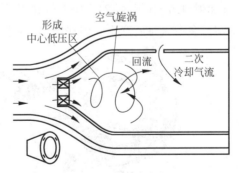

图 3-15 涡流器的结构　　　　图 3-16 涡流器的作用示意图

4. 涡轮

涡轮的功用是将燃烧室出口高温、高压气体的能量转变为机械能。燃气从燃烧室流出后,冲击涡轮使其高速旋转产生机械能。涡轮的机械能以轴功率的形式输出,以驱动压气机、风扇、螺旋桨和其他附件转动。燃气经过涡轮后,温度及压力骤然下降,速度渐增。从涡轮流出的燃气流向尾喷管,由尾喷管喷出而产生推力。需要补充的是,对于涡喷发动机来说,推力来自尾喷出口的气流,而涡扇发动机则来源于风扇推力和尾喷高速气流的反作用力。

如图 3-17 所示,涡轮的组成和压气机相似,都是由静止的导向器和转动的工作叶轮组成。导向器和工作叶轮在径向都装有很多叶片,导向器叶片装在两个同心环之间,工作叶片装在叶轮的四周。为了使从燃烧室出来的高温、高压燃气按一定的角度冲击到涡轮的工作叶片上,需要在工作叶片之间加装导向叶片来对气流进行导向。导向叶片和工作叶片的通道与压气机正好相反,是收缩型通道。燃烧室出来的高温高压气体流经导向器叶片的收缩通道后,速度大大提高,压力和温度却下降,在导向器出口处,燃气速度可达声速,甚至更高。此高速气流以一定的角度冲击工作叶轮,使涡轮以每分钟几千甚至几万转的转速旋转而做功。此时,涡轮的工作叶片承受很大的离心力,同时叶片又在很高的温度下工作,因此,叶片必须用高强度且能耐高温和耐腐蚀的材料制造,还应采取必要的冷却措施,甚至还需要对燃烧室出来的高温气体冲向涡轮叶片之前做适当的降温。

 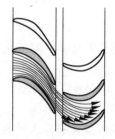

图 3-17 涡轮的组成

5. 尾喷管

在航空涡轮喷气发动机机上,尾喷管的功能是将从涡轮(或加力燃烧室)流出的燃气膨胀加速,将燃气中的一部分热能和压力能转变为动能,从尾喷管高速喷出,产生反作用推力。尾喷管也是发动机的排气系统,不同的燃气涡轮发动机的尾喷管设计也有所不同,尾喷管一般由中介管和喷口组成(图 3-18)。中介管在涡轮后由整流锥和整流支板组成,起到整流的作用,否则燃气会在涡轮后产生强烈涡流,影响推力。喷口一般为收敛形,但当飞机速度较

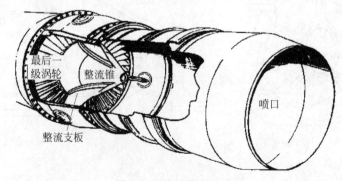

图 3-18 尾喷管的组成

高时,尾喷口出口处的压力大大超过当地大气压力,为了提高发动机的工作效率,获得更大的推力,有时采用超声速拉瓦尔喷管,如图 3-19 所示。

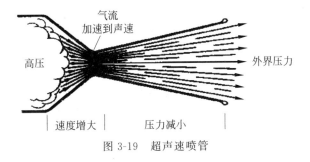

图 3-19 超声速喷管

3.3.4 常用的航空喷气发动机

1. 涡轮螺桨发动机

涡轮螺桨发动机的主要结构和涡轮喷气发动机相似,只不过在涡轮喷气发动机的基础上增加了减速装置和螺旋桨。当发动机启动以后,涡轮开始工作,通过涡轮轴带动前面的压气机转动,并从进气道吸入大量空气,被压气机压缩的空气送入燃烧室燃烧,燃烧后产生的高温高压燃气吹过涡轮使得涡轮高速旋转。与涡轮喷气发动机不同的是,高速旋转的涡轮不仅仅会通过涡轮轴带动压气机高速旋转,还会带动螺旋桨旋转。由于螺旋桨的转速比涡轮的转速低得多,所以需要在发动机上安装一套减速装置。

涡轮螺桨发动机是一种主要由螺旋桨提供拉力和燃气提供少量推力的燃气涡轮发动机。涡轮带动螺旋桨转动,产生拉力,从涡轮出来的气流自尾喷管中喷出,产生少量推力(图 3-20)。由于涡轮燃气的大部分能量转变成轴功率带动螺旋桨和压气机旋转,因此,螺旋桨产生的拉力占飞机总推力的主要部分,约为 90%。而只有部分燃气能量用来在尾喷管中加速气流而产生推力,因此,排气推力只占一小部分,一般不超过 10%。正是由于涡轮螺桨发动机的排气量远比涡轮喷气发动机的排气量大,因此涡轮螺桨发动机在低压声速飞行时效率很高,耗油率小,经济性能好。但当飞行速度进一步提高时,容易在螺旋桨叶尖出现超声速气流,产生激波,使得螺旋桨效率大大降低。同时,由于螺旋桨直径较大,为了不使桨尖触地,必须加大起落架的高度或将发动机安装在更高的位置,这都会增加飞机的重量或使

图 3-20 涡轮螺桨发动机

飞机维护不便。为了解决这些问题,同时又要保证发动机的经济性能,较好的方案就是采用涡轮风扇发动机。

2. 涡轮风扇发动机

涡轮风扇发动机要比涡轮喷气发动机更省油,比涡轮螺桨发动机在高亚声速飞行时经济性能更好,所以民用喷气飞机都采用涡轮风扇发动机。

涡轮风扇发动机由风扇、压气机、燃烧室、驱动压气机的高压涡轮、驱动风扇的低压涡轮和排气系统组成(图3-21)。其工作原理与涡轮喷气发动机大致相似,当发动机启动后,风扇转动,吸入大量的空气,并将空气压缩。压缩后的气流分成两部分:一部分流经外通道向后流去,经喷管加速排出,这股气流所经过的通道称为外涵道;另外一部分与涡轮喷气发动机相同,经过压气机进入燃烧室和涡轮后由尾喷管排出,这股气流通过的通道称为内涵道,所以这类发动机又称为内外涵发动机。流经外涵和内涵的空气流量之比称为涵道比或流量比。

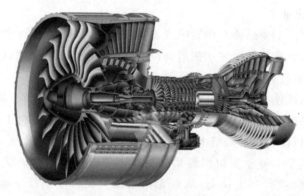

图3-21 涡轮风扇发动机

涵道比对涡轮风扇发动机性能的影响较大,涵道比大,耗油率低,但发动机的迎风面积大;涵道比较小时,迎风面积小,但耗油率大。内、外涵两股气流分开排入大气的称为分排式涡轮风扇发动机。内、外涵两股气流在内涵涡轮后的混合器中相互渗混后通过同一喷管排入大气的,称为混排式涡轮风扇发动机。

涡轮风扇发动机排出的燃气速度比较低,燃气离开喷管带走的能量损失较小,因此,在亚声速飞行时有较好的经济性。由于涡轮风扇发动机的风扇可以吸入大量空气,使进入发动机的空气量增加,虽然燃气喷出速度下降,但燃气流量与速度的乘积得以大大提高。也就是说,在燃油量一定的情况下,推力有所增加,因此发动机的效率有所提高。另外,涡轮风扇发动机的排气速度小,对降低噪声有利,所以非常适合民用飞机使用。

3. 涡轮轴发动机

视频:国产涡轴-16航空发动机成功交付

在工作原理和构造上,涡轮轴发动机同涡轮螺桨发动机很相近。它们都是由涡轮风扇发动机演变而来,只不过后者将风扇变成了螺旋桨,而前者将风扇变成了直升机的旋翼。除此之外,涡轮轴发动机也有自身的特点:它一般装有自由涡轮(即不带动压气机,专为输出功率用的涡轮),而且主要用在直升机和垂直/短距起落飞机上。

在构造上,涡轮轴发动机也有进气道、压气机、燃烧室和尾喷管等燃气发生器基本构造,但它一般装有自由涡轮,如图 3-22 所示,前面的是两级普通涡轮,带动压气机,维持发动机工作,后面的两级是自由涡轮,燃气在其中做功,通过传动轴专门带动直升机的旋翼旋转,使它升空飞行。此外,从涡轮流出来的燃气,经过尾喷管喷出,可产生一定的推力,由于喷速不大,这种推力很小,如折合为功率,仅占总功率的 1/10 左右。有时喷速过小,甚至不产生什么推力。为了合理安排直升机的结构,涡轮轴发动机的喷口可以向上、向下或向两侧,不像涡轮喷气发动机那样一定要向后。这有利于直升机设计时的总体安排。

图 3-22 涡轮轴发动机

涡轮轴发动机是用于直升机的,它与旋翼配合构成了直升机的动力装置。按照涡轮风扇发动机的理论,旋翼的直径越大越好。同样的核心发动机产生同样的循环功率,所配合的旋翼直径越大,则在旋翼上所产生的升力越大。事实上,由于在能量转换过程中有损失,旋翼也不可能制成无限大,所以,旋翼的直径是有限制的。通常,通过旋翼的空气流量是通过涡轮轴发动机的空气流量的 500~1000 倍。

同涡轮轴发动机和直升机常用的另一种动力装置——活塞式发动机相比,涡轮轴发动机的功率重量比要大得多,一般在 2.5 以上。而且就发动机所产生的功率来说,涡轮轴发动机也大得多,目前使用中的涡轮轴发动机所产生的功率,最高可达 6000hp,甚至 10000hp,活塞式发动机则相差很远。在经济性上,涡轮轴发动机的燃油消耗率略高于最好的活塞式发动机,但它所用的航空煤油要比前者所用的汽油便宜,这在一定程度上得到了弥补。当然,涡轮轴发动机也有其不足之处。它制造比较困难,制造成本也较高。特别是由于旋翼的转速更低,它需要比涡轮螺桨发动机更重、更大的减速齿轮系统,有时它的重量占到发动机总重量的一半以上。

除此之外,还有一些其他种类的发动机,比如介于涡轮风扇和涡轮螺桨发动机之间,产生推力的装置是桨扇的燃气涡轮螺旋桨风扇发动机(简称涡轮桨扇发动机),以及能垂直起落的带有矢量喷管的发动机等。

3.3.5 航空喷气发动机的工作状态

在不同的飞行状态下,发动机需要提供不同大小的推力,推力的变化是通过驾驶员按需要操纵油门杆位置使供油量发生变化获得的。发动机规定的工作状态通常有起飞状态、最大工作状态、额定工作状态、巡航工作状态和慢车工作状态。

（1）起飞状态。在起飞状态，发动机的转速和涡轮前温度都很高，推力最大，因此发动机各零部件的机械负荷也最大，一般只能使用 5~10min。军用飞机的加力状态相当于起飞状态。

（2）最大工作状态。最大工作状态的推力为起飞推力的 85%~90%，有的发动机可连续工作，有的则要加以限制，如最大工作状态不得超过 30min。

（3）额定工作状态。额定工作状态是指发动机的转速和涡轮前温度都比最大工作状态稍低的一种工作状态。在这种工作状态下，发动机可以长时间连续工作，一般用于飞机长时间爬升和高速平飞。

（4）巡航工作状态。巡航工作状态的推力为起飞推力的 65%~75%，此时耗油率最低，经济性好，可连续工作，一般中远程民航客机在高空飞行时采用巡航工作状态。

（5）慢车工作状态。慢车工作状态是发动机能稳定工作的最小转速状态，其推力为起飞推力的 3%~5%，一般飞机在地面、进近和着陆时使用。慢车工作状态下，压气机和涡轮的工作远离设计状态，效率很低，但慢车工作状态的时间限制较少。

拓展阅读

（一）

【压气机喘振与右发动机空中人工关车——波音 737-800 飞行事故】

中国东方航空公司机务工程部

2005 年 11 月 2 日，一架 737-800 型飞机在执行航班期间，在飞机进近过程中，机组听到右发动机有异常响声，飞机发生轻微抖动，同时飞行员检查发动机参数，发现右发动机转速 N_1、N_2 下降，通过指示系统发现低压涡轮第二级导向器处的排气温度（EGT）高达 774℃，燃油流量 FF 偏高，机组前推油门杆参数没有变化。为了应对该情况，机组按检查单要求人工关断右发动机，飞机单发安全落地。

事故发生后工作人员对发动机进行了外部目视检查，发现压气机可变静子叶片 VSV 部分开位（停车时应全关），按照维护手册（AMM）的相关章节进行了磁堵检查（检查润滑油中是否有金属屑），结果正常；按照维护手册（AMM）的相关章节对高压压气机（HPC）、燃烧室、高压涡轮（HPT）、喷嘴、低压涡轮（LPT）进行孔探检查，结果正常；按照故障隔离手册（FIM）的相关章节进行发动机测试，结果故障再现，参数不正常，显示压气机可变静子叶片（VSV）和位置信号不一致，这一结果与目视检查所发现的压气机可变静子叶片 VSV 部分开位一致。

对发生停车航段的快速存取记录器（QAR）译码数据分析后发现：在 12 时 31 分 00 秒，飞机平飞状态左右发动机油门 62°，全部参数正常；随后飞机下降高度，飞行员双发动机同时收油门到慢车位，右发动机 N_2 转速下降到 62%（正常值不应低于 72%）并继续缓慢下降，同时左发动机转速 N_2 下降到 72% 稳定，左右发动机压气机可变静子叶片（VSV）角度出现反向调节（左发动机增大，右发动机减小），左发动机压气机可变静子叶片（VSV）固定在 5.8°（关位属于正常），右发动机压气机可变静子叶片（VSV）固定在 25°（部分开位属于故障），这时燃烧室前的进气压力左发动机是 36psi（248220Pa），右发动机是 20psi（137900Pa），正是因为右发动机进气压力低，所以造成转速下降；左右双发动机燃油流量在收油门到慢车的同时下降，右发动机下降幅度小于左发动机，导致右发动机低压涡轮第二级导向器处的排气温度（EGT）指示高于左发动机；左右双发动机的振动、润滑油压力、润滑油温度、润滑油量及其他指示均正常;12时36分6秒,机组人工关车。

根据以上情况,分析故障原因:压气机喘振是由于压气机进口空气流量骤然减少而引起气流沿压气机轴向发生低频高振幅振荡。因此,此次发动机故障的原因可能是燃油控制系统故障,导致发动机发生喘振,在收油门进入飞行慢车时,左发动机正常进入,而右发动机压气机可变静子叶片(VSV)位置变化异常,不能保证72%的 N_2 高慢车转速,由于气路几何改变不在规定范围内,控制系统虽然增加了供油,也只是减缓了 N_2 转速下降,同时导致低压涡轮第二级导向器处的排气温度(EGT)指示升高,超过左发动机接近300℃。由于右发动机的转速 N_2 低于左发动机,相应的润滑油压力也低于左发动机,机组人工选择停车。

需要说明的是,虽然右发动机的低压涡轮第二级导向器处的排气温度(EGT)指示偏高,但仍然在正常范围内,并不属于发动机超温(起飞超温为950℃,最大连续工作超温为925℃),其他参数都正常,发动机没有任何警告和告示出现。

根据检查结果分析,该故障可能是发动机失速造成的故障。故障原因是发动机附件发动机电子控制器(EEC)或控制发动机液压机械装置(HMU)故障造成的。为此更换发动机电子控制器(EEC)和控制发动机液压机械装置(HMU)后,再进行地面测试和试车,结果正常,检查显示装置无任何故障代码,再进行试飞,结果正常。

将发动机电子控制器(EEC)或控制发动机液压机械装置(HMU)送到 SR Technics 公司进行检测,结果发现控制发动机液压机械装置(HMU)内部的压气机可变静子叶片电子液压阀(VSV EHSV)机械卡阻,造成液压压力太小,无力推动压气机可变静子叶片(VSV)作动筒操纵压气机可变静子叶片,造成发动机失速而引起异常响声,使飞机发生轻微抖动,导致转速 N_1、N_2 下降的故障。

思考题

1. 压气机喘振有什么现象,会带来什么危害?
2. 什么是发动机失速?

(二)

【美国 Pinnacle 3701 次航班空难事故原因及其技术分析——发动机转子锁定】

中国商用飞机有限责任公司民用飞机试飞中心　马诗豪　冯超

1. 空难事故回顾

2004年10月14日,美国 Pinnacle 航空3701次航班从阿肯色州小石城国际机场起飞前往明尼苏达的圣保罗国际机场,在飞行途中,双发熄火且无法重新启动,最终飞机在密苏里州杰弗逊市机场附近坠毁(图1)。事故当天飞行气象良好,机上无乘客,机长和副驾驶遇难,飞机被毁,地面上没有人受伤。失事飞机为庞巴迪公司生产的 CL-600-2B19 客机,搭载 GE 公司研制的 CF34 系列发动机。

图1　遇难飞机及其残骸

2. 空难的原因

NTSB 于 2007 年 1 月 9 日发布了事故详细调查报告，对该事故发生的原因进行了深入分析，主要原因有：

（1）执飞机组安全意识淡薄，规章意识差，随意更改飞行高度，执行与飞行任务无关的爬升程序，使发动机出现进气畸变最终导致双发停车。

（2）飞行员对发动机双发失效的训练不足，当双发停车后，未按照飞行手册执行下降程序，也未及时通报空中交通管制（ATC），选好迫降点，做好迫降准备。

（3）发动机客观存在转子锁定或阻滞，且飞行手册中没有向飞行员说明下降速度对保持发动机高压转子转动的重要性，导致发动机停车后难以启动。

3. 事故技术分析

针对事故原因，本文对此次空难进行更加详细的技术分析。

1) 事故过程分析

事故当天航班执行调机任务，机上没有乘客，机组状态较为放松，飞机进入计划巡航高度(33000ft)后，机组为实现个人飞行"里程碑"，操纵飞机爬升至升限(41000ft)，但由于发动机推力不足，飞行速度降低，机组为保持升力进行大迎角飞行，从而导致发动机进气畸变而双发熄火。

飞行手册要求双发失效后飞机保持 240kn 的速度下降，且在 21000～13000ft 高度应使用风车启动，风车启动时速度应达到 300kn，且发动机高压转子转速 N_2 到达风车启动时所需的最低转速。但机组实际以 170kn 的绿点速度进行下降，当达到风车启动高度时飞机速度及转子转速 N_2 均不满足风车启动要求。机组按照飞行手册继续下降高度至 13000ft 使用 APU 引气启动，但此时由于发动机转子锁定（$N_2=0$），机组进行四次 APU 引气启动尝试，均失败。此时飞行员才通告 ATC 申请紧急迫降（飞机高度已经降到 9500ft），ATC 指引其就近前往杰斐逊机场降落，但此时机场距离已经在双发失效的空滑范围之外，最终飞机在途中坠毁。

2) 发动机转子锁定分析

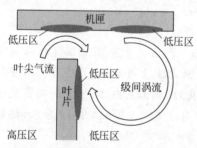

图 2 间隙较大时气流流动示意图

发动机涡轮与机匣之间的间隙是评价发动机效率的重要指标之一，在不影响涡轮转子转动的情况下，涡轮叶尖间隙越小，发动效率越高。据统计，高压涡轮叶尖间隙每减小 0.25mm，则涡轮效率提高 1%；而燃油消耗率降低 1%，发动机排气温度可降低 10℃。当叶尖间隙较大时，气流直接通过叶尖的间隙排出，产生不利的流动，如图 2 所示，从而降低发动机的效率。

发动机的叶尖间隙会随飞行历程不同而发生改变，影响叶尖间隙的因素主要有离心变形、热变形、静子椭圆度、转子不平衡响应和转子热弯曲等。此次空难主要与机匣、叶片和转动轴的热变形及叶片和转动轴的离心变形有关。根据发动机转动轴、转子叶片、涡轮机匣等三个部件的关系，可通过热应力和机械应力值初步模拟计算得到各部分模型的变形量，从而通过公式(1)初步得到叶尖间隙值 δ：

$$\delta(t)=r_s(t)-[r_r(t)+l_b(t)]=(r_a+u_s)-[(r_0+u_r+y_r)+(L+u_1+y_1)] \quad (1)$$

式中：$r_s(t)$、$r_r(t)$、$l_b(t)$ 分别为机匣、转动轴半径和叶片长度随着时间的变化值；r_a，r_0、L 分别为各部分的几何初始值；u 为各部分由热负荷所引起的变形量，y 为机械运动引起的变形量。

发动机停车后，首先涡轮叶片会由于离心力的消失，即机械运动引起的变形量 y 迅速减小而快速从原来的伸长状态恢复到正常长度，叶尖间隙变大，此过程较为迅速，此后叶尖间隙的变化主要与机匣和转动部件的热变形 u 有关。简化的叶尖间隙分析几何模型如图 3 所示，认为涡轮盘是等厚圆盘，且不接收涡轮叶片热量的传导，由于转子叶片相对很薄，随厚度变化的温度梯度忽略不计，在发动机失效后，涡轮和机匣等部件主要通过对流的形式进行换热。

根据对流换热原理：
$$Q = h A \Delta t \qquad (2)$$
式中：Q 为传热热量，W；h 为表面对流传热系数，W/(m²·K)；A 为换热面积，m²；Δt 为温度差。

发动机停车后，核心机进气流量减小，对流换热效率降低，且由于热容量、对流换热系数、换热面积等不同，转子轮盘难以冷却，而机匣对流换热快，易冷却收缩，从而导致叶尖间隙不断变小。若在此时启动发动机，可能会因转子与机匣之间的间隙过小，使得发动机转子受到机匣的摩擦阻力，从而形成转子阻滞或转子锁定，导致发动机难以启动。

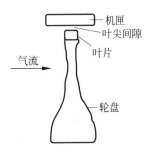

图 3　叶尖间隙模型

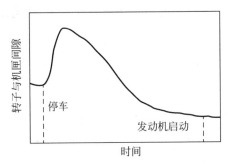

图 4　转子与机匣间隙的变化规律

综上，发动机在高功率、高热负荷状态运行后，发动机内部整体处于热膨胀状态，若此时发动机停车，转子转速下降，离心变形快速变小，从而使叶尖间隙迅速增大，此后由于转子、机匣的热变形不同导致发动机转子、静部件之间的间隙减小，叶尖间隙的主要变化规律如图 4 所示。本事故中机组未按照手册规定的 240kn 速度下降，使得发动机长时间处于较冷的环境中，在发动机启动时已然出现转子锁定，导致发动机无法启动。

随着对发动机性能要求的不断提高，转子与机匣的间隙设计时往往较小，尤其对未经过磨合的新发动机来说，其在高空大功率停车后，更容易发生转子锁定故障。此外，对于更大涵道比、有更复杂 AGB 的发动机，启动时需要更大的转动力矩，使得发动机启动更加困难。

4. 适航性分析

此次空难包括以下两方面原因：

1) 人为因素

据统计，在航空器运行中，人为因素（human factors）导致的事故和事故征候已经由 20 世纪 60 年代的 20% 上升到 21 世纪初的 80% 左右。人为因素问题已经成为行业努力降低航空事故率、提升航空器使用安全水平所面临的最大障碍。国际民航组织（ICAO）将人为因素定义为：研究范围涉及航空系统中人的一切表现，利用系统工程的方法和有关人的科学知识寻求人的最佳表现以达到预期的安全水平和效率。

国外在人为因素方面开展了深入的研究,也形成了很多理论和研究方法,并制定了相应的规章、标准等文件。EASA 于 2007 年率先制定了专门的人为因素条款 CS 25.1302,并发布了对应的咨询材料 AMC 25.1302。该条款是对 25 部中所有人为因素相关条款的综合与集成。CS 25.1302 条与此前已有的其他人为因素相关条款结合起来,系统完整地提出了型号设计中的人为因素要求。2013 年 7 月 2 日,FAA 也正式颁布了 FAR 25.1302 条,内容与 CS 25.1302 条基本一致,并同时颁布了相关的咨询通告。当前国内尚没有针对人为因素的条款。此次空难也给航空公司安全管理提出了更高的要求,需要:①强化机组乘员的规章意识,严格按照飞行手册执行;②加强机组资源管理(CRM),不仅要注重机组乘员之间的配合,还要做好监督,做好差错管理,从而减少因人为因素导致的不安全事件。

2) 发动机转子锁定

此次事故表明,人们对发动机转子锁定的认识不那么深入,CS 25.903 条款中规定的发动机启动能力并未要求对转子锁定进行验证,随着对此安全问题认识的加深,2013 年 FAA 颁布了 FAA-Policy Statement-PS-ANM-25-02,要求在飞机试验验证时加入对转子锁定的验证,随后 2014 年 CAAC 在 P14 问题纪要中加入了对转子锁定的适航验证要求,2015 年 EASA 在 Certification Memorandum-Turbine Engine Relighting In Flight 文件中加入对转子锁定验证的要求。随后转子锁定的试验要求和方法不断得到完善,形成了完善的适航要求。

5. 结论

通过本文的技术分析,对转子锁定有了更加深刻的认识,那么,从主制造商的角度看,如何才能避免这起事故呢?一方面在飞机获得适航证前需要进行转子锁定验证试验,评估发动机的启动能力;另一方面在飞行手册中明确下滑速度对保持 N_2 转动的重要性,避免因转子锁定而影响发动机的启动能力。

思考题

试分析避免发生转子锁定的措施和方法。

(三)

【中华航空 006 号航班事故原因及其技术分析——发动机工作特性】

中国商用飞机有限责任公司民用飞机试飞中心　曹保武　冯超

1. 事故回顾

1985 年 2 月 19 日,中华航空公司的 006 号航班(波音 747-SP)在离开台北后约 10 个小时,在位于旧金山西北约 350mile(550km)处遇到乱流,造成 4 号发动机故障(图 1)。在发动机熄火后,机组一直关注飞机速度的下降,但没有采用方向舵来抵消不对称推力,仍然采用自动驾驶控制飞机,致使飞机本体不停右转,当机组意识到这一问题并解除自动驾驶时,飞机已严重翻滚并向太平洋俯冲,在此过程中其余 3 台发动机也均失效。飞机进入云层底部后,飞行员通过目测方式重新控制住飞机,并启动了发动机。随后发现起落架及升降舵等存在故障,并最后安全转降至旧金山机场。

2. 事故原因

NTSB 于 1986 年 3 月 29 日发布了事故详细调查报告(图 2),对该事故发生的原因进行了深入的分析,主要原因有:

(1) 飞行员对发动机出现不利工作特性的处置不当,飞机在空中遭遇乱流,发动机出现不利工作特性,推力开始减弱,但机组未调整故障发动机油门杆至慢车位观察故障侧发动机

图1　中华航空公司006号航班

状态,而是尝试增加故障侧发动机油门,进一步恶化了发动机工作环境,最终导致发动机停车。

(2) 飞行员对发动机停车后的操作程序不了解,当发动机在41000ft的高空停车后,应按照飞行手册执行下降程序,下降至30000ft后再次启动,在41000ft高度直接启动发动机,导致启动发动机失败。

(3) 机组对于自动驾驶过分依赖,在发动机熄火发生后的3min内,机长仍专注于飞机速度的下降问题,没有留意客机仍在右转。

> Contributing to the accident was the captain's over-reliance on the autopilot after the loss of thrust on the No. 4 engine.

图2　中华航空公司006号航班NTSB事故报告(事故主要原因是在丧失4号发动机推力后机长过分依赖自动驾驶)

3. 事故技术分析

针对事故原因,本文对此次事故进行了更加详细的技术分析。

1) 事故过程分析

事故当天飞机从台北前往洛杉矶,在高度41000ft时,飞机4号发动机遭遇乱流出现故障,由于发动机推力不足,飞行速度降低,机组为保持升力,增加故障侧发动机油门,但故障侧发动机推力未恢复并最终熄火。

按照飞行手册要求,发动机停车后,飞机应下降至31000ft高度进行发动机启动,但机组选择在飞行包线范围外(41000ft)直接进行启动,导致发动机启动失败,在发动机出现问题3min内,机长一直专注于飞机速度的下降问题,仍未察觉操纵杆朝左,自动驾驶仍然处于运作状态,也没有留意客机仍在右转。当机组意识到要解除自动驾驶时,飞机已严重翻滚并开始俯冲向太平洋,过程中其余3台发动机也均失效。在接近声速的高速俯冲状态下,飞机在20s内猛降10000ft。当飞机俯冲至云层底部时,机组才看见地平线,并能以目测的方式来控制飞机,此时飞机已经在2.5min内从30000ft下降到约10500ft。在机身平衡后,其余3台发动机已可提供正常的动力,而机组人员也成功启动4号发动机,最后飞机安全降落在旧金山国际机场。

2) 发动机工作特性

发动机的气动设计通常是在均匀进气条件下进行的,但飞机在实际飞行过程中,进气畸变是无法避免的,进气畸变是指进口道出口气流在空间上的不均匀分布,它对航空发动机工作的影响主要表现为发动机稳定裕度的降低,进而影响发动机的气动稳定性,发动机的气动稳定性主要由压气机(泛指各类压缩部件)决定。压气机的工作特性图分为稳定工作区和不稳定工作区，如图 3 所示，二者之间的分界线称为稳定边界，而工作线与稳定边界之间的距离为发动机的稳定裕度，当压气机的工作点处于稳定边界的右下方区域时，压气机可以保持稳定的工作状态；当工作点越过稳定边界进入不稳定工作区时，压气机将发生失稳，进入旋转失速或喘振状态。

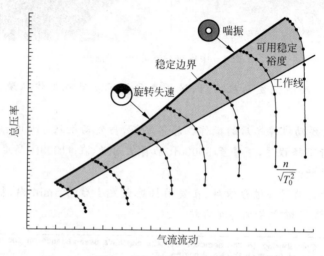

图 3　压气机稳定边界图

发动机喘振裕度(engine surge margin)是评价发动机工作特性的重要指标之一，通过在发动机正常稳态工作线上选取的发动机参数和喘振边界线上对应参数的定量差值进行计算。该裕度通常以恒定换算流量下压气机增压比的百分比来表示，也可采用其他明确定义的参数，主要方法有以下两种：

（1）以等换算流量条件下的喘振边界线与工作线的压比差除以工作线的压比值，称为压比裕度，即

$$\mathrm{SM}_1 = \left(\frac{\pi_s - \pi_0}{\pi_0}\right)_{w_{\mathrm{cor}}} = \mathrm{const} \tag{1}$$

（2）以等换算转速条件下的喘振边界线与工作线的压比差除以工作线的压比值，称为综合裕度，即

$$\mathrm{SM}_2 = \frac{\dfrac{\pi_s}{W_s} - \dfrac{\pi_0}{W_0}}{\dfrac{\pi_0}{W_0}} \tag{2}$$

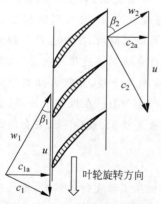

图 4　压气机气流速度三角形

图 4 为压气机气流速度三角形，其中 c 为气流绝对速度，w 为气流相对速度，u 为周向速度，c_a 为气流轴向分速度。

压气机的流量系数是工作叶轮进口处的绝对速度在发动机轴向的分量和工作叶轮旋转的切向速度之比。即

$$\overline{c_a} = \frac{c_a}{u} \tag{3}$$

当发动机遭遇进气畸变时，若流量系数比设计值小，会

使气流在叶背处发生分离,造成压气机失速,严重情况下,气流分离扩展至整个叶栅通道,造成发动机喘振,如图 5 所示。

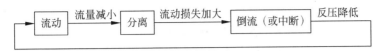

图 5　发动机喘振示意图

当发动机处于不利工作特性时,快速操纵油门杆,高压压气机在加速供油策略下(一般采用油气比 WF/PS3 的函数),发动机工作状态点将往喘振边界进一步移动,发动机喘振裕度进一步减小,如图 6 所示。

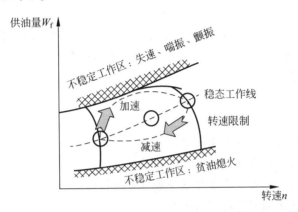

图 6　发动机工作特性示意图

4. 适航性分析

此次事故包括两方面原因:

1) 人为因素

从本次飞行事故原因可以知道,该航班飞行员对发动机停车后操作程序不了解,并且过度依赖自动驾驶程序,由此可见,飞行员业务的不熟练是导致此次事故的间接原因,其对飞行安全的危害相当大,一定程度上可以把本次飞行事故归结于人为因素。

2) 发动机工作特性

在飞行包线、发动机使用限制范围内,发动机均不会出现达到危险程度的不利工作特性,以表明对相关条款的符合性。国外在发动机工作特性验证方面开展了深入的研究,制定了相应的规章、标准等文件。1964 年,FAR 25 部援引 CAR 4b 部内容(CAR 4b 于 1953 年颁布,是专门用于运输类飞机适航审定的规章。随后 CAR 4b 进行了多次修订。此外,随着涡轮发动机在运输类飞机中的应用,美国适航当局于 1957 年发布了 SR422,并于 1959 年发布 SR422 B,用以对 CAR 4b 中的性能要求部分全面修订。1965 年,美国联邦航空局(FAA)基于 CAR4b-16 和 SR422B,正式制定了 FAR 25 部,作为运输类飞机适航审定标准),形成了 25.939 条(a)款,主要是关于发动机的失速和喘振特性。1967 年,修正案 25-11 增加了 25.939 条(b)款和(c)款,其中(b)款为发动机负加速度要求,(c)条规定针对涡轮发动机进气道系统,避免因为气流畸变所导致的有害振动。1977 年,修正案 25-40 将负加速度的要求从第 25.939 条(b)款修订为第 25.943 条。最终形成了目前的 25.939 条款。随后发动机工作特性的试验要求和方法不断得到完善,形成了更加完善的适航要求。

5. 结论

通过本文的技术分析,对发动机工作特性有了更加深刻的认识,那么,从主制造商的角度看,如何才能避免这起事故呢?飞机在获得适航证前需要进行发动机进气兼容性和发动机工作特性验证试验,以评估进气道与发动机兼容性及发动机的瞬态操纵特性,避免因进气畸变和瞬态加速等操作而影响发动机的工作状态。

思考题

试分析避免发动机出现喘振的措施和方法。

本章小结

本章介绍了航空动力装置的主要类型,重点介绍了活塞式发动机和航空喷气发动机的主要部件结构及工作原理,简要介绍了航空动力装置的推力计算及评价航空动力装置性能的主要参数,供学生拓展学习。

复习与思考

1. 试说明发动机的分类及各类发动机的特点。
2. 衡量活塞式发动机性能优劣的指标是什么?
3. 活塞式发动机为什么最终要被航空喷气发动机所代替?
4. 航空喷气发动机的工作特点有哪些?
5. 喷气发动机有哪些类型?各有何用途?
6. 进气道的作用是什么?
7. 压气机在涡轮喷气发动机中的作用是什么?
8. 燃烧室中涡流器和火焰筒的作用是什么?
9. 什么是涡轮风扇发动机的涵道比?
10. 涡轮风扇发动机与涡轮喷气发动机有什么不同?

本章习题

一、单项选择题

1. 下面不属于航空喷气式发动机主要性能指标的是( )。
   A. 发动机功率　　　　　　　　B. 推力
   C. 燃料消耗率　　　　　　　　D. 单位推力
2. 下列不属于航空发动机基本要求的是( )。
   A. 活塞式发动机的重量功率比越小越好
   B. 尽可能小的外轮廓尺寸
   C. 燃油的消耗率越大越好
   D. 涡轮喷气发动机的推重比越大越好
3. 活塞式发动机的做功行程指的是( )。
   A. 进气行程　　　　　　　　　B. 压缩行程

  C. 膨胀行程   D. 排气行程

4. 下列叙述错误的是（ ）。
  A. 涡轮喷气发动机由进气道、压气机、燃烧室、涡轮和尾喷管组成
  B. 涡轮喷气发动机根据压气机的型式可分为轴流式和离心式
  C. 涡轮喷气发动机根据发动机转子的结构不同分为单转子式和双转子式
  D. 涡轮喷气发动机压气机的主要作用是降低进入发动机气流的压力

5. 装有内外两个涵道的（ ）称为内外涵发动机。
  A. 涡轮轴发动机   B. 涡轮风扇发动机
  C. 涡轮螺桨发动机   D. 涡轮喷气发动机

6. 活塞式发动机和螺旋桨推进的飞机不能突破"声障"，（ ）的出现解决了这一问题。
  A. 内燃机   B. 蒸汽机
  C. 涡轮喷气发动机   D. 电动机

7. 下列不属于航空喷气式发动机的是（ ）。
  A. 涡轮喷气发动机   B. 冲压喷气发动机
  C. 涡轮轴发动机   D. 活塞式发动机

8. 下列不属于燃气涡轮发动机的是（ ）。
  A. 涡轮喷气发动机   B. 冲压喷气发动机
  C. 涡轮轴发动机   D. 涡轮风扇发动机

9. 下面不属于涡轮喷气发动机主要性能参数的是（ ）。
  A. 功率重量比   B. 单位推力
  C. 推重比   D. 单位燃油消耗率

10. 下面不属于进气道的作用的是（ ）。
  A. 发动机的进气通道   B. 对来流减速
  C. 对来流减压   D. 整理进入发动机的气流

二、填空题

1. 航空动力装置的作用是_____。
2. 单位推力是_____。
3. 涡轮风扇喷气发动机的低压涡轮带动_____转动。
4. 螺旋桨发动机的推进器是_____。
5. 发动机慢车状态的推力为起飞推力的_____。

三、判断题

1. 喷嘴的主要作用是提高燃料的雾化质量，以使燃料与空气充分混合。（ ）
2. 发动机的整流锥主要是为了增加气流的旋转速度。（ ）
3. 涡轮的功用是将燃烧室出口的高温、高压气体的能量转变为机械能。（ ）
4. 活塞式发动机目前主要用于小型低速飞机。（ ）
5. 在活塞式发动机的工作过程中，热能转化为机械能发生在膨胀行程。（ ）
6. 涡轮轴发动机较适合低速飞机。（ ）

7. 活塞式发动机经济性的好坏是以燃油消耗率的大小为标志的。（　　）

8. 气体在燃气涡轮发动机内获得的加速度是由燃油与空气燃烧释放出的化学能转换而来的。（　　）

9. 涡流器的作用是使空气产生旋涡，以便与燃料均匀混合，并在适当部位形成点火源，燃烧室中的气流速度很高，要完成在高速中可靠点火，就要依靠涡流器。（　　）

10. 航空发动机是飞机的大脑，是飞机动力的来源，没有动力，飞机就无法移动。（　　）

第 4 章 飞机机载电子设备

视频：国产飞机航电系统的
迭代升级

视频：国产最高性能电子战机

视频：雷达与光电设备：航空电子
设备中的终极对决

视频：F-35 为什么叫飞行的电脑？

视频：盲飞？不存在的：仪表在飞行导航中的重要性

载人飞行器上的飞行员需要实时了解飞行器的飞行状态、发动机及其他飞机系统的工作状况，以便飞行员按预定目标或计划完成各项飞行任务。而这些飞行状态的参数信息主要来自机载电子设备及其显示系统。

机载电子设备是各种测量传感器、各种显示仪表、导航系统、雷达系统、通信系统、自动控制系统等电子设备的总称。机载电子设备连接飞机的各个系统，类似于人类的大脑、神经系统，可以协助飞行员安全、及时、可靠、准确地操纵飞机，确保各项飞行任务顺利完成等。

本章主要介绍与民航客机有关的飞机机载电子设备及其主要系统。

4.1 仪表

4.1.1 大气数据仪表与系统

视频：飞行员是怎么知道飞机所处的位置和高度的？

1. 气压式高度表

高度信息是飞机测控系统的关键参数之一,因此高度表是飞机不可或缺的仪表设备。准确地测量和选择飞行高度,对充分发挥飞机性能、减少燃油消耗、节约飞行时间和保证飞行安全都有十分重要的意义。气压式高度表(aneroid altimeter)实际上是一种气压计,它通过测量航空器所在高度的大气压力间接测量出飞行高度。

飞行高度是指飞机在空中至某一基准水平面的垂直距离。根据所选基准面不同,航空中使用的飞行高度可分为以下几种(见图4-1):

(1)绝对高度(HA),指飞机到平均海平面的垂直距离。在航图上,固定物体的标高,如机场、高塔和电视天线等,都是用绝对高度来表示的。我国的平均海平面在青岛附近的黄海海域。

(2)相对高度(HR),指飞机到某一个指定水平面(机场)的垂直距离。

(3)真实高度(HT),指飞机距离正下方地表面(如地面、水面或山顶等)的实际高度。该高度随飞机本身的高度和地表面高度的不同而变化。这种高度通常由无线电高度表进行测量,也被称为离地高度(AGL)。

(4)修正海平面气压高度(H_{QNH}),指以修正海平面气压为基准面测得的气压高度。修正海平面气压是按起降机场场面气压推算出来的平均海平面气压。

(5)场面气压高度(H_{QFE}),指以起飞或着陆机场的场面气压为基准面测得的气压高度。

(6)标准气压高度(H_{QNE}),指飞机到标准气压760mmHg平面的垂直距离。

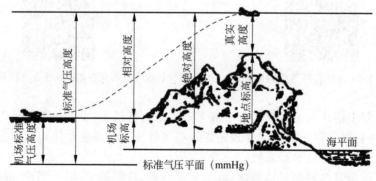

图 4-1 飞行高度类型

气压式高度表根据标准大气条件下高度与静压的对应关系,利用真空膜盒测量静压,从而表示飞行高度。从静压收集器来的静压作用在膜盒外,静压变化时,膜盒产生变形,膜盒的变形量经传送机构带动指针转动,指示出相应的高度,如图4-2所示。例如,当飞机爬升到一定高度后,空气密度减小,膜盒外部压力变小,故此膜盒随之膨胀而产生变形,膜盒中心的位移经传动机构变换和放大后,带动指针沿刻度面移动,指示出与气压相对应的高度数值。

图4-3为气压式高度表表面,按表面刻度上有无高度指标,可将气压式高度表分为不带高度指标和带高度指标两类,图4-3所示为两种不带高度指标的气压高度表,该类高度表的指示部分由指针和刻度盘组成。长指针、短指针、细指针每走一个数字分别为100ft、1000ft、10000ft。图中两表所示高度均为6500ft。

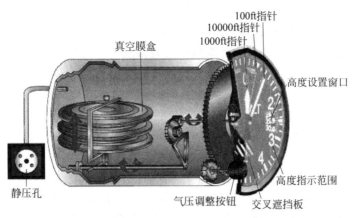

图 4-2　气压式高度表工作原理

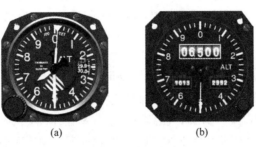

图 4-3　气压式高度表表面

2. 空速表

视频：空速管测量飞机速度的原理是什么？

视频：飞机前面的尖刺有何作用？

空速是飞机相对周围空气的运动速度。测量和显示空速的仪表称为空速表（airspeed indicator），是重要的飞行仪表之一。空速表安装在驾驶舱仪表板上，为飞行员测量和指示飞机相对周围空气的运动速度。飞行员根据空速可以判断作用在飞机上的空气动力情况，从而正确地操纵飞机；根据空速还可以计算地速，从而确定已飞行的距离和待飞时间。常用的空速表有指示空速（即表速）表、真实空速（即真速）表和马赫数表三种。

飞机飞行时，空气相对于飞机运动，在正对气流运动方向的飞机表面上，气流完全受阻滞，速度降至零。在气流受到全阻滞，速度降到零处的压力，叫作全压或总压。全压包括两部分：一部分是由动能转变而成的压力，称为动压；另一部分是气体未受扰动时本身实际具有的压力，称为静压，也就是大气压力。动压和静压之和称为全压。航空中使用的飞机空速可分为以下几种：

（1）指示空速（IAS），即按海平面标准大气条件下的空速和动压关系得到的空速。指示空速反映了动压的大小,即反映了飞行时作用在飞机上的空气动力情况。飞行员根据指示空速,可以保持所需要的迎角飞行。

(2) 校正空速(CAS),即对指示空速修正安装误差和仪表误差后得到的空速。在海平面标准大气条件下,校正空速等于真空速。

(3) 当量空速(EAS),即对特定高度上的校正空速修正空气压缩性误差后得到的空速。高速飞行时,飞机快速通过大气运动,在飞机前方,空气被压缩,产生空气压缩性误差,从而使当量空速低于校正空速。当飞机指示空速低于200kn和高度低于20000ft时,该误差可忽略不计。

(4) 真空速(TAS),即飞机相对于空气运动的真实速度。对当量空速补偿压力和温度误差后得到的就是真空速。在海平面标准大气条件下,校正空速等于真空速。高度增加或空气温度升高,空气密度将降低,因此在给定指示空速的情况下,真空速会随高度的增加而增大。

(5) 马赫数(Ma),即真空速与飞机所在高度的声速之比,飞机跨声速和超声速飞行时,升力系数不仅与迎角有关,还与 Ma 有关,指示空速不再反映空气动力,因此必须利用 Ma 表示。

指示空速与真空速的关系可总结为:指示空速不等于真空速,而是反映了动压的大小,而真空速与动压、静压及气温有关,二者是不同的。如果飞机周围的大气参数符合海平面标准大气条件,指示空速等于真空速。如果保持真空速不变,而飞行高度升高,则一方面空气密度减小,要使动压减小;另一方面,气温降低,空气易于压缩,压缩性修正量增大,要使动压增大。但空气密度比空气压缩性修正量变化得快,因此实际动压变小,指示空速小于真空速。

真空速表在标准大气条件下,感受真定速与动压、静压的对应关系,利用真空膜盒和开口膜盒随动压和静压的变化,指示出飞行的真空速。该类仪表的敏感元件是真空膜盒和开口膜盒。动压增大时,开口膜盒膨胀,使指针转角增大;静压减小时,真空膜盒膨胀,支点向右移动,传动比增大,也使指针转角增大。这种真空速表没有感受气温的传感部分,当外界实际气温不等于标准气温时,将出现气温方法误差。图4-4所示的两种空速表的指示部分由指针和刻度盘组成。该类空速表的刻度盘上涂有不同的颜色标记,以代表不同飞行阶段的速度限制范围和各种极限速度。

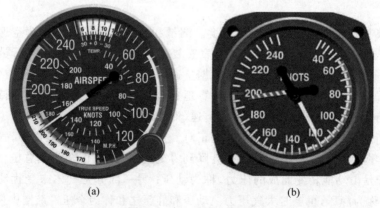

图4-4 真空速表的盘面

指示空速表的测量原理为开口膜盒在动压的作用下产生变形,带动指针指示。指针的转角完全取决于动压的大小,即指示空速的大小。空速大,动压也大,仪表指示就越大;反之,仪表指示越小。由此可见,指示空速表是根据海平面标准大气条件下,空速与动压的关系,利用开口膜盒测定动压,从而表示指示空速,其工作原理如图 4-5 所示。

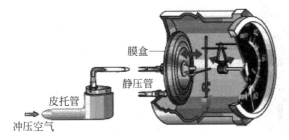

图 4-5　指示空速表的测量原理

3. 升降速度表

单位时间内飞机高度的变化量叫作升降速度或垂直速度。升降速度表(rate of climb indicator)主要用来测量飞机的升降速度。根据升降速度可以计算出飞机在一定时间内上升(或下降)的高度,以及爬升(或下降)一定高度所需要的时间;同时,飞行员根据升降速度表还可以判断飞机是否在平飞。

压力式升降速度表的测量原理如图 4-6 所示。它由开口膜盒、毛细管、指示部分等组成。膜盒内部通过一根内径较大的导管与外界大气连通;膜盒外部即表壳内部,通过一根内径很小的毛细管与外界大气相通。飞机高度变化时,外界气压也发生变化。飞机升降速度越快,气压变化率越大。升降速度表利用毛细管对气流的阻滞作用,把气压变化率转变成为压力差,利用开口膜盒感受压力差,从而测量飞机的升降速度。图 4-7 所示为升降速度表盘面。

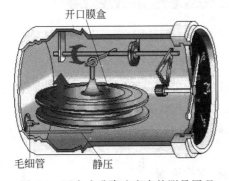

图 4-6　压力式升降速度表的测量原理

图 4-7　升降速度表的盘面

升降速度表的工作原理按不同飞行阶段分析如下:

(1) 平飞。当飞机平飞时,表壳内外的气压相等,膜盒内外没有压力差,仪表指示为零。

(2) 上升。当飞机上升时,外界气压不断减小,膜盒内与表壳中的空气同时向外流动。膜盒内的空气通过粗导管迅速与外界保持平衡。表壳中的空气通过毛细管时,气流受阻,流动较慢,气压减小较慢,高于外界气压,从而产生压力差。飞机上升得越快,压力差越大。受此压力差作用,膜盒收缩,通过传动机构带动指针上指,表示飞机上升。

(3) 上升改平飞。若飞机由上升改为平飞,则外界气压不再变化,膜盒内的气压也不再变化。而表壳中的空气在剩余压力差作用下,逐渐向外流动,经过一定的时间后,表壳中的气压与外界气压相等,膜盒内外压力差等于零,指针回零,则表示飞机平飞。

(4) 下降。飞机下降与上升时的情况相反,其膜盒膨胀带动指针下指,表示飞机下降。

4. 马赫数表

图 4-8 马赫数表的盘面

真空速与飞机所在高度的声速之比称为马赫数(Ma)。当飞机的 Ma 超过临界 Ma 时,其空气动力特性会发生显著的变化,飞机的安全性、操控性将出现一系列变化,此外飞行员根据指示空速表也不能判断飞机所受空气动力情况,而必须测量 Ma。图 4-8 所示为马赫数表盘面。

5. 全/静压系统

全/静压系统(pitot-static system)用来收集并传送气流的全压和静压。全/静压系统由全压管(皮托管)、静压孔、备用静压源、转换开关、加温装置、连接导管等组成,如图 4-9 所示。全压管用于获取探头测量的总压数据,全压管头部一般装有加温元件以防全压管内结冰,其后部有一放水孔。静压孔用于收集传感器当地的静压。大多数飞机上装有备用静压源选择开关,正常静压源通常安装在驾驶舱中。

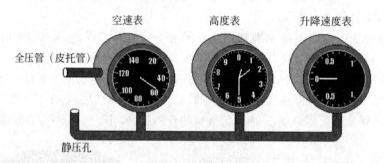

图 4-9 全/静压系统的组成结构

6. 大气数据计算机系统

大气数据计算机根据计算原理的不同可以分为模拟式大气数据计算机和数字式大气数据计算机。目前广泛用于现代飞机上的为数字式或混合式大气数据计算机。

大气数据信息即自由气流的静压、动压、静温、高度、高度偏差、高度变化率、指示空速、真空速、马赫数、马赫数变化率及大气密度等参数,是飞机发动机、飞控系统、自动飞行系统、导航系统、空中交通管制系统及飞行驾驶仪表显示、警告系统等不可缺少的信息。大气数据计算机系统(air data computer system, ADCS)是一种自动计算设备,是现代运输机必需的电子设备之一。其基本特点是利用静压传感器、全压传感器、迎角传感器和总温传感器提供的静压、全压、迎角和总温四个原始参数,采用先进的技术解算并输出大量的大气数据参数,其中最重要的参数有气压高度、指示空速或计算空速、垂直速度、马赫数、真空速、总温和大气静温,如图 4-10 所示。

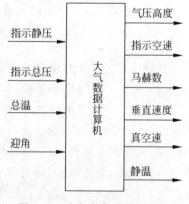

图 4-10 大气数据计算机结构

大气数据计算机系统主要分为三大部分：①传感器测量装置，即静压传感器、动压传感器(或全压传感器)、总温传感器、迎角传感器等；②具有可进行误差修正和补偿的解算部分(解算装置或计算机)；③座舱指示、显示装置及信号输出装置。它们将传感器感受的全压、静压和大气总温进行相应的计算，输出所需的大气数据，送至相应的指示仪表和系统。大气数据计算机除对上述数据进行处理和计算外，还要对静压源误差进行校正(SSEC)，使计算的大气数据更加精确。

4.1.2 姿态仪表

视频：陀螺仪的工作原理

飞机的飞行姿态一般指飞机与地平线之间的关系。测量飞机姿态的仪表主要是指测量飞机姿态角的仪表。这些仪表能为飞行员提供俯仰角、倾斜角和转弯角速度等重要参数的目视信号，或为其他机械设备提供这些参数的电信号。准确地测量飞机的飞行姿态，对正确操纵飞机、保证飞行安全有重要的意义。小型飞机上使用的姿态仪表主要是地平仪和转弯侧滑仪，大中型飞机上则采用姿态基准系统等。

1. 陀螺的原理及其特性

绕一个支点高速转动的刚体称为陀螺。通常所说的陀螺是特指对称陀螺，它是一个质量均匀分布的、具有轴对称形状的刚体，其几何对称轴就是它的自转轴。人们利用陀螺的力学性质所制成的各种功能的陀螺装置称为陀螺仪(gyroscope)。陀螺仪的种类很多，按用途划分，可以分为传感陀螺仪和指示陀螺仪。传感陀螺仪用于飞行体运动的自动控制系统中，作为水平、垂直、俯仰、航向和角速度传感器。指示陀螺仪主要用于指示飞行状态，作为驾驶和领航仪表使用。

陀螺仪分为单自由度陀螺仪和二自由度陀螺仪，前者可用于测量旋转角速度，后者可用于测量角位移。陀螺仪可组成具有不同功能的航空仪表。

(1) 二自由度陀螺仪。二自由度陀螺仪由转子、内框及外框组成，其转子能够绕三个互相垂直的轴自由旋转。转子可绕自转轴旋转，内框可绕内框轴相对外框自由旋转，外框又可以绕外框轴相对支架自由转动，如图4-11所示。自转轴、内框轴及外框轴的轴线相交于一点，称为陀螺的支点，整个陀螺可绕支点做任意转动。二自由度陀螺仪的内框和外框所组成的支架又称为万向支架，能保证自转轴在空间指向任意方向。

(2) 单自由度陀螺仪。单自由度陀螺仪只由转子和内框组成，且转子只能绕两个互相垂直的轴自由旋转，如图4-12所示。

陀螺仪被广泛用于航空、航天和航海领域，主要由于它具有两个基本特性：一个是定轴性，另一个是进动性，这两个特性的具体描述如下：

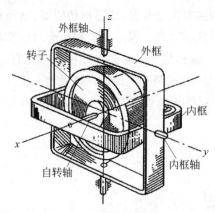

图 4-11 二自由度陀螺仪的结构

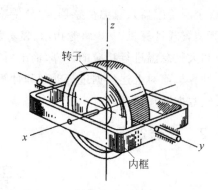

图 4-12 单自由度陀螺仪的结构

(1) 定轴性。当陀螺仪的转子以高速旋转时,在没有任何外力矩作用在陀螺仪上时,陀螺仪的自转轴在惯性空间中的指向保持稳定不变,即指向一个固定方向,同时反抗任何改变转子轴向的力量。这种物理现象称为陀螺仪的定轴性或稳定性。

(2) 进动性。当陀螺转子高速旋转时,若外力矩作用于外环轴,陀螺仪将绕内环轴转动;若外力矩作用于内环轴,陀螺仪将绕外环轴转动,其转动的角速度方向与外力矩作用的方向互相垂直,这种特性叫作陀螺仪的进动性。进动角速度的方向取决于动量矩的方向(与转子自转角速度矢量的方向一致)和外力矩的方向,而且是自转角速度矢量以最短的路径追赶外力矩。

2. 转弯侧滑仪

转弯仪(turn indicator)用来指示飞机转弯的方向,并能粗略地指示转弯角速度的大小。普通的转弯仪是利用陀螺仪的进动性来测量飞机的转弯方向及快慢的(图 4-13)。它由单自由度陀螺、平衡弹簧、空气阻尼器和指示机构等组成。单自由度陀螺的自转轴与飞机横轴平行,内框轴与飞机的纵轴平行,测量轴与飞机立轴平行。当飞机以一定的角速度转弯时,内框进动,带动表盘上小飞机或指针指示。实际上,它测量的是飞机绕立轴转动的情况。

侧滑,是一种飞行的姿态,指飞机的纵轴平面与飞行速度矢量的夹角不为 0,其夹角就是侧滑角,它是确定飞机飞行姿态的重要参数,在飞机上有专门用来测量它的仪表,即侧滑仪(slip indicator)。通常,它并不是一块独立的仪表,而是与转弯仪或地平仪合装在一起的。

侧滑仪的结构非常简单,即在一段弧形玻璃管里放了一只小球,管内还有用于阻尼的液体,如图 4-14 所示。在飞行中,当小球停在中央时,表示没有侧滑;小球偏左,表示左侧滑,以及飞行气流的方向来自左边;小球偏右,说明存在右侧滑。小球偏离中心越多,表示侧滑越严重,或者说侧滑角越大。由于没有数值刻度,所以不能具体指示侧滑角的数值,只能表示侧滑的程度。为了使飞机无侧滑飞行,只要保持小球在中心就可以了。

转弯侧滑仪(turn and slip indicator)实际上是由转弯仪和侧滑仪这两种仪表组合在一起的。典型的转弯侧滑仪的工作原理如图 4-15 所示。图中的指针和刻度盘属于转弯仪,小球和玻璃管属于侧滑仪。当小飞机翼尖或指针对准"L"或"R"标线时,表示飞机以标准角速度(3°/s)转弯。此时飞机转 360°需要 2min。图 4-16 为一个典型转弯侧滑仪的表盘盘面。

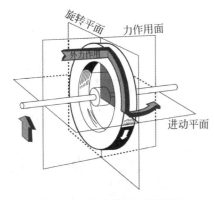

图 4-13 转弯仪的工作原理

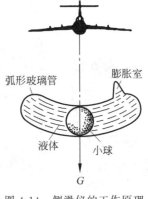

图 4-14 侧滑仪的工作原理

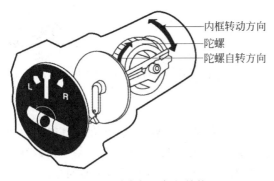

图 4-15 转弯侧滑仪的结构

图 4-16 转弯侧滑仪盘面

3. 地平仪

地平仪,又称为陀螺地平仪(gyro horizon)或者姿态指示仪(attitude indicator),是用来测量飞机仰角和倾斜角的仪表,以表示飞机的飞行姿态。地平仪一般由二自由度陀螺、地垂修正器、指示机构和控制机构等组成。二自由度陀螺是地平仪的基础部分。当仪表正常工作时,自转轴处于地垂线方向,框架轴则作为飞机姿态角的测量轴。地垂修正器是地平仪的修正部分,用来测量地垂线并对陀螺进行地垂线修正。指示机构用来向飞行员提供飞机姿态角的目视信号。

地平仪的指示和认读如图 4-17 和图 4-18 所示。飞机上升(或下降)时,人工地平线下降(或上升),小飞机在俯仰刻度盘上指示的度数代表飞机的俯仰角。飞机向左(或向右)倾斜时,人工地平线向右(或向左)倾斜,倾斜指标在刻度盘上的读数代表飞机的倾斜角。

4.1.3 航向仪表

视频:飞机航向仪的使用

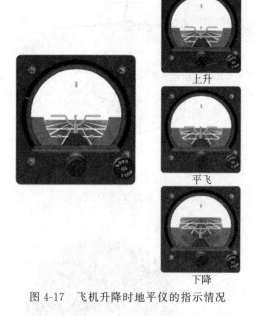

图 4-17　飞机升降时地平仪的指示情况　　　图 4-18　飞机倾斜时地平仪的指示情况

1. 飞机的航向

飞机的航向是指飞机纵轴与经线在水平面上的夹角。简单来说,飞机的航向是指飞机的机头指向。航向角的大小用飞机纵轴的水平投影线(定位线)与地平面上某一基准线之间的夹角来度量,同时规定从基准线的正方向按顺时针至定位线的角度为正航向角。

根据基准线不同,航向分为真航向、磁航向、罗航向、大圆航向和陀螺航向(图 4-19)。测量航向的仪表种类很多,如指南针、磁罗盘、陀螺罗盘等。

(1) 真航向角。真子午线(即地理经线)与飞机纵轴在水平面上的投影线的夹角为真航向角。

(2) 磁航向角。磁子午线(即地球磁经线)与飞机纵轴在水平面上的投影线的夹角为磁航向角。因为磁子午线与真子午线方向不一致而形成的偏差角称为磁差角,并规定磁子午线北端在真子午线北端东侧磁差为正,在西侧为负。磁航向角与真航向角的关系为:真航向角＝磁航向角＋磁差角。

(3) 罗航向角。飞机上存在钢铁磁场和电磁场,它们形成了飞机磁场。将磁罗盘装在飞机上后,其传感器不仅能感受到地球磁场,还感受到了飞机磁场,所以,用磁罗盘传感器测得的航向基准线实际上是地球磁场与飞机磁场两者形成的合成磁场的水平分量方向。磁罗盘测得的这一合成磁场水平分量方向,称为罗子午线或罗经线。该线与飞机纵轴在水平面上的夹角为罗航向角。罗子午线与磁子午线之间形成的夹角称为罗差角,并规定,罗子午线北端在磁子午线北端东侧时的罗差为正,在西侧为负。这样,罗航向角与磁航向角的换算关系是:罗航向角＝磁航向角＋罗差角。

(4) 陀螺航向角。利用三自由度陀螺在惯性空间具有的定轴性,可制成陀螺罗盘,将其陀螺自转轴置于水平位置,作为航向基准线。它所指示的航向称为陀螺航向。把它的刻度盘 0°线置于磁子午线上,所指航向称为陀螺磁航向;若把 0°线置于真子午线上,则指示航向为陀螺真航向。

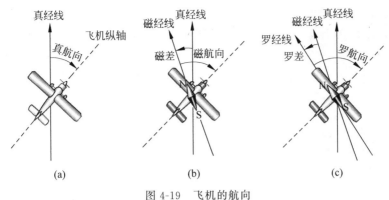

图 4-19 飞机的航向
(a) 真航向；(b) 磁航向；(c) 罗航向

2. 磁罗盘

磁罗盘(magnetic compass)的基本工作原理是利用了自由旋转的磁条自动跟踪地球磁场的特性来测量飞机的航向,如图 4-20 所示。在磁条上固定着环形刻度盘,刻度盘的 0°~180°线与磁条方向一致。航向标线固定在表壳上,代表飞机纵轴。飞机改变航向后,磁条始终稳定在罗经线方向,表壳随飞机转动。因此航向标线在刻度盘上所指的角度就是飞机纵轴与罗经线在水平面上的夹角,即罗航向角。

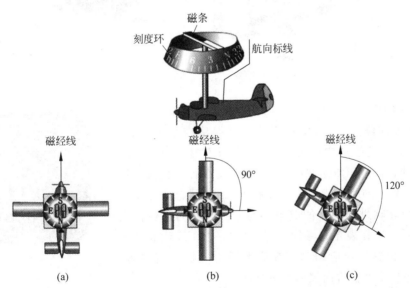

图 4-20 磁罗盘的基本工作原理
(a) 罗航向角 0°；(b) 罗航向角 90°；(c) 罗航向角 120°

航空磁罗盘有两种基本类型：①直读式,其优点是简单可靠,但因装在磁干扰较大的驾驶舱内,故罗差较大。②远读式,即把磁罗盘改成磁航向传感器,安装在驾驶舱外,而将检测到的磁航向信息远距离传送给航向指示器并加以显示。它的优点是可把磁传感器安装在飞机上磁干扰较小的位置,如翼尖、尾翼等处,以减小罗差。这两种磁罗盘的共同缺点是：在飞机做非匀速飞行或转弯、盘旋时,由于磁敏感元件偏离水平面而受到地磁垂直分量的作用会产生较大的加速度误差和转弯误差；磁罗盘不适宜在磁性异常地区和高纬度地区使用。

图 4-21 磁罗盘盘面

图 4-21 为典型的磁罗盘的表盘盘面。

3. 陀螺半罗盘

陀螺半罗盘（directional gyro）又称陀螺方向仪，是利用二自由度陀螺稳定性工作的仪表，用于测量飞机的转弯角度，经过校正，还可以指示飞机的航向。由于这种仪表不能独立自动找北，必须与其他罗盘配合工作，故称为半罗盘。陀螺半罗盘主要由二自由度陀螺、刻度盘、航向指标、水平修正器和方位修正器等组成，如图 4-22 所示。

二自由度陀螺仪的外框轴与飞机的立轴平行，轴上固定有

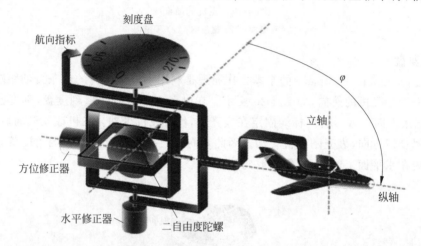

图 4-22 陀螺半罗盘的基本工作原理

0°～360°航向的刻度盘；水平修正器装在陀螺的外框轴，产生作用于外框轴的修正力矩，使自转轴始终保持在水平状态。方位修正器装在陀螺的内框轴上，产生作用于内框轴的修正力矩，使自转轴稳定于航向基准线位置（即使自转轴相对于地球的方位不变）；同时又能在人工控制下，给陀螺施加方位控制力矩，使自转轴进动到新的航向基准方位。航向指标代表飞机的纵轴，固定在表壳上，刻度盘上的 0°～180°线代表航向基准线，航向指标所对应的刻度盘读数即为飞机的航向角。图 4-23 为陀螺半罗盘方向仪的表盘盘面。

图 4-23 陀螺半罗盘方向仪盘面

4. 陀螺磁罗盘

如前所述，磁罗盘能够独立测量飞机航向，但稳定性差；陀螺半罗盘稳定性好，但不能独立测量飞机航向。而陀螺磁罗盘（gyro magnetic compass）结合了两者的优势，它既能测量飞机的磁航向，也能测量转弯角度。

陀螺磁罗盘的简单原理是由磁传感器感应地球磁场，以此来测量飞机的磁航向，并利用磁电位器输出航向信号控制方位陀螺仪的航向输出，使指示器指示出飞机的磁航向。方位陀螺仪既是磁传感器的"指示器"，又是指示器的传感器。图 4-24 为几种陀螺磁罗盘方向仪的表盘盘面。

图 4-24 陀螺磁罗盘方向仪盘面

4.2 通信系统

视频：飞机上为什么要手机关机或打开飞行模式？

民航客机的机载通信设备大体分为两类：一类负责机外通信联络，如飞机与地面之间、飞机与飞机之间的相互通信；另一类用于机内通信，如进行机内通话、旅客广播、记录话音信号及向旅客提供视听娱乐信号等。下面介绍一下飞机上的主要机载通信设备。

4.2.1 高频通信系统

高频(HF)覆盖的通信频段为 3～30MHz，其发射信号为 HF SSB/AM，可用频率范围为 2.000～29.999MHz，通道间隔为 1kHz(0.001MHz)。HF 通信系统的主要优点是系统能够提供超视距通信，但 HF 通信会受到信号传播方法的影响。

HF 通信主要有两种传播方法，即空间波和地面波，如图 4-25 所示。空间波传播方式依靠的是地球和电离层之间的单径或多径反射直至到达目的地。其中，电离层的表现性能极易受到地球的辐射，特别是太阳辐射的影响。众所周知，频繁的太阳黑子活动对于电离层作为反射体进行信号传播的能力具有极其不利的影响；此外，电离层也会受到时间和其他大气条件的影响。因此，空间波作为一种传播方法，会受到多种环境的不利影响，信号会衰退甚至有时不可用。

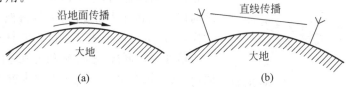

图 4-25 高频(HF)通信系统的信号传播
(a) 地面波；(b) 空间波

地面波传播方法依靠的是电波随着地球曲率直至到达目的地的传输能力。与空间波一样,地面波偶尔也会受到大气条件的严重影响。因此,尽管下面将描述 HF 数据链对于这些不利因素具有更好的抗干扰能力,但 HF 语音通信系统有时可能被破坏并被证明不可靠。

当飞机与地面通信站之间的距离超过视距范围时,HF 通信系统是飞机跨越海洋和荒漠进行远距空地通信的主要方式。为了保证系统的可用性,多数远程民用飞机装备有两套 HF 设备。

4.2.2 甚高频通信系统

甚高频(VHF)语音通信是民用飞机上使用最多的通信方式。在航空领域,VHF 频段工作于 118.00~135.975MHz,通道间隔通常为 25kHz(0.025MHz)。VHF 接收机只具有视距接收能力,没有 HF 传输的品质,不具备空间波和地面波的特性,故其视距传输特性受到无线电天线塔和飞机高度的影响。

VHF 传输也会受到地形,如连绵的山脉等的影响。这些视距限制同样也适用于工作在更高频段的设备。这意味着 VHF 通信系统和其他工作于 VHF 或 VHF 以上频段的设备,如导航设备甚高频全向信标(VOR)和测距仪(DME),只能在发射机覆盖充分的地方使用,即大多在大面积覆盖的陆地上使用。多数远程民用飞机装备有三套 VHF 设备,其中一套设备通常分配用来进行 ARINC ACARS 传输。

HF 通信和 VHF 通信都有一个"选择呼叫"的特点。它使得地面控制员能对每一架飞机进行选择性控制。如果地面控制员希望与一架飞机以一个选定频率建立通信,控制员将选择一个专门和该架飞机联系的代码,并能以一个处于机组人员监视中的已知频率启动无线电收发机。一旦飞机接收到编码的选择呼叫信息,就将信息进行解码;如果探测到正确的编码序列,机组人员就会收到一个视觉或听觉告警信号,机组人员就可同地面控制站进行正常通信。

4.2.3 卫星通信系统

简单地说,卫星通信就是地球上的无线电通信站间利用卫星作为中继而进行的通信。卫星通信系统由卫星和地球站两部分组成。卫星通信的特点是:通信范围大;只要在卫星发射的电波所覆盖的范围内,在任何两点之间都可以进行通信;不易受陆地灾害的影响(可靠性高);只要设置地球站电路即可开通(开通电路迅速);同时可在多处接收,能经济地实现广播、多址通信(多址特点);电路设置非常灵活,可随时分散过于集中的话务量;同一信道可用于不同方向或不同区间(多址连接)。卫星通信的工作原理如图 4-26 所示。

卫星通信简称为 SATCOM,是航空与航天通信中的重要组成部分。飞机和 INMARSAT 星座之间通过 L 波段上行链路和下行链路进行双向通信,远程地面站和 INMARSAT 星座之间以 C 波段上行链路和下行链路进行双向通信。这样,经由卫星就形成了飞机和地面站及目的地之间的通信通道。同样,地面站和飞机之间也是如此。因此,只要飞机在卫星的覆盖区域内就可进行通信。

机载 SATCOM 终端的发射频率范围为 1626.5~1660.5MHz,接收频率范围为 1530.0~1559.0MHz。当 SATCOM 启动后,机载射频单元(RFU)就会对存

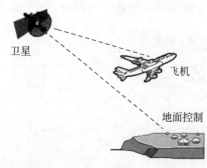

图 4-26 卫星通信的工作原理

储的频率集进行扫描,然后对卫星传输进行定位。只要飞机登录地面站网络,地面站就能够对飞机进行定位,随之,飞机和用户之间就可以进行通信了。

4.2.4 空中交通管制应答机

空中交通管制(ATC)应答机作为一种帮助识别单架飞机和给飞机安全飞越受管制空域提供便利的装置,允许地面监视雷达对飞机进行询问和对数据进行解译。这样,雷达就可以跟踪一架特定飞机并和其建立相关联系。ATC应答机的工作原理如图4-27所示。基于地面的一次监视雷达(PSR)发射雷达能量后,飞机将对该能量进行反射,雷达接收到反射能量就可以探测到飞机。这就使得飞机返航过程,包括与飞机位置相对应的飞行距离和方位角显示在ATC控制台上。与一次雷达的工作一样,一部二次监视雷达(SSR)先发射一系列的询问脉冲,机载应答机接收后返回另一不同系列的脉冲,返回脉冲中给出了飞机的相关信息,包括飞机的标识和飞行高度。如果PSR和SSR通过协同校准实现同步,那么雷达的返回信号和飞机应答机的信息都会在ATC控制台上显示。因此,控制员就可以在收到雷达返回信号的同时知道飞机的标识和高度。

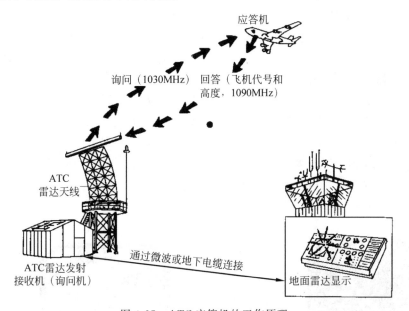

图 4-27 ATC应答机的工作原理

4.3 导航系统

视频:如果没有GPS和北斗卫星,飞机和导弹执行任务,靠什么导航?

视频:中国北斗全球导航系统有多强?全球137个国家签署合作协议。

导航是引导飞机达到预定目的地的过程。导航系统测量飞机的位置、速度、航迹、姿态等导航参数,供驾驶员或自动飞行控制系统引导飞机按预定的航线航行。下面介绍一下主要的导航机载设备。

4.3.1 自动定向仪(ADF)

自动定向仪(automatic direction finder,ADF)是最早应用的无线电导航系统,为使用ADF导航,飞行员要把接收装置调谐到被称为无方向无线电信标(non-directional beacon, NDB)的一个地面台。自动定向仪是依靠飞机上环形天线的方向特性来测定电台相对方位的,典型设备的工作频率为190~1750kHz;自动定向仪具有结构简单、使用维护方便、价格低廉等优点,同时可利用众多的民用广播电台为飞机定向,因此在目前是一种常用的导航系统。

ADF系统由地面设备和机载定向仪两部分组成。地面设备主要是地面导航台,由中波发射机、发射天线及一些辅助设备组成,安装在每个航站和航线中,不断向空间发射无方向性的无线电信号。而机载定向仪包括自动定向接收机、控制盒、方位指示器、环形天线和垂直天线。

导航指示由一个印刷了方位角的刻度盘和一个绕刻度盘旋转且指向接收机所调谐台的指针组成。一些ADF的刻度盘可以旋转,这样就可以把方位角和飞机的航向对齐;其他的是固定的,以0°表示机头,180°表示机尾。ADF的指示器有多种形式:第一种是以飞机纵轴为基准从指示器顶部标线为0°开始,顺时针转动的角度即是飞机到地面NDB台的相对方位。如果仪表盘是固定的,一般就称为"无线电罗盘"(如运-5飞机);如果仪表盘可以人工转动,则称为单针ADF指示器(图4-28)。第二种是无线电磁指示器(radio magnetic indicator,RMI),这种指示器的刻度盘是活动的,由罗盘系统或惯性基准组件驱动,这时自动定位定向仪指针相对于刻度盘上的读数就是电台磁方位(图4-29)。第三种是将方位信息送至电子飞行仪表系统(electronic flight instrument system,EFIS),并在电子水平状态指示器(horizontal situation indicator,HSI)上显示出来。

图4-28 单针ADF指示器

1—方位指针2;2—航向刻度盘;3—航向标线;4—航向警告旗;
5—选择按键2;6—方位指针1;7—选择按键1。

图4-29 双针RMI

4.3.2 甚高频全向信标(VOR)

甚高频全向信标(VHF omnidirectional range,VOR)是一种近程无线电测角导航系统,其工作频段为 108.00~117.95 MHz 的甚高频段。VOR 发射机发送的信号有两个：一个是相位固定的基准信号；另一个信号的相位随着围绕信标台的圆周角度连续变化，也就是说各个角度发射的信号的相位是不同的。向 360°（指向磁北极）发射的信号与基准信号是同相的（相位差为 0），而向 180°（指向磁南极）发射的信号与基准信号相位差 180°。飞机上的 VOR 接收机根据所收到的两个信号的相位差就可以计算出自身处于信标台向哪一个角度发射的信号上。

机载 VOR 接收系统由接收天线、控制盒、甚高频接收机和指示器组成。机载 VOR 系统通常使用的指示器有：无线电磁指示器（RMI），无线电方位、水平状态指示器（HSI），偏航指示器（course deviation indicator，CDI），如图 4-30 和图 4-31 所示。

图 4-30　水平状态指示器（HSI）

图 4-31　偏航指示器（CDI）

4.3.3　测距仪（DME）

测距仪（distance measuring equipment，DME）系统是一种能直接测量由询问器到某个固定应答器距离的二次雷达系统，是目前民用飞机上普遍装备的一种无线电测距系统,采用脉冲测距方法，以 960~1215MHz 的频率来确定飞机离一个指定地面站的距离。其基本工作原理是：机载设备发射一个脉冲信号，地面设备接收到该信号后返回给机载设备一个应答信号。机载设备根据发射信号和接收到应答信号的时间差，就可以结合无线电波的速度算出飞机与地面台站的距离。

DME 系统由机载设备和地面信标设备组成。地面信标设备包括应答器、监视器、控制单元、机内测试设备、天线和电键器。应答器是 DME 系统地面信标设备的主要组成部分，由接收机、视频信号处理电路和发射机组成，接收机的作用是接收、放大和译码所接收的询问信号；发射机的作用是产生、放大和发送回答脉冲对。机载 DME 设备主要包括询问器、控制盒、距离指示器和天线。其中距离指示器是指示飞机到地面信标台的斜距，以海里为单位；在某些距离指示器上，还显示有计算的地速和到达地面信标台的时间。DME 信标可以同时服务于多架飞机，通常一次可以处理多达 200 架飞机的请求。DME 的准确度为±3%或±0.5n mile(1n mile≈1852m)。

4.3.4　仪表着陆系统（ILS）

仪表着陆系统（instrument landing system，ILS）又译为仪器降落系统，是目前应用最为广泛的飞机精密进近和着陆引导系统。它的作用是由地面发射的两束无线电信号实现航向道和下滑道指引,建立一条由跑道指向空中的虚拟路径,飞机通过机载接收设备,确定自身与该路径的相对位置,使飞机沿正确方向飞向跑道并且平稳下降高度,最终实现安全着陆。

根据仪表着陆系统地面台的精度和机载接收设备的分辨能力及机场的净空条件、跑道视程等因素,国际民航组织将仪表着陆系统分为三类,用跑道视程(runway visual rang,RVR)和决断高度/高(decision altitude/height,DA/H)两个量来表示。ILS Ⅰ类的标准是:跑道视程550m,决断高度/高60m。

仪表着陆系统地面台包括提供航向道的航向信标(localizer,LOC)、提供下滑坡度的下滑信标(gligdeslope,GS)、提供距离引导的指点信标(mark beason,MB)三个系统,如图4-32所示。

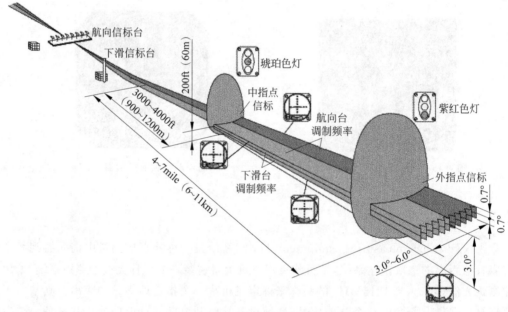

图4-32 仪表着陆系统(ILS)

4.3.5 全球定位系统(GPS)

全球定位系统(global positioning system,GPS)是一种结合卫星及通信发展的技术,利用导航卫星进行测时和测距的系统,如图4-33和图4-34所示。

GPS由三部分组成:①地面控制部分,包括地面控制站的基础设施、监视站和对系统进行控制的地基天线;②空间部分,包括卫星星座,目前由24颗卫星组成,是卫星网络的基础;③用户设备部分,包括所有用户。

1) 地面控制部分

地面控制部分由一个主控站、5个全球监测站和3个地面控制站组成。监测站均配装有精密的铯钟和能够连续测量到所有可见卫星的接收机。监测站将获取的卫星观测数据,包括电离层和气象数据,经过初步处理后,传送到主控站。主控站从各监测站收集跟踪数据,计算出卫星的轨道和时钟参数,然后将结果送到3个地面控制站。地面控制站在每颗卫

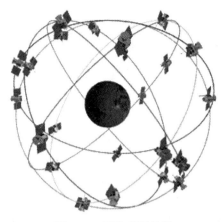
图 4-33　GPS 卫星导航

图 4-34　GPS 卫星导航原理

星运行至上空时,把这些导航数据及主控站指令注入卫星。这种注入对每颗 GPS 卫星每天进行一次,并在卫星离开注入站作用范围之前进行最后的注入。如果某地面站发生故障,那么在卫星中预存的导航信息还可用一段时间,但导航精度会逐渐降低。

2) 空间部分

GPS 的空间部分由 24 颗工作卫星组成,位于距地表 20200km 的上空,均匀分布在 6 个轨道面上(每个轨道面 4 颗卫星),轨道倾角为 55°。此外,还有 4 颗有源备份卫星在轨运行。卫星的分布使得在全球任何地方、任何时间都可以观测到 4 颗以上的卫星,并能保持良好定位解算精度的几何图像,这就提供了在时间上连续的全球导航能力。GPS 卫星产生两组电码:一组称为 C/A 码另一组称为 P 码。P 码因频率较高,不易受干扰,定位精度高,因此受美国军方管制,并设有密码,一般民间无法解读,主要为美国军方服务。C/A 码人为采取措施刻意降低精度后,主要对民间开放使用。

3) 用户设备部分

用户设备部分即 GPS 信号接收机,其主要功能是能够捕获到按一定卫星截止角所选择的待测卫星,并跟踪这些卫星的运行。当接收机捕获到跟踪的卫星信号后,即可测量出接收天线至卫星的伪距离和距离的变化率,解调出卫星轨道参数等数据。根据这些数据,接收机中的微处理计算机就可以按定位解算方法进行定位计算,计算出用户所在地理位置的经纬度、高度、速度、时间等信息。接收机硬件和机内软件及 GPS 数据的后处理软件包构成完整的 GPS 用户设备。GPS 接收机的结构分为天线单元和接收单元两部分。

4.3.6　空中交通告警和防撞系统(TCAS)

空中交通告警和防撞系统(TCAS)是安装于中大型飞机的一组电脑系统,用以防止飞机在空中互撞。TCAS 可显示邻近飞机与自己飞机的间距与航向,若是与别架飞机的距离或航向有相撞的危险,TCAS 会用声音及显示警告飞行员,此称为 resolution advisory (RA),并且会用语音指示避撞的动作,如"爬升!爬升!爬升!""下降!下降!下降!"另一架飞机若有装 TCAS,也会有同样的警告发出。TCAS 的显示器可以与导航显示器 (navigation display,ND)整合在一起,也可以与即时垂直速度指示器(instantaneous vertical speed indicator,IVSI)整合,这样上升或下降时便可显示垂直速度。

TCAS 主要由询问器、应答机、收发机和计算机组成。监视范围一般为前方 30n mile,上、下方为 3000m,在侧面和后方的监视距离较小。TCAS 的询问器发出脉冲信号,这种无线电信号称为询问信号,与地面发射的空中雷达交通管制信号类似。当其他飞机的应答器接收到询问信号时,就会发射应答信号。TCAS 的计算机根据发射信号和应答信号间的时间间隔来计算距离,同时根据方向天线确定方位,为驾驶员提供信息和警告,这些信息已显示在驾驶员的导航信息显示器上。

TCAS 分为两类:TCAS Ⅰ 和 TCAS Ⅱ。两类系统都可以显示与地图类似的空中交通情况。当其他飞机接近时,两类系统都可以提供"空中交通报告(或咨询、建议)"(TA)。采用 TA 方式时,预先录制的声音会播报"Traffic、Traffic",而表示其他飞机的符号则可改变形状和颜色。TCAS Ⅱ 是更先进的 TCAS,具有被称作"处理建议"(RA)的附加功能,建议驾驶员执行必要的机动来避让其他飞机。通常 RA 在飞机离最接近点 15~35s 发出,与告警信号相应的解决冲突符号也会一起显示。当问题最终解决时,TCAS Ⅱ 发出"冲突解决"信号。TCAS 的采用提高了飞行的安全性,目前新生产的大、中型客机上 TCAS 已成为标准装备。

拓展阅读

(一)
【黑龙江伊春空难事故原因及其技术分析】

孙缨军[1] 李永平[2]

(1 中国民航上海航空器适航审定中心上海;2 上海工程技术大学飞行学院上海)

1. 伊春空难事故回顾

2010 年 8 月 24 日 21 时 38 分 08 秒,河南航空有限公司机型为 ERJ-190、注册编号为 B-3130 号的飞机执行哈尔滨至伊春的 VD8387 班次定期客运航班任务,在黑龙江省伊春市林都机场 30 号跑道进近时,在距离跑道 690m 处(北纬 47°44′52″、东经 129°02′34″)坠毁,部分乘客在坠毁时被甩出机舱。机上乘客共计 96 人,其中儿童 5 人。事故造成 44 人遇难,52 人受伤,直接经济损失 30891 万元。

2. 伊春空难的原因

国务院已经批复《河南航空有限公司黑龙江伊春"8·24"特别重大飞机坠毁事故调查报告》,2012 年 6 月 28 日予以发布。该事故已经结案,报告指出了此次事故的直接与间接原因。

此次事故有三点直接原因:

(1) 机长违反河南航空《飞行运行总手册》的有关规定,在低于公司最低运行标准的情况下,仍然实施进近。

(2) 飞行机组违反民航局《大型飞机公共航空运输承运人运行合格审定规则》的有关规定,在飞机进入辐射雾,未看见机场跑道、没有建立着陆所必需的目视参考的情况下,仍然穿越最低下降高度实施着陆。

(3) 飞行机组在飞机撞地前出现无线电高度语音提示,且在未看见机场跑道的情况下,仍未采取复飞措施,继续盲目实施着陆,导致飞机撞地。

此次事故还有四点间接原因:

(1) 河南航空安全管理薄弱,飞行技术管理问题突出。
(2) 深圳航空对河南航空投入不足、管理不力。
(3) 有关民航管理机构监管不到位。
(4) 民航中南地区空中交通管理局的安全管理存在漏洞。

3. 伊春空难事故技术分析

针对事故的原因,本文对伊春空难事故进行更加详细的技术分析。

1) 进近分析

伊春林都机场因未安装仪表着陆系统,所以没有精密仪表进近程序,只有非精密仪表进近程序,具体为:30号跑道有 VOR/DME 程序,12/30号跑道各有一套 NDB/DME 程序。机组当时选用的正是30号跑道的 VOR/DME 进近程序,详见图1。

2) 机场能见度分析

从机场的 METAR 能见度报告中可以看到事故发生阶段的能见度有一个骤降的变化。事故发生时间为2010年8月24日21时38分08秒,分析21点到22点的伊春天气情况,仅看能见度报告,就很清楚地知道从21点到22点,也就是事故发生时段的1h之内,伊春的能见度从8000m直降到1000m,能见度下降得非常厉害。天气恶化,伊春机场又处在山谷之中,地形极为复杂,VOD/DME 进近程序的能见度标准从进近图上看是2300。事故当时的能见度很可能降到了标准以下,依照相关规定,机组理应在能见度无法满足条件的情况下,终止进近与降落,但从结果来看,他们并没有这么做。

3) 机场 MDH 分析

VOR/DME 进近的最低标准包括最低下降高度/高(MDA/H)和能见度(VIS)两个要素,而这两者本身之间的关系也是密不可分的(图2)。

如果在横排灯外有超过7盏进近灯,即进近灯光长度超过:

$$300m + 60 \times 7m = 720m$$

那么最低能见度应该是看到横排灯,就是跑道外300m一定同时可以看到7盏进近灯,则最低能见度公式应该是:

$$VIS = (MDH - 15)/G - 300$$

其中,G 是最后进近下降的梯度,15是过跑道入口高15m,$(MDH-15)/G$ 就是进近航迹 MDH 高度距跑道入口的水平距离,$(MDH-15)/G-300$ 就是进近航迹 MDH 高度距横排灯的水平距离,如图2所示。下滑角度3°的斜线距离和水平距离可视为相等。所以 $VIS=(MDH-15)/G-300$ 就意味着在进近航迹的 MDH 高度可以看到横排灯和至少7盏进近灯,因为横排灯外有超过7盏进近灯,符合97部第85条的规定。

如果横排灯外没有7盏进近灯,最低能见度公式应该是:

$$VIS = (MDH - 15)/G - 300 + 60 \times (7 - N)$$

其中,N 表示横排灯以外的进近灯数。如横排灯以外只有5盏进近灯,那么7-5=2,意味着除看到横排灯以外还需看到横排灯以内(靠近跑道方向,不含与横排灯一行的那一个进近灯)的2盏进近灯,所需额外能见度 $60 \times 2m = 120m$。如果横排灯外有超过7盏进近灯,显然可以当 $60 \times (7-N)$ 这一项等于0,那么这个公式可以与前面的公式合并,最后,简易进近灯光最低能见度公式可以统一为:

$$VIS = (MDH - 15)/G - 300 + 60 \times (7 - N)$$

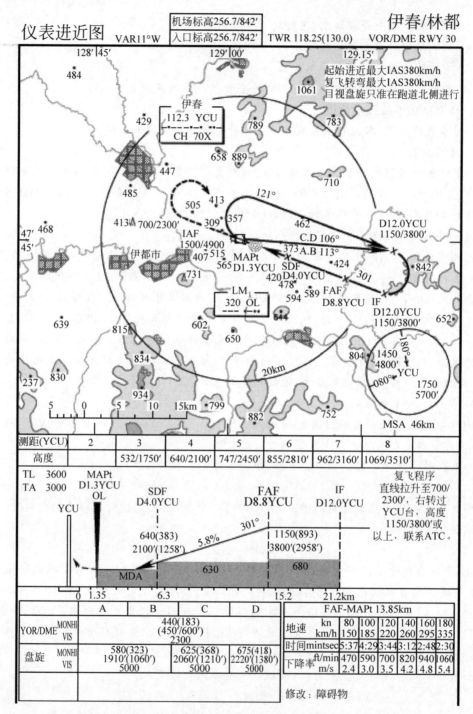

图 1 伊春机场 VOR/DME 进近图

最终最低理论能见度公式应该是:

$$VIS = (MDH - 15)/G - 300 + Y \times (7 - N)$$

其中,MDH 是最低下降高度,G 是最后进近下降的梯度,Y 是进近灯光的间距,N 表示横排灯以外的进近灯数量。

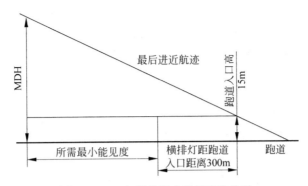

图 2　MDH 与所需最小能见度的关系

从飞行事故的过程中可以看到有一段时间是事故发生的关键所在,即 21 时 33 分 50 秒至 21 时 37 分 31 秒。在这一段时间内飞机穿越了最低下降高度 440m。然而经事后调查,此时飞机依然在辐射雾中,机长未能看见机场跑道。显而易见,这是绝对不允许的。在 21 时 37 分 52 秒,飞机实际距伊春机场 1.6n mile,高度 335m,比标准进近垂直剖面低 47m。在距离机场仅有 1.6n mile 的情况下,飞机的下降速率很可能达到了 150m/min。在这样的下降率情况下,飞机竟然比标准的进近垂直剖面低了 47m,这将如何改变飞机的着陆时间呢?

由 $T=H/V_h$ 可得

$$47m/150m/min=0.31min$$

由此可见,飞机将提前近 20s 接地,而这样的后果是十分危险的,如果飞机继续保持这样的下降率与速度,将完全无法在跑道上降落。如果飞机强行减速并降低下降率,将大大增加飞机失速的危险,在这样的高度如果飞机失速,毫无疑问是无法再改出的,等待他们的只有一个结果,那就是机毁人亡。更致命的是,此时飞行员们竟然还没有看到跑道,这无疑让人感到十分遗憾。

4) 进近下降梯度分析

在非精密进近程序中一般都会公布最后航段的下降梯度,利用下降梯度和飞机当时的地速,就可以得到飞机所需要的下降率(图 3)。如果下降梯度不变,则下降率和地速成正比,即

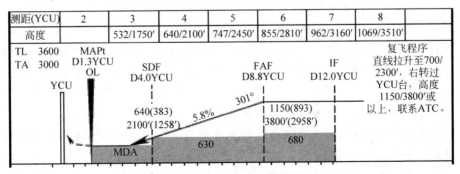

图 3　林都机场 VOR/DME 进近标准下降梯度

$$下降率(V/S) = 地速(G/S) \times 下降梯度$$

同时,当海拔上升1000ft,在静风条件下飞机的真空速大约增加2%。真空速增加了,相应地,地速也增加。因此,飞机所对应的下降率也要增加。另外,下降梯度也和高距比成正比,即

$$高距比(H/L) = 下降梯度 \times 0.6$$

伊春机场VOD/DME程序的下降梯度是5.8%,飞机当时的地速是140kts,那么飞机需要的下降率(V/S)和高距比(H/L)分别是:

$$下降率(V/S) = 140\text{kts} \times 5(\%) = 700(\text{ft/min})$$
$$高距比(H/L) = 5.8(\%) \times 0.6 = 3.48$$

如果程序只有下滑角而没有给出下降梯度,我们也可以根据下降梯度和下滑角的关系换算得到:

$$梯度(\%) = 下滑角(GP) \times 1.75$$

机组需要根据公布的程序,通过下降梯度算出飞机所需的下降率和高距比,从而做好非精密进近的下降计划和准备,同时,在最后进近阶段利用高距比的换算,通过飞机的DME读数得出飞机的高度偏差,从而修正飞机的下降。在伊春空难中,机组显然并没有提前对飞机的下降率、高距比等做好提前计算,导致在飞机下降到最低下降高度以下之后仍然没有做出应有的修正补救。

4. 伊春空难适航性分析

显然,伊春空难与飞机的设计无关,其主要责任在于飞行员本身,即人为因素。有统计数据表明,超过2/3的航空事故是与人相关的,也就是说,即使飞机系统都很好,操纵飞机的人(飞行员/飞行机组)仍然会犯错误(绝大多数是无意的),最终导致事故的发生。

然而在中国民航适航规章25部中,没有关于人为因素的适航条款。EASA于2007年率先在其适航标准第3次修订时,增加了人为因素的专门条款CS-25.1302。FAA于2013年也在其137号修正案中增加了FAR-25.1302条款,对驾驶舱人为因素符合性验证的总体思路做出规划,明确了在符合性验证工作中针对飞机系统集成水平、复杂性和新颖度特点的重点关注要素。到目前为止,仅有空客A350飞机是按照最新的人为因素条款进行型号审定的民用飞机。伊春空难可以认为ERJ-190飞机并未进行人为因素适航性认证,但这是从设计和制造角度考量的,其原因并不重要,因为在本次空难中,更多的是飞行员本身主观意识引起的,即人自身的因素问题。

墨菲定律指出,人总是会犯错误的。既然人的差错无法根除,驾驶舱设计就必须提供有效的手段控制差错。显然,驾驶舱在设计时对于伊春空难这种并不符合着陆条件的情况,有适当的警告和报警。如果能够在设计上从以下方面避免飞行员的主观差错,则对于飞行安全更为有利:

(1) 能使飞行机组发现差错并从差错中恢复。

(2) 确保飞行机组差错对飞机功能或性能的影响于飞行机组而言是显而易见的,且可以进行持续安全的飞行和着陆。

(3) 通过使用开关保护、互锁装置、确认操作或相似的方法减少飞行机组犯错的可能性。

(4) 通过系统逻辑和/或冗余、鲁棒或容错系统设计来降低或消除差错的影响。

另外,航空公司也需要持续不断地强化飞行员遵守飞行手册等规章的意识,加强培训和管理,经常交流飞行经验,使飞行员从思想和技术上尽快成长。

5. 结论

通过本文的技术分析,对伊春空难有了更加深刻的认识,那么,如果从飞行员的角度看,怎么做才能避免这起事故呢?答案是复飞,在上述任意一个条件没有满足时,飞行员都应当选择复飞而并非强行降落。

思考题

1. 试分析未建立 ILS 盲降系统所引起的危害性在该类案例中的具体体现。
2. 试总结该类导航设备或系统失效所引起的飞机失事的原因及其应对措施。

(二)

【苏霍伊-100 飞机事故原因及其技术分析】
中国商用飞机有限责任公司民用飞机试飞中心　张冶　刘颖

1. 苏霍伊-100 飞机事故回顾

2019 年 5 月 5 日,俄罗斯当地时间 17 时 50 分,一架隶属于俄罗斯国际航空公司的苏霍伊超级 100 型客机(SSJ-100)从谢列梅捷沃机场起飞,前往俄罗斯西北部城市摩尔曼斯克。飞机起飞后不久,机组人员"察觉异常",决定返回起飞机场。18 时 30 分,这架客机在谢列梅捷沃机场紧急降落。迫降时,飞机左侧发动机起火,客机共载有 78 人,疏散在 55s 内完成,33 名乘客和 4 名机组人员从火场中逃生,另外 40 名乘客及 1 名空乘工作人员不幸遇难,如图 1 所示。

图 1　苏霍伊-100 飞机事故现场

2. 苏霍伊-100 飞机事故原因

此次事故有以下直接原因:

(1)雷击。飞机起飞后不久遭遇雷击,破坏了飞机上的电子设备,包括自动控制系统及无线电接收装置。

(2)重着陆。飞机在几乎没怎么消耗航空煤油的情况下,进入了"超重着陆"程序,重着陆造成了起落架损毁。

(3)应急撤离。当飞机撞向地面起火时,一些乘客仍试图把自己的行李从行李架上拖出去,这使得后舱乘客很难撤离,因而在火灾中丧生。

3. 苏霍伊-100 飞机事故技术分析

针对事故原因,本文对苏霍伊-100 飞机事故进行更加详细的技术分析。

1) 雷击分析

雷击对飞机带来的损伤包括直接效应和间接效应。直接效应即为对飞机结构的击穿、熔化等；间接效应包括由电源系统上的浪涌电压造成的过压击穿、远程断路器跳闸或电气设备扰动，以及闪电强度变化产生的电磁场造成电子设备故障或失效。如图2所示，机头是雷击的重点区域，此处有雷达等航电设备被击中后可能导致航电系统设备损伤。

强对流天气带来的雷暴、冰雹、极端气流是所有飞机的天敌。因此，飞行员在做飞行前准备时都会仔细查看气象报文、气象云图，对航路中哪些区域存在或潜在强对流天气做到心中有数。事实上，并不是只有飞机一头扎进云团才会遭遇雷击，在云团外围绕飞时也有一定的概率遭遇雷击。因此，对于一架飞机尤其是托起诸多生命的民航客机而言，防雷是众多安全性能中极其重要的一环。

■ 雷击最可能发生的区域，也称初始附着区域
▨ 雷击可能发生的区域，也称扫掠冲击区域
□ 雷击发生可能性最小的区域

图 2 飞机雷击区域

闪电防护有以下几条原则：
（1）闪电放电只会造成局部损伤。
（2）雷击放电必须被限制在飞机的外表面。
（3）在雷击进入点到雷击离开点之间应具有良好的电连接。

根据以上原则，飞机闪电防护有以下设计思路：
（1）采用导电能力好的材料制造主机身。
（2）通过在复合材料的表面加铜网的方式增加机身的导电性。
（3）对闪电电流可能进入的部分通过电搭接的方式进行闪电防护。

2) 着陆分析

超重着陆也称"重着陆"，是指飞机以超过机体结构限制最大着陆质量的着陆，苏霍伊-100飞机的相关指标见表1，其设计的最大着陆质量为41t。

表 1 苏霍伊-100 飞机指标

飞机型号	SSJ 100-95b
最大起飞质量（MTOW）	45880kg（101148lb）
最大着陆质量	41000kg（90390lb）
最大载重	12245kg（26996lb）
最大燃油容量	10600kg（23369lb）

本次事故中飞机起飞后不足半个小时即返航紧急降落，在未充分消耗燃油且载有78名人员的情况下，以超过最大着陆质量41000kg进入"超重着陆程序"。过大的下降率在第一次触地时就给主起落架造成了不可挽回的损伤，短暂弹跳后的二次触地彻底摧毁了主起落架，塌缩入机身的起落架刺穿了机身龙骨内的油箱，金属在跑道上剧烈摩擦的高温与火花点燃了航空燃油。

SSJ-100属于座位不满100座的支线客机，且满足FAR25.1001条所提出的全发工作及单发停车着陆爬升时的爬升率要求,飞机具有足够的复飞越障能力,根据条款要求飞机制造商可以选择不设计空中应急放油系统。也正因为如此,非极端情况下因故返场的客机都会在机场上空盘旋消耗掉一部分燃料,以减轻自身重量为安全着陆创造良好条件。然而在发生起火、机舱发现烟雾、机组旅客突发急性病症时,客机必须执行降落。

客机刚刚起飞没多久便紧急返航,既来不及盘旋消耗燃料,也容不得分毫让机场救援队伍对着陆场进行布置,最终导致重着陆后起火。

3)应急撤离分析

SSJ-100飞机客舱共有4个应急出口(前登机门、前服务门、后登机门、后服务门),SSJ-100飞机触地后机身后部起火,乘员只能从前登机门和前服务门离机,俄航声明37名幸存者耗时55s撤离飞机。

同时,初步调查显示,当飞机撞向地面起火时,一些乘客惊慌失措地想把自己的行李从行李架上拖出去,这使得后舱乘客很难撤离,最终造成他们在火灾中丧生。虽然空乘人员在起飞前都要对乘客进行安全演示,但在极端情况下,乘客还是会下意识地保护个人财物,却没想到会对他人的生命造成威胁。

4. 苏霍伊-100飞机事故适航性分析

1)闪电防护适航性分析

本次事故的起因为雷电电击导致的航空电子设备失效,因此飞机的闪电防护重要性不容小觑,飞机设计应满足CCAR25.581"闪电防护"、25.954"燃油系统的闪电防护"、25.981"燃油箱点燃防护"、25.1316"系统闪电防护"的要求,通过表2中的多种验证方式来表明对以上条款的符合性。其验证项目包括复合材料方向舵雷击试验、垂尾整流罩后缘雷击试验、翼梢小翼闪电防护试验、"航电、电源、主飞控、襟/缝翼控制、起落架、发动机"闪电间接防护实验等。

表2 闪电防护符合性验证方法

条款/要求	验证方法
25.581(a)	MOC1、7
25.581(b)	MOC1、4
25.581(c)	MOC1、4
25.954(a)	MOC1
25.954(b)	MOC1、2、4、7
25.954(c)	MOC1、2、4、7
25.981(a)(3)	MOC1、2、4、7
25.981(d)	MOC1
25.1316(a)	MOC1、3、5
25.1316(b)	MOC1、3
25.1316(c)	MOC1、2、4、9

符合性方法编号说明:0—符合性声明;1—说明性文件;2—分析/计算;3—安全评估;4—试验室试验;5—地面试验;6—飞行试验;7—航空器检查;8—模拟器试验;9—设备合格性。

2)应急放油适航性分析

多数情况下,如果飞机在起飞后因故障要求立即着陆,那么此时的着陆质量就会超过飞机的最大着陆质量,为了减轻飞机质量,达到安全降落的质量,就要进行空中放油。

实际上,无论飞机设计空中放油系统与否,都属于常规的设计,与其他的强制性"应急系统"设置,具有本质的区别。因为此系统的投入使用需要受到空域、飞行姿态、时间决断等因素的限制,并不是所有飞机都需要加装空中放油系统。

20世纪60年代,喷气式客机初期按照条款CAR-4b(美国民航适航要求)的要求:"飞机最大起飞质量大于最大着陆质量的105%,飞机必须设置空中放油系统。"当时很多飞机设计了空中放油系统,典型客机如B707、DC-8等。随后问世的B737-100、DC-9-10等机型都能满足105%的指标要求,因此均未设计空中放油系统。

但是,随着对民用飞机商载要求的不断提高及推进技术的不断进步,一方面,民用飞机的吨位不断增加,导致飞机的最大起飞质量(MTOW)和最大着陆质量(MLW)之间的差值不断增大,符合105%的指标变得越发困难。例如,B777-200ER飞机的最大起飞质量与最大着陆质量的差值约为50t,B747-400飞机的差值约为100t,而空客A380-800飞机的差值已超过了150t。另一方面,发动机出现故障要求立即返场的概率变小,如果按照之前的条款要求设置空中放油系统,这势必会增加飞机质量、制造及航空公司的运营成本。

在保证飞机安全的前提下,FAA权衡再三后将CAR-4b条款修改为如今25.1001条款中对特定状态下飞机爬升率(复飞越障能力)的要求,而不是简单地以MTOW和MLW的比值作为是否设计空中放油系统的标准,将是否设计空中放油系统的决定权还给飞机制造商。

3) 应急撤离适航性分析

根据CCAR-25部中25.803"应急撤离"的规定,对于客座量大于44座的飞机,必须标明其最大乘坐量的乘员能在90s内在模拟的应急情况下从飞机撤离至地面。SSJ-100飞机客舱共有4个应急出口(前登机门、前服务门、后登机门、后服务门),从设计的角度来说已满足条款对于应急撤离的要求,但由于事发时机身后部起火,乘员只能从前登机门和前服务门离机,且有乘客未按要求撤离依然携带行李,导致后舱乘客撤离不及时。

5. 结论

通过本文的技术分析,对苏霍伊-100飞机事故会有更加深刻的认识。飞行机组在处置上已尽力做到将事故后果的严重程度降到最低,因此后续在关于飞机设计适航条款和符合性验证上应考虑飞机极端情况下是否仍有可挽回的余地,同时乘客也应加强自身的公共安全意识,遵守法规的要求,在应急撤离时按要求快速撤离。

思考题

请对本次空难的原因进行讨论。

(三)

【B787蓄电池事故原因及其技术分析——锂电池】

中国商用飞机有限责任公司民用飞机试飞中心 卜兆文 吴静涛

锂电池具有能量密度高、工作电压高、自放电率低、循环寿命长、充放电效率高、工作温度范围宽、环境污染小等特点,应用范围也从民用消费领域扩展到了航空航天领域。波音公司在使用先进的大容量高功率锂电池方面较为领先,其B787客机于2011年将锂离子电池作为主蓄电池及辅助动力装置的蓄电池装机使用,成为全球首款在飞机关键系统中采用锂电池技术的民用客机。

1. B787 锂电池事故回顾

2013年1月7日,一架停在波士顿娄根机场停机坪上的日航B787客机,机身后部的辅助蓄电池因过热导致起火(图1),机场消防队花了一个多小时才将火扑灭。事后检查发现,不仅电池和壳体损坏严重,泄漏的电解质和炽热气体使得半米以外的机体结构也受到损坏。美国交通安全调查局(简称NTSB)调查发现,局部钢结构存在汽化后冷凝的迹象,这说明电池燃烧时的局部温度可能高达3000℃。

1月16日,另一架全日空的B787客机从山口飞往东京成田机场,在即将达到巡航高度时,飞行员在驾驶舱闻到了刺鼻的烟味,仪表板上的警告灯也显示电池故障。飞机立刻在高松机场紧急降落,所幸机上129名乘客和8名机组人员通过紧急出口和充气滑梯安全逃生(图2)。事后检查发现,前机身驾驶舱下电子舱中的主电池过热烧毁,导致壳体严重损坏。

图1 日航B787客机后机身冒出浓烟

图2 全日空B787客机因电池起火而紧急降落

日航和全日空立刻宣布所有B787客机停飞,FAA也随即宣布所有在美国注册的B787客机停飞,这是1979年后FAA首次下令特定的民航客机停飞。在日本和美国相继停飞后,世界其他国家也迅速跟进。至此,全球B787客机全部就地停飞,被迫散布在17个机场,其中最多的是东京成田机场,这里有日航和全日空的11架B787客机。B787客机的后续交付也全部停止。到4月中旬,波音公司积压了至少25架B787客机不能交付,其中20架在华盛顿州的艾弗莱特工厂,另有5架在南卡罗来纳州的查尔斯顿工厂。

2. B787锂电池着火的原因

两次电池起火都不在电池放电工作期间，日航B787客机是在停机坪上"无所事事"期间，全日空B787客机是在空中飞行期间。电池用于在地面和空中启动发动机，或者在地面发动机停车后提供地面辅助作业用电，这增加了飞机的飞行重量。为了以最小的空间和重量实现最大的蓄电量和放电电流，波音公司选用了先进的锂电池，这可以节约30%的重量。B787机有两组锂电池，各自质量约为28.5kg，各含有8块4V的电池芯，串联后达到32V电压，可提供75A·h的电力（图3）。

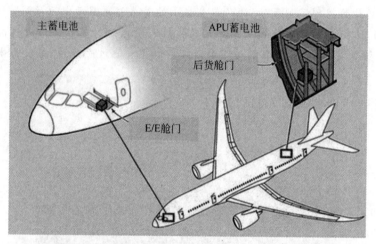

图3 B787客机的锂电池安装位置（来源：百度）

传统客机基本使用镍镉电池，相比于锂电池，镍镉电池的体积大、重量大、蓄电量和放电电流不足、充电慢。与更大的B777的镍镉电池相比，B787的锂离子电池采用8芯，电压达到32V，而B777的镍镉电池采用20芯，电压才为24V，质量达到48.5kg，但放电电流只有16A·h（B787的两块锂离子电池加起来可达150A·h）。另外，镍镉电池有记忆效应，如果长期充满电，可用容量会越来越小，需要定期深度放电然后再深度充电。镍镉电池的使用已经越来越少了，锂电池在笔记本电脑中大量使用，在一些新的电动汽车中也开始使用，事实上已经全面取代了镍镉电池。但新技术有新问题，锂电池容易起火，笔记本电脑甚至手机里锂电池莫名其妙着火的事情多有发生。更有甚者，一架美国UPS的B747-400F货机在装运锂电池时，货舱起火，在迪拜坠机；另一架国亚航空的B747-400F在太平洋上空也遭遇到同样的噩运。两次坠机前，机组在最后失去联系之前都报告机舱里发生浓烟烈火。

锂的化学性质很活泼，一旦起火很难扑灭。锂电池在过度放电后，再次充电时会充不进电，电能不能转换为储藏的电化学能，而是转化为热能，造成电池过热，并且锂过热后有温度飞升的问题，一旦温度达到一定限度，锂会自身产生热，导致温度进一步升高，直至起火。波音公司采用的钴酸锂离子电池，由日本GS汤浅公司制造（图4）。NTSB的调查发现，在日航电池事件中，火焰首先在6号电池芯发生，然后蔓延到其他电池芯，温度高达253℃，而钴酸锂的燃点是190℃。在前述锂电池起火导致货机坠机的事件中，起火的是锂金属电池。锂离子电池要相对安全一些，但依然有自身起火的风险。锂离子电池为了提高效率，需要把电池芯紧密放置，这样一旦起火，很容易蔓延，从而发生连锁反应。由于锂和水会发生激烈反应，电解液不能用阻燃性好的水基，而是用阻燃性较差的非水基。另外，长期反复充放电后,金属锂会析出,成为细微的金属颗粒,时间久了,可能促成电极之间短路。

图 4　GS汤浅锂电池部的 8 个电池芯(来源:百度)

2006 年为 B787 制造充电系统的 Securaplane 公司在亚利桑那州图桑的厂房里测试 GS 汤浅公司制造的锂离子电池,发生过热,导致电解液外泄和厂房起火,1000 m^2 的厂房付之一炬。波音公司声称这是电池测试设置不当,不是电池和充电系统的原因。

3. B787 客机着火适航性分析

对于飞机上的蓄电池,审查方制定了一系列的规章,用于监督主制造商,以保障飞机安全。中国民用航空局 CCAR-25 部中对蓄电池也提出了一些要求,25.1307(b)要求开展负载分析,表明电源系统可向相应的负载提供足够的电功率,其中就包含蓄电池。25.1353 要求蓄电池逸出的易爆或有毒气体在飞机内的积聚不会到达危险的程度,蓄电池可能逸出的腐蚀性液体或气体不会损坏周围的飞机结构或邻近的重要设备,蓄电池短路发出的热量不会危及结构或重要系统。在任何可能的充电或放电状态下,单体蓄电池的温度和压力必须保持在安全范围之内。当蓄电池(在预先安全放电之后)重新充电时,单体蓄电池的温度不得有不可控制的升高。每个镉镍蓄电池装置必须有措施防止蓄电池或某个单体蓄电池短路时所放出的最大热量危及结构或重要系统。因此需开展蓄电池系统充放电功能和性能验证(考虑所有可能的充放电条件)、蓄电池故障包容能力验证。25.1351(d)要求通过飞行试验来验证应急电源系统能够保障飞机安全飞行和着陆。但锂电池作为一种全新的设备产品,由于缺乏适当的技术标准和认证依据,FAA 在认证 B787 客机的锂离子电池时遇到了很大的难题,最后制定了 9 条特别规定,最主要的是电池过热不得超过每 1000 万飞行小时一次,其他规定还包括在任何情况下不得有有毒烟雾进入机舱、不得发生电解液泄漏和不得损坏邻近机体结构等条款。如果说日航事故还可以用第一次偶然的小概率事件解释,9 天后的全日空事故就难以用小概率事件来推脱了。到那个时候,B787 的累计飞行小时才 52000h,已经发生两次过热。事实上,有毒烟雾、电解液泄漏和损坏邻近机体结构条款也没有得到满足。

波音公司在设计中采用了很多手段,确保满足 FAA 的 9 条特别规定。波音公司为电池组设计了坚固、耐热的壳体,保证在起火的情况下,也能阻止火灾蔓延。在试验中,波音公司高度加热壳体,可以导致一组电池芯过热(图 5),但无法使得电池芯之间发生连锁反应。GS 汤浅公司在短路试验中,往电池芯里打入铁钉以模拟最坏情况,也无法引起过热和连锁反应。波音公司的电池壳体还有泄放系统,万一电池过热,产生的有毒烟雾可以自动泄放出去,不致进入机舱。在波音公司的安全分析中,只有过度放电后的不当充电是过热和连锁反应的唯一可能。波音公司的充电控制系统十分复杂先进,NTSB 的调查表明,事故期间,充电电压没有超过设计指标。NTSB 在事故调查中也发现,两次事故中都有电池发生短路(图6),说明铁钉试验没有反映实际上的最坏情况。另外,在这两起事故中,电池壳体都被烧毁,并且在1月16日的事故中,烟雾进入了驾驶舱。

图 5　单组电池芯(来源:百度)　　图 6　NTSB 调查发现电池有内部短路的迹象(来源:百度)

4. 结论

虽然波音公司根据 FAA 条款对锂电池采取了很多保证安全的措施,但在运行初期就频繁出现锂电池起火事故,这也从侧面印证了波音公司作为主制造商并未对锂电池进行充分的安全设计及验证。FAA 作为审查方,虽然针对锂电池这样的新设备装机制定了一系列的条款要求,但并未从监管审查的层面提前发现 B787 飞机上锂电池的潜在问题。因此,对于锂电池在民用飞机上的应用,不论是哪个环节,均不可掉以轻心。

思考题

1. 民航飞机上的锂电池有哪些种类?共有几块?
2. 本文 B787 飞机的锂电池为什么存在潜在问题?

(四)

【由 B737-MAX 空难引起的飞行记录技术分析——飞行记录系统】
中国商用飞机有限责任公司民用飞机试飞中心　王曼　莫兴智

1. 两起空难事故回顾

2018 年 10 月 29 日,一架印尼狮航集团的 JT610 航班坠机,机上共载有 189 人,全部遇难(图 1)。为调查事故原因,搜救队对机上的黑匣子进行紧急打捞,2018 年 11 月 1 日和 2019 年 1 月 14 日,飞机上的两部黑匣子相继被打捞上来,2019 年 10 月 25 日,依据被打捞上来的黑匣子中的数据,印尼国家交通安全委员会公布了狮航客机坠海空难调查报告,报告显示失事的客机防失速机动特性增强系统设计和认证没有充分考虑飞机失控的可能性。波音公司未能向飞行员提供有关增强系统的任何信息,导致机组人员在危急时刻无法及时了解面临的情况,且失事航班的两名飞行员应变能力不足。

2019 年 3 月 10 日,埃塞俄比亚航空公司一架 B737-MAX8 客机从首都亚的斯亚贝巴起

图 1　印尼狮航航班空难现场图

飞,飞机起飞后不久在距首都约 45km 的比绍夫图坠毁,机上载有 149 名乘客和 8 名机组人员,全部遇难,其中有 8 名中国乘客(图 2)。3 月 11 日 18 时,机上的黑匣子找到,用以对空难原因进行调查。2019 年 4 月 4 日,依据黑匣子的调查结果,埃塞俄比亚交通部公布调查报告,报告显示失事客机飞行员在机头反复出现不受控朝下的情况后,多次根据紧急情况下的程序试图操控飞机,但客机仍然失控。

图 2　埃航航班坠机现场图

2. 飞行记录系统介绍

　　由两起空难事故原因的调查可以看出,黑匣子能为调查飞行事故原因提供最直接、最有效的帮助。然而黑匣子到底是飞机的什么设备,对于飞机的作用,以及对飞行事故的作用是什么呢?

　　黑匣子并非像名字一样,外观是黑色的,黑匣子外观颜色是橘色的,如图 3 所示。为了便于事故后搜寻,表面还贴有反光标识,便于夜间对黑匣子进行搜寻,因为有些黑匣子遭遇火烧,外观呈现黑色,所以被称为"黑匣子"。黑匣子是飞行记录系统的俗称,包括两个核心记录部分,分别为飞行数据记录器和驾驶舱语音记录器。顾名思义,飞行数据记录器用来记录飞机的飞行数据,驾驶舱语音记录器用来记录飞机的驾驶舱语音信息。通常飞机上安装飞行数据记录器和驾驶舱语音记录器各一部。

　　最早在飞机上安装飞行记录器的构想,是在 20 世纪 50 年代提出的,因为飞行记录系统的外壳由很厚的钢板和多层绝热防冲击保护材料构成,具有极强的抗火、耐压、耐冲击震动、

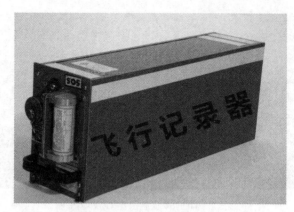

图3 飞行记录器(来源:百度)

耐海水浸泡、抗磁干扰等能力,即便飞机已完全损坏,飞行记录器里的记录数据也能完整保存。飞行记录系统最初的作用是帮助调查飞行事故,随着技术的发展,飞行记录系统也被用于其他方面,主要包括:

(1) 记录飞行过程中的数据和语音,可再现事故发生前和发生时的过程,对于事故原因调查、定性及善后处理起决定性的作用。

(2) 监控飞行员的日常训练,帮助提升飞行员的飞行能力。

(3) 用于飞机故障诊断和维护,及时帮助地面维护人员发现飞机故障,并采取有效措施,提升飞行安全。

3. 飞行记录系统技术分析

飞行记录系统的架构一般由飞行数据记录器、驾驶舱语音记录器、区域放大器、三轴加速度计和水下定位信标等组成。其中飞行数据记录器和驾驶舱语音记录器是整个飞行记录系统的核心部分。

1) 飞行数据记录器

飞行数据记录器记录的数据并非随机的,CCAR-91-R2部《一般运行和飞行规则》中对飞行数据记录器记录的数据有具体的参数要求,但飞行数据记录器需记录的数据较少,且大多为与飞行状态相关的数据,如高度、空速、航向等。但是大多数现代飞机的飞行数据记录器记录的数据远比适航规章中要求记录的数据多得多,且数据涉及飞机的较多系统。如B737-800飞机上的飞行数据记录器记录的数据有1500多个参数,空客A380上的飞行数据记录器记录的数据可达2800多个。所有类型的飞行数据记录系统能保留运行过程中至少最后25h所记录的信息,且在飞机正常的运行过程中无须机组干涉,飞行数据记录器满足开启和停止逻辑后,可自动开启和停止数据记录。

2) 驾驶舱语音记录器

驾驶舱语音记录器用于记录驾驶舱机组成员之间的语音通信和驾驶舱环境噪声,驾驶舱语音记录器有3个机组通道话筒和1个区域话筒。通常可持续记2h或多于2h的语音数据,自2007年1月1日起,要求所有飞机应在飞行记录器上记录所有发送和接收的数据链通信。驾驶舱语音记录器的记录功能也无须机组干涉,当满足启动/停止逻辑时,驾驶舱语音记录器可自动开启/停止记录,并且涵盖抹音功能,可在地面抹除所记录的语音数据。

3) 水下定位信标

水下定位信标,用于飞机坠入水下时对飞行记录系统的定位。水下定位信标是一个自带电池、在水下能够激活的声学定位信标,可为水下搜寻飞行记录系统提供声波定位。

4) 三轴加速度计

飞行记录系统配有独立的三轴加速度计,其目的是获取飞机法向、横向、纵向加速度参数并记录。

5) 区域放大器

为配合实现驾驶舱语音记录功能,驾驶舱顶板上安装了一个区域放大器。区域放大器的功能是接收驾驶舱内包含机组人员话音在内的背景声音。

4. 飞行记录系统适航性分析

CCAR25.1459 和 CCAR25.1457 是对针对飞行数据记录器和驾驶舱语音记录器提出的适航规章条款,其内容从飞行数据记录器和驾驶舱语音记录器的设计与构造、系统与功能、防火和安全性、使用限制等方面提出了具体的适航要求。

1) 飞行数据记录器适航性分析

针对飞行数据记录器,CCAR25.1459 提出的不同适航性要求有不同的验证方法,表 1 是飞行数据记录器的符合性验证方式。

表 1 飞行数据记录器的符合性验证方法

条款/要求	验证方法
25.1459a(1)	MOC1、MOC6、MOC9
25.1459a(2)	MOC1、MOC2、MOC7
25.1459a(3)	MOC1、MOC2
25.1459a(4)	MOC1、MOC5、MOC7
25.1459a(5)	MOC1、MOC5
25.1459a(6)	MOC1、MOC6、MOC9
25.1459a(7)	MOC1
25.1459a(8)	MOC1
25.1459b	MOC1、MOC2、MOC7
25.1459c	MOC1、MOC2、MOC5、MOC6
25.1459d(1)	MOC1、MOC7
25.1459d(2)	MOC1、MOC7
25.1459d(3)	MOC1、MOC7、MOC9
25.1459e	MOC1、MOC2、MOC6

编号说明:0—符合性声明;1—说明性文件;2—分析/计算;3—安全评估;4—试验室试验;5—地面试验;6—飞行试验;7—航空器检查;8—模拟器试验;9—设备合格性。

25.1459a(1)是对飞行数据记录器记录的数据及记录数据参数准确度的要求,可通过系统设计描述、飞行试验及设备检定试验表明飞行数据记录器能获得空速、高度和航向数据,且符合相应的准确度要求。通过在系统设计描述中说明飞行数据记录器需记录哪些数据,以及记录的方式、数据记录的准确度等,尤其要说明记的空速、高度和航向数据,这些数据符合第 25.1323 条、第 25.1325 条和第 25.1327 条相应的准确度要求。飞行数据记录器通过飞行试验,在飞行完成后下载飞行数据记录器记录的数据,对飞行数据和相应的测试参数进行对比,验证所记录的空速、高度和航向等参数满足第 25.1323 条、第 25.1325 条和第 25.1327 条相应的准确度要求。

25.1459a(6)要求飞行数据记录器具有能够记录确定的同空中交通管制中心进行每一次无线电联络时间的手段,通过飞行试验,通过机上或地面试验人员记录每一次机上与交通管制中心联络的时间,采用飞行后下载飞行数据记录器记录的参数与记录的联络时间进行对比的方式,验证飞行数据记录器具有能够记录确定同空中交通管制中心进行每一次无线电联络时间的手段。

25.1459c 是验证飞行数据记录器记录的空速、高度和航向读数同正驾驶员仪表上相应读数之间的相互关系,此关系必须覆盖空速范围、飞机的高度限制范围和360°航向范围。通过系统描述、飞行试验表明已确定飞行数据记录器的空速、高度和航向读数关系,且此关系已覆盖空速范围、飞机的高度限制范围和360°航向范围。

25.1459e 要求飞行数据记录器对飞机的任何新颖或独特设计或使用特性进行评价,以决定是否有专用参数必须记录在飞行数据记录器中以增加或代替现有要求。验证此条款内容,可通过说明性文件描述飞机上使用的任何新颖或独特的设计,然后通过飞行试验后下载飞行数据记录器记录的数据,验证飞机上对应的新颖或独特设计相关的参数记录在飞行数据记录器中。

2) 驾驶舱语音记录器适航性分析

第25.1457条从对驾驶舱语音记录器的安装、记录的声音、数据链信息、抹音装置、安装及外观等方面提出了适航性要求。表2是驾驶舱语音记录器的符合性验证方式。

表2 驾驶舱语音记录的符合性验证方式

条款/要求	验证方法
25.1457a(1)	MOC1、MOC6、MOC9
25.1457a(2)	MOC1、MOC6、MOC9
25.1457a(3)	MOC1、MOC6、MOC9
25.1457a(4)	MOC1、MOC6、MOC9
25.1457a(5)	MOC1、MOC6、MOC9
25.1457a(6)	MOC1、MOC5、MOC6、MOC9
25.1457b	MOC1、MOC2、MOC6
25.1457c	MOC1、MOC6
25.1457d(1)	MOC1、MOC2
25.1457d(2)	MOC1、MOC5
25.1457d(3)	MOC1、MOC5
25.1457d(4)	MOC1
25.1457d(5)	MOC1、MOC2、MOC3、MOC5、MOC7、MOC9
25.1457d(6)	MOC1、MOC2
25.1457e	MOC1、MOC2、MOC7
25.1457f	MOC1、MOC7
25.1457g(1)	MOC1、MOC7

续表

条款/要求	验证方法
25.1457g(2)	MOC1、MOC7
25.1457g(3)	MOC1、MOC7、MOC9
编号说明：0—符合性声明；1—说明性文件；2—分析/计算；3—安全评估；4—试验室试验；5—地面试验；6—飞行试验；7—航空器检查；8—模拟器试验；9—设备合格性	

25.1457a(1)~(6)是对驾驶舱语音记录器在使用不同系统通话、不同声源及数据链通信内容的记录要求，可通过飞行试验，在试验结束后下载驾驶舱语音记录器记录的语音信息，通过专用软件进行回放，验证驾驶舱语音记录器记录的语音信息满足适航条款的要求，并通过说明性文件表明驾驶舱语音记录器记录的语音信息满足适航条款的要求。

25.1457b是对驾驶舱内区域话筒的适航性规定，要求区域话筒能够记录正、副驾驶员工作中进行的对话，以及驾驶舱内其他机组成员面向正、副驾驶员工作位置时的对话，且通过分析/计算区域话筒安装在能够记录适航条款中要求的语音信息的最佳位置。本条款内容可通过飞行试验进行验证，试验结束后下载驾驶舱语音记录器记录的语音信息，通过专用软件进行回放，验证驾驶舱语音记录器记录的语音信息满足25.1457b的要求，并通过说明性文件表明区域话筒安装在最佳位置，且满足25.1457b的要求。

25.1457c要求驾驶舱语音记录器将机组成员及区域话筒的通话内容记录在不同通道上，对于本条款的验证也可通过飞行试验进行验证，通过飞行试验，下载驾驶舱语音记录器记录的语音信息，通过专用软件，验证不同通道的语音信息被记录在不同的通道上，并且通过说明性文件表明，驾驶舱语音记录器记录的语音信息满足25.1457c的要求。

5. 结论

通过本文的技术分析，对飞行记录系统的作用、功能、系统架构及适航性的验证方法均有相对深入的理解。飞行记录系统是飞机上不可或缺的系统之一。

思考题

民航飞机上有几块黑匣子，分别是什么？

本章小结

本章介绍了飞机机载电子设备的基本概念及其分类，以及飞行仪表、飞机通信系统和飞机导航系统三类航空电子设备的工作原理和仪表显示。重点阐述了民用航空相关的全/静压仪表、大气数据计算机系统、陀螺仪表、通信设备和导航设备等知识。同时还结合有关航空电子设备失效或误操作的案例阅读，通过分析突出了航空电子设备在保证飞行安全方面重要性。

复习与思考

1. 简述飞机机载电子设备的定义。
2. 简述飞行高度的分类。
3. 简述高度表、空速表及升降速度表的工作原理。
4. 简述全静压系统工作原理。

5. 简述大气数据计算机的工作原理。
6. 简述陀螺仪的定义。
7. 简述陀螺仪的工作原理。
8. 简述陀螺仪的两大特性。
9. 简述转弯侧滑仪工作原理。
10. 请叙述地平仪的工作原理。
11. 简述飞行航向的分类。
12. 简述磁罗盘的工作原理。
13. 简述陀螺半罗盘的工作原理。
14. 请叙述陀螺磁罗盘的工作原理。
15. 简述高频通信系统的工作原理。
16. 简述甚高频通信系统的工作原理。
17. 简述 ATC 应答机的工作原理。
18. 请叙述 TCAS 的工作原理。
19. 简述 ADF 自动定向仪的工作原理。
20. 请简单介绍一下全球定位系统 GPS。

本章习题

一、单项选择题

1. 把飞机、导弹、宇宙飞行器、舰船等运动物体从一个地方(如出发点)引导到其目的地的过程叫作(　　)。
    A. 归航　　　　　　　　　　　　　B. 出航
    C. 导航　　　　　　　　　　　　　D. 领航
2. 气压式高度表是利用(　　)来测量飞行高度的。
    A. 标准大气压力与速度的函数关系　　B. 标准大气压力与温度的函数关系
    C. 标准大气压力与湿度的函数关系　　D. 标准大气压力与高度的函数关系
3. 高速旋转的陀螺转子具有力图保持其转子轴在惯性空间内的方向稳定不变的特性,这就是(　　)。
    A. 陀螺的进动性　　　　　　　　　B. 陀螺的漂移率
    C. 陀螺仪的不确定性　　　　　　　D. 陀螺的定轴性
4. 我国的导航系统是(　　)。
    A. 全球定位系统(GPS)　　　　　　B. 全球导航卫星系统(GLONASS)
    C. "北斗"双星导航定位系统　　　　D. "伽利略"导航卫星系统
5. 热电偶传感器测得的是(　　)。
    A. 温度　　　　　　　　　　　　　B. 压力
    C. 密度　　　　　　　　　　　　　D. 速度
6. 气压式高度表是利用(　　)原理来测量高度。
    A. 在地球重力场中,大气压力随高度的增加而减小
    B. 伯努利方程

C. 压力导致膜片电阻发生变化
D. 温度导致膜片电阻发生变化

7. 空速是指（　　）。
   A. 飞机相对地面的速度　　　　　　B. 气流的速度
   C. 飞机相对机场的速度　　　　　　D. 飞机相对前方气流的速度

8. 自动驾驶仪中的敏感元件相当于飞行员的（　　）。
   A. 眼睛　　　　B. 大脑　　　　C. 手　　　　D. 脚

9. 下面不是 TCAS 的功能的是（　　）。
   A. 提供告警　　　　　　　　　　　B. 具备防撞功能
   C. 提供告警和防撞功能　　　　　　D. 地面也能使用

10. 飞机离正下方物体的高度称为（　　）。
    A. 绝对高度　　　　　　　　　　　B. 相对高度
    C. 标准气压高度　　　　　　　　　D. 真实高度

二、填空题

1. 飞行状态参数包括_____和_____。
2. 标准气压高度是指_____。
3. 根据所选择的基准面不同，飞行高度分为绝对高度、相对高度、_____和标准气压高度。
4. 陀螺仪有_____和_____的特性。
5. 压力式速度表通过测量气流的_____和_____来指示飞机的飞行速度。

三、判断题

1. 自动测向器（ADF）工作的无线电频率为 150kHz～2MHz，作用距离约为 300km，这一波段的无线电波不容易受地形、时间和季节等因素的影响而造成测量误差。（　　）
2. 飞机起飞、降落时，机组人员和地面人员的双向语音通信使用的是 VHF，即甚高频通信系统。（　　）
3. 大中型飞机上使用的姿态仪表主要是地平仪和转弯侧滑仪，小型飞机上则采用姿态基准系统等。（　　）
4. 气压式高度表要比无线电高度表测量准确。（　　）
5. 马赫数表显示的是飞机实际飞行速度与所处大气层声速的比值。（　　）
6. 气压式高度表既能测量飞机的绝对高度，也能测量飞机的相对高度。（　　）
7. 调频式无线电高度表比脉冲式无线电高度表测量的精度高。（　　）
8. 卫星导航至少需要三颗卫星才能精确定位。（　　）
9. 非精密进近跑道的跑道导航设施可以为飞机着陆提供方向性引导和高度性引导。（　　）
10. 精密进近跑道的跑道导航设施只为飞机着陆提供方向性引导，不提供高度性引导。（　　）

第 5 章 飞机结构

视频：飞机的组成　　　视频：飞机内部的结构　　　视频：飞机机身连接部分和构造材料

飞机在空中飞行时，尤其民航客机在万米左右的高空飞行，其所处大气层空气稀薄，气压和温度相比地表要低很多，飞行环境较为特殊，为满足载人飞行的需要，飞机的结构必然有其特殊之处，因此对现代飞机结构相关知识的了解和掌握显得极为重要，这也是航空知识的重要组成部分。

本章主要介绍与民航客机有关的飞机结构知识，包括飞机结构的一般要求、常用结构材料和飞机基本结构。

5.1 飞机的结构要求

视频：机翼材料有何特别之处？　　　视频：航空铆钉——飞机上使用最多的零件！

5.1.1 气动外形要求

气动外形主要是针对导弹、飞机等飞行器提出的，具体是指由飞机、导弹在飞行状态下所受到的升力、阻力、重力的方向、大小与其本身的截面、长度、推力、稳定性等影响飞行器飞行的客观因素组成一个函数，由这个函数值来决定飞行器的外形。

当结构与气动外形有关时,结构设计应使结构构造的外形能满足规定的外形准确度要求和表面质量要求。这些要求主要与飞机的气动升力和阻力特性有关,而这会直接影响到飞机的飞行性能,尤其是对高速飞机。为了保证飞机在气动上具有良好的稳定性和操纵性,机翼与机身不允许有过大的变形。对于隐形飞机而言,气动外形还将影响低可见度(指在敌方雷达屏幕或其他探测器上)的要求。典型的飞机气动外形如图5-1所示。

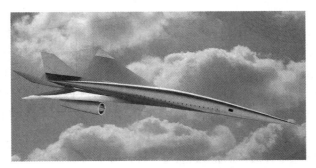

图 5-1 飞机的气动外形

5.1.2 重量要求

飞机需要保持结构完整性——重量要求,也可简称为最小重量要求(图 5-2)。所谓结构完整性是指关系到飞机安全使用、使用费用和功能的机体结构的强度、刚度,损伤容限及耐久性(或疲劳安全寿命)等飞机所要求的结构特性的总称。对于不要求按损伤容限、耐久性设计的飞机可简化为强度(与刚度)。但目前的军机和现代旅客机的新机设计,一般都要考虑损伤容限/耐久性或损伤容限/疲劳安全寿命设计,以提高飞机飞行的可靠性、安全性。

图 5-2 飞机称重

具体而言,重量要求就是指结构设计应保证结构在承受各种规定载荷和环境的条件下,具有足够的强度,不产生不能容许的残余变形;具有足够的刚度,或采取其他措施以避免出现不能容许的气动弹性问题与振动问题;具有足够长的寿命和损伤容限极高的可靠性。在保证上述条件得到满足的同时,应使结构的重量尽可能轻。

飞机结构在使用载荷作用下除了要有足够的强度外,还要有足够的刚度。也就是说,不应有显著的永久变形,而且弹性变形也应限制在一定的范围内。否则,过大的弹性变形会引起飞机飞行性能的变化,还可能引起振动,甚至破坏结构。随着飞行速度的不断增大,飞机结构的刚度要求日益重要。

现代飞机设计中,对机翼、尾翼、机身、操纵系统等的刚度要求提出了明确要求。总的来说,是提高各种翼面自激振动的临界速度值,使飞机在规定的最大飞行速度时不致产生翼面的自激振动——颤振;提高结构的刚度,使飞机不致因弹性变形而引起空气动力载荷显著变大,各操纵方面也不会因结构变形而在操纵时卡滞,副翼也不会因弹性变形而引起反逆操纵。

根据刚度规范设计制造出来的飞机,为了检验其强度、刚度是否达到预想的结果,还必须进行强度、刚度试验。一般分为静力试验、动力试验和飞行试验三部分。

静力试验首先是将结构加载至使用载荷,测量其变形是否超过规定数值,以检查结构强度是否符合要求,然后卸掉载荷,检查结构的永久变形程度,再加载到使结构破坏,检查实际破坏载荷是否符合设计值。静力试验需要一套专用设备,在实验室环境下进行。

对于某些需要承受撞击载荷和重复载荷的构件或部件,还要进行动力试验,如起落架要进行落震试验;气密座舱、机翼、油箱、散热器等部件要进行疲劳试验。

经过上述试验后的飞机,还要进行飞行试验,以检查飞机结构在实际飞行中的承载能力。

5.1.3 使用及维修要求

为了确保飞机的各部分(包括主要结构和安装在飞机内的电子设备、燃油系统等重要设备、系统)能经常安全可靠地工作,必须在规定的周期内检查各个需要检查的地方,如发现损伤或损坏,则必须进行修理或更换。对于军用飞机,则更需要缩短维护及检修工作的时间,以保证飞机及时地处于临战状态,尽量缩短飞机的每飞行小时维修时间和再次出动的准备时间。良好的维修性有助于提高飞机在使用中的可靠性和安全性。为了保证维护、检修工作的高质量、高速度进行,在结构上需要布置合理的分离面与各种舱口,在结构内部安排必要的检查、维修通道,以增加结构的开敞性和维修的可达性。

飞机从设计到最后试飞,要经过一系列的理论计算和各种实际试验。因此,飞机交付使用时其结构是可靠的,只要使用维护正确,就能够充分发挥其应有的性能。但另一方面,为了防止飞机过重,飞机结构的强度并非很富裕。随着飞机使用时间的增长,它的强度和刚度会逐渐减弱,尤其是在不正确的使用和维护下,它的强度和刚度都会有很大的削弱,从而导致发生事故。因此,飞机不但需要好的设计和制造,而且需要更好的使用和维护。

图 5-3 飞机维修现场

图 5-3 所示为飞机维修现场。

5.1.4 工艺要求

飞机制造是一项极其复杂的工作,其制造流程包括设计、制造、装配和测试等环节。其中,设计过程是非常重要的环节,设计师必须将飞机的设计理念、材料和性能相结合,才能保证飞机的飞行安全和性能达到预期效果。制造飞机的主要材料有金属材料、复合材料等。与传统的金属材料相比,复合材料具有高强度、高刚度、轻重量等特点,以有效地减轻飞机的重量。随着复合材料的广泛应用,飞机的性能也得到大大提高。

飞机制造中标准工艺装备的技术要求包括:①飞机部件及其零、构件的几何外形力求简单;②机体和部件结构能够合理分解;③提高段、部件对接的结构工艺性;④各系统、设备和附件安装的结构工艺性;⑤提高飞机结构的继承性;⑥提高结构的整体性;⑦减少零件和结构尺寸的品种规格,提高规格化、典型化和标准化程度;⑧材料选用的合理性;⑨技术要求的合理性;⑩零件的可加工性;⑪提高结构的可装配性。

总的来说,飞机结构要有良好的工艺性,以便于加工、装配。这些需结合产品的产量、机种、需要的迫切性与加工条件等综合考虑。在一定的生产条件下,飞机结构要求工艺简单、制造方便、生产周期短和成本低。

图 5-4 所示为飞机上的铆接工艺。

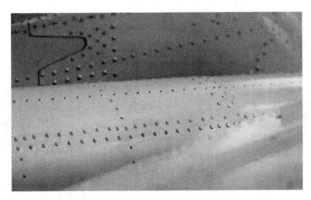

图 5-4 飞机上的铆接工艺

5.1.5 成本要求——经济性

这里所说的成本主要是指制造成本和运营成本(与结构的维护、修理有关的部分)。广义地说,还应包括设计、研制的成本。一般来说,以上各要求中,对军用机而言重量是第一位的,对旅客机、运输机则要同时考虑重量和经济性。而经济性实质上和上述的 5.1.2～5.1.4 节的要求均密切相关。从上述各项要求不难看出,这些要求是互相联系、互相制约的,有的还是互相矛盾的。因此要分析这些要求之间的相互关系,结合不同机种的不同用途,分清主次、综合考虑、权衡处理。一般来说,气动要求和使用要求是一种"前提性"要求,即基本上必须予以满足的。图 5-5 给出了飞机的维修成本。

以使用维护要求为例,尽管分离面和开口会使结构重量有所增加,但都应尽量满足。当然若某些分离面和开口会显著增加重量,则应尽可能调整一下它们的位置、大小和形状。对这两项要求,结构设计人员必须认真对待,但实际上花费在这上面的工作量和时间并不需要很多。工艺要求则是一种"条件性""发展性"要求,即工艺性好坏的评价往往是结合一定条件的,如产品数量、工厂的加工条件等。而重量要求如前所述,是飞机结构设计的主要要求。因为对于军用飞机而言,由于重量与飞机的起飞着陆性能有很大关系,与航程、爬升率、机动

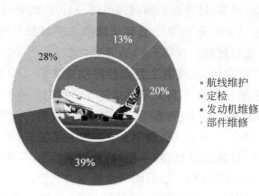

图 5-5 飞机的维修成本

性等关系也较大,故减轻重量对军用飞机十分重要。对旅客机、运输机等还直接与经济效益有关。由于现代飞机使用寿命期长(一般可达 60000 飞行小时或 20 年),因此若减轻结构重量用以增加商载,在使用寿命期内增加的经济效益将是十分可观的。

5.2 飞机材料

视频:飞机轮胎不大,为何能承载500t的机身质量?

视频:为什么飞机发动机叶片很难造,到底用的什么材料?

视频:造飞机所用的复合材料能让飞机轻10t?

视频:从木头变成复合材料,飞机都用什么材料制造?

5.2.1 飞机上的材料

飞机材料的范围较广,包括机体材料(包括结构材料和非结构材料)、发动机材料和涂料,其中最主要的是机体结构材料和发动机材料。非结构材料包括:透明材料,舱内设施和装饰材料,液压、空调等系统用的附件和管道材料,天线罩和电磁材料,轮胎材料等。非结构材料量少而品种多,包括玻璃、塑料、纺织品、橡胶、铝合金、镁合金、铜合金和不锈钢等。结构材料应具有高的比强度和比刚度,以减轻飞机的结构重量,改善飞行性能或增加经济效益,还应具有良好的可加工性,便于制成所需的零件。

机翼是飞机的主要部件,早期的低速飞机的机翼为木结构,用布作蒙皮。这种机翼的结构强度低,气动效率差,早已被金属机翼所取代。机翼内部的梁是机翼的主要受力件,一般采用超硬铝和钢或钛合金;翼梁与机身的接头部分采用高强度结构钢。机翼蒙皮因上下翼面的受力情况不同,分别采用抗压性能好的超硬铝及抗拉和疲劳性能好的硬铝。为了减轻重量,机翼的前后缘常采用玻璃纤维增强塑料(玻璃钢)或铝蜂窝夹层(芯)结构。尾翼结构材料一般采用超硬铝。有时歼击机选用硼(碳)纤维/环氧复合材料,以减轻尾部重量,提高作战性能,尾翼上的方向舵和升降舵采用硬铝。

飞机在高空飞行时,机身增压座舱承受内压力,需要采用抗拉强度高、耐疲劳的硬铝作为蒙皮材料。机身隔框一般采用超硬铝,承受较大载荷的加强框采用高强度结构钢或钛合金。很多飞机的机载雷达装在机身头部,一般采用玻璃纤维增强树脂材料做成的头锥将它罩住,以便能透过电磁波。驾驶舱的座舱盖和风挡玻璃采用丙烯酸酯透明塑料(有机玻璃)。飞机在着陆时主起落架要在一瞬间承受几百千牛乃至几兆牛(几十吨力至几百吨力)的撞击力,因此必须采用冲击韧性好的超高强度结构钢。前起落架受力较小,通常采用普通合金钢或超硬铝。

5.2.2 飞机材料的使用历史

100多年前,飞机带着勇敢者飞离地球。那时,设计师就是驾驶员,因为简陋的机体结构不可靠,常人不敢冒险飞行。

20世纪初,第一架载人上天的飞机是用木材、布和钢制造的("飞行者一号")(图5-6),这一阶段的飞机结构较为简单,主要用到的材料有木材、蒙布、金属丝、钢索等,早期的飞机用木三夹板(三合板)、木条等来做飞机大梁和骨架,采用亚麻布做机翼的翼面,这就是飞机的木布结构。

图5-6 20世纪20年代飞机采用木布结构和极少的金属("飞行者一号")

硬铝的出现给机体结构带来了巨大的变化。1910—1925年开始用钢管代替木材作为机身骨架,用铝作为蒙皮,制造全金属结构的飞机。金属结构飞机提高了结构强度,改善了气动外形,使飞机的性能得到了提高。20世纪40年代,全金属结构飞机的时速已超过600km(图5-7)。50年代末,喷气式飞机的速度已超过2倍声速,这给飞机材料带来了"热障"问题。铝合金耐高温但性能差,在200℃时强度已下降到常温值的一半左右,需要选用耐热性更好的钛或钢。60年代出现了3倍声速的SR-71全钛高空高速侦察机和不锈钢占机体结构重量69%的XB-70轰炸机。苏联的米格-25歼击机机翼蒙皮也采用了钛和钢。70年代以后越来越多地使用以碳或硼纤维增强的复合材料。铝、钛、钢和复合材料已成为飞机的基本结构材料(图5-8)。

图5-7　20世纪40年代先进的战斗机已全部采用铝材结构

图5-8　20世纪70年代美军SR-71"黑鸟"侦察机已采用复合材料结构

后来发明了半硬壳式机身和具备翼型空间的机翼,于是对材料又有了新要求。在局部受力处,比如发动机架和整流罩等部位采用了金属件,但翼面、舵面和后机身仍采用布蒙皮,即半金属结构。随着飞机性能的提高,材料必须适应更高的飞行强度。1930年后,飞机推广采用硬铝加工骨架和飞机的"外衣"——蒙皮,于是全金属结构飞机问世了。截至目前,铝仍然是飞机的主要用材。

20世纪50年代以后进入了超声速时代,人们开始寻求新的高强度材料,于是出现了坚固耐热的钛合金和不锈钢结构。随着材料科学的进步,从70年代开始,新一代航空材料"复合材料"问世了,它相当于掺进加强纤维的塑料(如玻璃丝纤维或碳纤维),具有极佳的"比强度",使飞机在维持原强度的前提下重量更轻!其经济和军事效益可想而知。最成功的一例是在80年代出现的世界上第一架"全塑料"飞机。

21世纪初至今,飞机上使用的是复合材料、铝、钛、钢等结构,以复合材料为主。复合材料的比模量、比强度、比重等优势决定了它将是未来首选的航空材料结构。目前,美国贝奇飞机制造公司制造出了世界上第一架全复合材料飞机,这架飞机由 2600 个部件组成,其部件少,具有航速快、重量轻等优点。B787 飞机是制造业历史上一次革命性的跨越,B787 飞机在机身和主要结构上大面积使用了复合材料,不仅减轻了飞机重量,还减轻了航空公司的维修负担(图 5-9)。波音公司的数据显示,复合材料占到 B787 飞机结构重量的 50%(体积的 80%),铝占 20%,钛占 15%,钢占 10%,其他材料占 5%。

图 5-9　采用大量复合材料的 B787 飞机

5.2.3　复合材料的使用

复合材料是由两种或两种以上不同的材料通过某种物理或化学方法结合而成的新材料。其中各组分材料仍保持其原有特性,但它们通过彼此"取长补短""大力协同",使新材料的性能比各组分材料更优异。通常人们将复合材料中构成连续相的组分称为基体,非连续相的组分称为增强材料。轻质、高强度和高模量的复合材料属于先进复合材料,主要作为结构材料。复合材料具有各向异性和性能可设计性的特点,设计者可以根据工程结构的使用条件选用适当的组分材料和调整增强材料的方向使设计的结构重量轻、安全可靠和经济合理。先进复合材料分为树脂基复合材料、金属基复合材料、陶瓷基复合材料和碳/碳复合材料及它们相互混合构成的复合材料。

从 20 世纪 60 年代末期开始,在飞机上使用的复合材料已由当初只应用于口盖和舱门等非承力构件,逐步扩大应用到减速板和尾翼等次承力构件,而且正向用于机翼甚至前机身等主承力构件的方向发展。另外,为提高突防攻击能力,不被敌方雷达捕获,军用飞机上已采用吸波材料。

2000 年以前,在民用飞机中复合材料只占到结构重量的 10% 左右,A380 也只有 20% 左右。在当时 B787 飞机的设计方案中,复合材料用量达到了整个结构重量的 40% 以上,而现在实际用量接近 50%。在军机方面,英国、德国合作生产的欧洲战斗机复合材料用量已接近 80%。复合材料的优点在于它不需要像金属材料那样的大锻件、大铸件。复合材料有很好的整体性,不仅改变了材料种类,还改变了制造方法,大大增加了设计空间,给我国的制造业带来了新的机遇,也带来了挑战。很多部件都可以埋在一层一层的片子里面,如无线电的高频电缆就变成了复合材料一层里面的一个部分,为了做故障诊断,还可把应变片埋进去,进一步也可把天线埋到复合材料里面去,同时要尽量用大件,不用小零件拼装,这样就会使飞机的结构重量大大减轻。

纤维增强材料的一个特点是各向异性,因此可按所制件不同部位的强度要求设计纤维的排列。以碳纤维和碳化硅纤维增强的铝基复合材料为例,在500℃时仍能保持足够的强度和模量。碳化硅纤维与钛复合,不但使钛的耐热性提高,而且耐磨损,可用作发动机风扇叶片。碳化硅纤维与陶瓷复合,使用温度可达1500℃,比超合金涡轮叶片的使用温度(1100℃)高得多。非金属基复合材料由于密度小,用于飞机,可减轻重量、提高速度、节约能源。

图 5-10 碳/碳复合材料在飞机刹车片上的应用

随着现代航空技术的发展,飞机装载质量不断增加,飞行着陆速度不断提高,对飞机的紧急制动提出了更高的要求。碳/碳复合材料质量轻、耐高温、吸收能量大、摩擦性能好,用它制作刹车片可广泛用于高速军用飞机中(图5-10)。2005年由中南大学黄伯云院士等研制成功的碳/碳复合材料飞机刹车片结束了我国依赖进口的历史。该飞机刹车片是由碳纤维增强剂与碳基体组成的复合材料。碳/碳复合材料具有比强度高、抗热震性好、耐烧蚀性强、性能可设计等一系列优点。20世纪80年代以来,碳/碳复合材料的研究进入了性能提高和应用扩大的阶段。在军事工业中,碳/碳复合材料最引人注目的应用是航天飞机的抗氧化碳——碳鼻锥帽和机翼前缘,用量最大的碳/碳产品是超声速飞机的刹车片。碳/碳复合材料在宇航方面主要用作烧蚀材料和热结构材料,具体而言,它主要应用在洲际导弹弹头的鼻锥帽、固体火箭喷管和航天飞机的机翼前缘。目前先进的碳/碳喷管材料的密度为 1.87~1.97g/cm^3,环向拉伸强度为 75~115MPa,近期研制的远程洲际导弹端头帽几乎都采用了碳/碳复合材料。

随着中国复合材料技术的发展,相信我国国产大飞机的新材料应用也会大放异彩。

5.3 飞机的基本结构

视频:你了解飞机的基本结构吗?

视频:飞机机身结构。

飞机作为使用最广泛、最具有代表性的航空器,其主要组成部分为:

(1) 推进系统,包括动力装置(发动机及其附属设备)及燃料,其主要功能是产生推动飞机前进的推力(或拉力)。

(2) 操纵系统,主要功能是形成与传递操纵指令,控制飞机的方向舵及其他机构,使飞机按预定航线飞行。

(3) 机体，我们所看见的飞机整个外部都属于机体部分，包括机翼、机身及尾翼等。机翼用来产生升力，同时机翼和机身中可以装载燃油及各种机载设备，并将其他系统或装置连接成一个整体，形成一个飞行稳定、易于操纵的气动外形。

(4) 起落装置，包括飞机的起落架和相关的收放系统，其主要功能是飞机在地面停放、滑行及飞机起飞降落时支撑整个飞机，同时还能吸收飞机着陆和滑行时的撞击能量并操纵滑行方向。

(5) 机载设备，是指飞机所载的各种附属设备，包括飞行仪表、导航通信设备、环境控制、生命保障、能源供给等设备，以及武器与火控系统(对军用飞机而言)或客舱生活服务设施(对民用飞机而言)。

从飞机的外表看，人们只能看见机体和起落装置这两部分。由于机体是整个飞机的外壳，气流力直接作用在机体上，而且机体连接着飞机的各个组成部分，因此它所承受的外力很大(尤其是飞机的飞行速度很高时)，这就要求机体的结构不但要轻，而且要有相当高的强度。所以飞机的机体除了采用强度很高的金属材料外，其结构必须是一种中空的梁架结构(有点类似老式房顶的结构)，这种结构既能保证飞机有足够的强度，又能减轻飞机的重量，而且机翼中间还可以装载燃油等物品。

下面重点介绍机身、机翼、起落架。

5.3.1 机身

机身用来固定机翼、尾翼、起落架等部件，使之连成一个整体。同时，它还用来装载人员、燃料、武器、各种设备及其他物资。

根据机身的上述功用，要求机身有足够的内部容积和长度，为了减小飞机的阻力，机身外形应光滑，突起物、开口应尽量少。在保证结构具有足够的强度、刚度和抗疲劳强度的情况下，力求重量最轻。

作用在机身上的外载荷主要有空气动力，机翼、尾翼和起落架等结构的固定接头传来的力，机身内部装载和部件的重力，机身结构本身的重力。其中空气动力和机身结构重力为分布力，其余为集中力，这和机翼的外载荷相似。对于机身来说，它的外载荷有两个特点：首先，在机身上起主要作用的是集中载荷，由机翼、尾翼及其他部件传给机身的集中力很大。相比之下，机身上分布的空气动力较小，而且一般机身截面接近圆形，其上的空气动力分布大致是对称的，基本上能在机身局部自行平衡而不再传给机身的其他部分。可以说，空气动力对机身总体影响不大(座舱等突出部位除外)。机身本身结构重力也较小，计算时通常把它折算到结构附近的集中载荷中。

机身的结构形式也是随着飞行性能的提高而发展的。早期的飞机只能在低空低速飞行，当时的技术也比较简陋，机身大都采用焊接的构架式。随着飞行高度和速度的不断提高，构架式已不被采用，用得较多的结构形式是桁梁式、桁条式和复合式。

1. 机身的结构形式

1) 桁梁式机身

桁梁式机身由几根较强的大梁、较弱的桁条、较薄的蒙皮和隔框组成(图5-11)。机身弯曲时，弯矩引起的轴向力主要由大梁承受。由蒙皮和桁条组成的壁板，截面积较小，受压稳定性较差，只能承受一小部分弯矩引起的轴向力。

在桁梁式机身中，大梁与隔框、蒙皮用铆钉牢固地连接成一体，桁条通常穿过隔框上的缺口，只与蒙皮铆接。有些飞机在承受弯矩不大的机身段上，桁条在隔框处是断开的，这种桁条只起支持蒙皮的作用，不能承受轴向力。

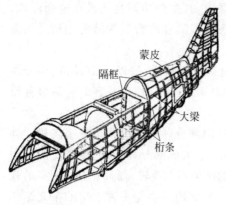

图 5-11 桁梁式机身

桁梁式机身便于开较大的舱口，因为它可以把较强的梁安置在舱口边缘上，使结构的强度和刚度不致因开口而显著降低。

2）桁条式机身

桁条式机身的桁条和蒙皮较强，受压稳定性较好，由弯矩引起的轴向力全部由桁条和蒙皮承受（图5-12）。由于蒙皮加厚，改善了机身的空气动力性能，增大了机身结构的抗扭刚度，所以与桁梁式机身相比它更适用于高速飞机。此外，桁条式机身的蒙皮和桁条在结构受力中能够得到充分利用，而且这种结构的生存力也较强。但是，这种机身由于没有强有力的大梁，故不宜用于开大的舱口，如果要开口，则必须在开口部位用专门的构件加强，否则结构的强度和刚度会有较大的影响。此外，桁条式机身各构件受力比较均匀，传递载荷必须采取分散传递的方法，因而机身各段之间有很多接头。

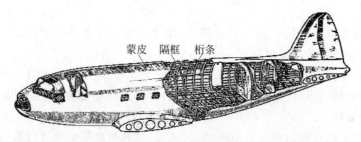

图 5-12 桁条式机身

3）复合式机身

上述两种机身的结构形式各有优、缺点。桁条式机身强度、刚度大，但不宜开大舱口，而桁梁式则相反。因此，在有些飞机上，对开口较多的机身前段（如座舱、前起落架舱等），采用桁梁式，而对开口较少、受扭转较大的机身后段则采用桁条式，这种结构形式的机身称为复合式机身（图5-13）。

另外还有一种称为蒙皮式（硬壳式）的结构形式，它没有纵向骨架（梁、桁条），只有蒙皮和隔框。蒙皮很厚，是主要的受力构件。它的优点是抗扭刚度很大，但其缺点是承受同样的弯矩时，重量比桁条式重得多，而且更不宜开大舱口，因此，只有少数飞机为了特殊需要才采用这种结构形式。

2. 机身的主要构件

机身结构中蒙皮和桁条的构造，基本上与机翼的相同，下面讲述机身中大梁和隔框的构造。

1）大梁

从受力性质来说，机身的大梁相当于机翼的缘条，它是承受由弯矩引起的轴向力的主要

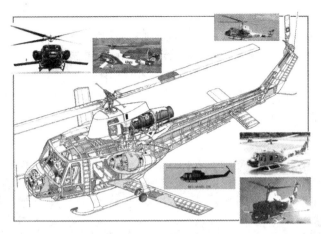

图 5-13 复合式机身的结构

构件,通常用高强度的铝合金或钢制成,制造工艺有轧制、铣切或铆接等方法,截面形状有"T""厂""工""∏"等形式。

2) 隔框

机身隔框可分为普通隔框和加强隔框两种。普通隔框的功用是形成和保持机身的外形、提高蒙皮的稳定性及承受局部空气动力,加强隔框除了上述作用外,还可以承受和传递某些大部件传来的集中载荷。

(1) 普通隔框

普通隔框承受的载荷不大,所以一般用硬铝压制的型材做成圆环形状(图 5-14)。框缘的截面形状分为闭合的和非闭合两种。

图 5-14 普通隔框

普通隔框的构造与机身的结构形式有一定的关系。桁条式机身的普通隔框通常都做成完整的圆环形;桁梁式机身上大的开口较多,开口部位的普通隔框往往是不完整的。

（2）加强隔框

加强隔框的构造是根据它所承受载荷的情况，以及机身中各部件、设备的布局等因素来确定的。在不妨碍利用机身内部空间的地方，往往采用隔板式加强隔框。例如，机身内分舱处的隔框，通常属于这一类型。对于中部必须开孔（如中部要通过发动机喷管）的加强隔框，通常都做成具有部分壁板的环状隔框，并用支柱、角材或加强板加强。在现代大型飞机上，安装机翼、尾翼等部件的加强隔框受力很大，有些飞机上的这种隔框采用了锻造的整体式加强隔框（图 5-15）。

图 5-15　加强隔框

5.3.2　机翼

视频：飞机翼尖为什么要翘起来？　　　　　视频：为何民航飞机发动机几乎都装在机翼下面？

机翼的主要功能是产生升力，此外，它还能使飞机具有横侧安定性和操纵性。机翼上还可以安装发动机、起落架和其他设备，并储存燃料。

1. 机翼的组成结构

飞机的机翼结构主要由翼梁、纵墙、桁条、翼肋、蒙皮和接头等部件组成。

1）翼梁

现代飞机的机翼一般都采用腹板式翼梁，由橼条和腹板等组成，其主要作用是承受弯矩和剪力。橼条用硬铝或合金钢的厚度型材制成，截面形状都为"T"形或"Γ"形。腹板用硬铝板制成，上面有时铆接一些支柱，以增强其抗剪稳定性和便于连接翼肋。为了减轻机翼的结构重量，梁的橼条和腹板的截面积一般都是沿展向逐渐变小。

有些现代高速飞机的机翼采用了整体式翼梁,由高强度合金锻制或铣切而成。它的刚度较大,又省去了橼条和腹板的连接件,所以重量也较轻。

2) 纵墙

纵墙相当于橼条很弱的翼梁,甚至没有橼条仅有腹板。纵墙能承受剪力,并可与蒙皮组成合围框承受扭矩,但不能承受弯矩。

3) 桁条

桁条的主要作用是:支撑蒙皮,防止它在承受局部空气动力时产生过大的局部变形,并与蒙皮一起把空气动力传给翼肋;提高蒙皮的抗剪和抗压稳定性,使它能够更好地承受机翼的扭矩和弯矩;在单块式机翼中,桁条越强,它可与蒙皮一起承受的由弯矩引起的轴向力越大。

4) 翼肋

翼肋分为普通翼肋和加强翼肋。普通翼肋的作用是:保持规定的翼型;把蒙皮和桁条传来的局部空气动力传递给翼梁腹板;把空气动力形成的扭矩传给蒙皮和围框,支持蒙皮、桁条、翼梁腹板,提高它们的稳定性。普通翼肋通常用硬铝板制成。

加强翼肋除了有上述作用外,还要承受和传递较大的集中载荷,在机翼上开口边缘的加强翼肋则可把扭矩转变为集中力(偶)传给翼梁。加强翼肋的构造往往根据所承受的集中载荷情况确定。

5) 蒙皮

蒙皮用来承受局部空气动力和形成机翼外形。在金属蒙皮机翼结构中,蒙皮还要承受扭矩和弯矩。

现代飞机的机翼大都采用硬铝蒙皮,也有采用钛合金、不锈钢等材料的。

6) 接头

接头的主要作用是连接机翼与机身,将机翼上的力传递到机身隔框上;对于大型分段机翼,还用来连接各段机翼。接头分为固接式和铰接式两种。翼梁与机身连接的接头是固接式的,它既不可移动也不可转动,所以既能传递剪力也能传递弯矩;纵墙和机身连接的接头是铰接式的,它不可移动,但可以转动,所以只能传递剪力,不能传递弯矩。

在飞机的发展过程中,机翼的结构也不断地得到改进。随着飞行速度、飞行高度的不断提高,飞机设计与制造对机翼的空气动力性能、结构的强度、刚度等方面都提出了更高的要求,为了满足这些要求,机翼从布质蒙皮的结构形式发展成为金属蒙皮的结构形式。而现在有些新型飞机则采用了夹层结构和整体结构的机翼。

2. 机翼的结构形式

1) 布质蒙皮结构

布质蒙皮结构形式的结构比较简单,成本较低,在飞机发展的初期、技术水平低下的情况下,用在早期的小型低速飞机上,基本上能适应当时的要求。但这种结构形式的蒙皮空气动力性能不佳,结构的抗扭刚度较差,完全不能适应大型高速飞机对结构的要求,所以现代飞机基本上已经不采用这种结构形式。

2) 金属蒙皮结构

现代飞机广泛采用了金属蒙皮结构形式,包括沿展向伸展的纵向构件——梁和桁条,沿弦向安置的构件——翼肋和包裹在上述构件之外的金属蒙皮。这些构件形成了封闭的承力结构，金属蒙皮不但能够承受局部空气的动力，而且能够承受机翼的扭矩和弯矩，然而机翼的具体构造不同，蒙皮参与承受弯矩的程度也有所不同，所以金属蒙皮的机翼结构又可以分为梁式和单块式两大类。

（1）梁式机翼

梁式机翼装有 1 根或 2 根强有力的翼梁，蒙皮很薄，桁条小而弱，甚至是分段断开的（图 5-16）。梁式机翼的桁条承受轴向力的能力很小，它的主要作用是与蒙皮一起承受局部空气的动力，并提高蒙皮的抗剪稳定性，使之能够更好地承受扭矩。这种机翼蒙皮的抗压稳定性很差，机翼受弯时受压部分的蒙皮基本不参与受力；而受拉部分的蒙皮，由于截面积小（很薄），分担的拉伸力也很小。由此可知，弯矩引起的轴向力主要由翼梁缘条来承受，所以这种机翼叫作梁式机翼。梁式机翼通常分为单梁式和双梁式两种。

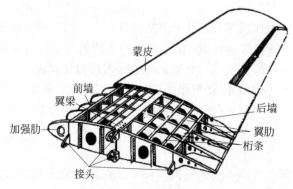

图 5-16　梁式机翼

单梁式机翼在翼型最大厚度处装有 1 根强有力的翼梁，称为主梁。为了使机翼结构能够较好地承受扭矩和水平方向的弯矩，并便于在机翼上固定辅助翼，除主梁外还装有 1 根或 2 根纵轴。纵轴的强度较弱，所承受垂直方向的弯矩份额很少。单梁式机翼的最大优点是主梁充分利用了机翼的结构高度，因而结构重量较轻。但由于受到主梁位置的影响，机翼内部容积不容易得到较好的利用。

双梁式机翼中装有前、后 2 根翼梁，前梁位置比单梁机翼的主梁靠前，后梁则靠后一些。这种机翼结构的内部容积能够得到较好的利用，如用来放置起落架和油箱等。但由于前、后梁都没有充分利用机翼的结构高度，因此，在同样的载荷、尺寸、材料等条件下，它的结构重量比单梁机翼重。

梁式机翼的主要受力构件是翼梁，因此，它具有便于开舱口、与机身连接比较简单等优点，但其使用寿命较短。

（2）单块式机翼

单块式机翼的结构如图 5-17 所示。它的结构特点是：蒙皮较厚，桁条多而强，翼梁的缘条较弱，因此有的也称为纵墙。这种机翼的蒙皮不但有良好的抗剪稳定性，而且有较好的抗压稳定性，所以它不但能够很好地承受机翼的扭矩，而且能同桁条一起承受机翼的大部分弯矩。由于这种机翼结构是由蒙皮、桁条和翼梁缘组成的一个整块构件来承受弯矩所引起的轴向力，所以叫作单块式机翼。

单块式机翼的蒙皮较厚，在飞行中能够较好地保持翼型，结构的抗扭刚度也较大，它的

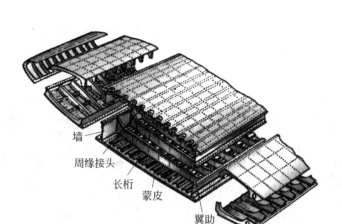

图 5-17　单块式机翼

受力构件也比较分散,能够较好地利用结构高度来减轻重量,同时结构的生存力也较强,所以这种结构形式的机翼在现代高速飞机上得到了较广泛的应用。但这种机翼还存在着连接接头比较复杂、不便于开大的舱口、不便于承受集中载荷等缺点,因而它的应用也受到一些限制。

为了充分利用梁式机翼和单块式机翼的优点,尽量避开它们的缺点,目前许多飞机的机翼采用梁式和单块式复合结构,即在靠近翼根要开舱口的部分采用梁式结构,而在外侧则采用单块式结构。在复合结构内,单块式部分的受力是分散的,梁式部分的受力是集中的,为了把单块式部分各构件分散承受的力量集中起来,传递到梁式部分的翼梁上去,在过渡部位通常都装有一些加强构件(如加强内蒙皮等),把两部分的受力构件很好地连接起来。

3) 整体壁板式机翼

整体壁板式机翼是将蒙皮与纵向骨架、横向骨架合并成上、下两块整体壁板,然后用铆接或螺接连接起来(图 5-18)。上、下壁板一般采用整体材料,用锻造或化学加工等方法制造而成。这种机翼的特点是强度大、刚性好、接缝少、表面光滑、气动外形好、零件少、装配容易。这种形式对使用整体机翼油箱有利,能够有效地利用机翼内部空间。整体壁板结构除了用金属材料外,也很适于用复合材料制造。

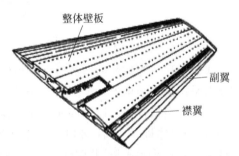

图 5-18　整体壁板式机翼

4) 夹层式机翼

夹层式机翼主要是以夹层壁板做蒙皮,甚至纵墙和翼肋也用夹层材料制造。夹层壁板依靠内、外层面板承受载荷,内有很轻的夹层对它们起支持作用。与同样重量的单层蒙皮相比,夹芯蒙皮的强度大、刚度大,能够承受较大的局部气动载荷,并有良好的气动外形。上、下面板可用金属材料制造,也可用复合材料制造。内部一般采用蜂窝夹层或泡沫塑料夹层(图 5-19),夹层材料中充满空气和绝热材料,可以起到良好的隔热作用,能够较好地保护其内部设备。图 5-20 所示为蜂窝夹层机翼的构造,它的纵墙和翼肋都是用蜂窝

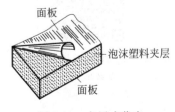

图 5-19　夹层式蒙皮

夹层板制成的。当翼面高度较小时可采用全高度填充的实心夹层结构。图 5-21 所示为泡沫实心夹层机翼的构造，这种结构的受力构件少，构造简单，通常用在较小的机翼、尾翼或舵面等部件上。

图 5-20　蜂窝夹层

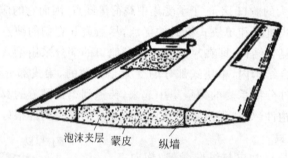

图 5-21　实心夹层式机翼的构造

飞机的尾翼与舵面的构造与机翼相似，只是尺寸和受力都较小。某些机翼和尾翼根据需要会采用两种结构形式。例如，美国的 U-2 高空无人侦察机的机翼分为内、外两段，为了便于维修和更换，内、外段之间采用可拆卸方式连接。内段采用蒙皮骨架式类型中的单块式，并作为整体机翼油箱；外段由于厚度较小而采用铝合金蜂窝实心夹层结构。又如我国的歼-8 飞机的全动平尾，其前缘部分采用整体壁板式结构，而后缘部分则是铝合金蜂窝实心夹层结构。

5.3.3　起落架

视频：飞机起落架的配置类型和特点　　　视频：飞机"起落架"盘点，三种布局方式　　　视频：飞机的起落架究竟有多牛？

视频：飞机起飞后未收起落架，会有
什么后果？

视频：为什么客机起落架由原来的后
三点改成了前三点？

起落架主要用于飞机的地面滑跑和灵活运动。飞机在着陆接地和地面运动时，会与地面产生不同程度的撞击，起落架应能减缓这种撞击带来的影响，以减小飞机的受力；起落架还应保证飞机在地面运动时具有良好的稳定性和操纵性；对现代飞机来说，为了减小飞行阻力，起落架必须是可收放的。

1. 典型的起落架组成

典型的起落架由减震器、支柱、机轮和刹车装置及收放机构等部件组成，如图 5-22 所示。

(1) 减震器，其作用是吸收着陆和滑跑时的冲击能量，减小冲击载荷。减小载荷有利于减轻结构重量，改善乘坐舒适性。起落架减震装置由轮胎和减震器两部分组成，它的功用是：减小飞机在着陆接地和地面运动时所受的撞击力，并减弱飞机因撞击而引起的颠簸跳动。

飞机在着陆接地时，垂直下降速度在短时间内降为零，因而起落架要受到很大的撞击载荷，并来回振动。为了吸收和消散这种撞击动能，现代飞机都装有减震装置。

(2) 支柱，用来承受地面各个方向的载荷并作为安装机轮的支撑部件。为了充分利用构件，减轻重量，减震器和支柱可以合二为一。

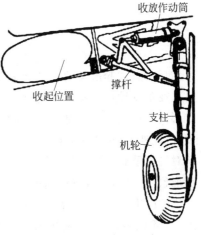

图 5-22 起落架的组成

(3) 机轮，用于满足地面运动的需要，并有一定的减震作用。刹车装置安装在机轮上，以减小着陆滑跑距离，同时利用左右机轮不同的刹车力可以使飞机在地面转弯，提高地面机动性。

现代大型飞机的起飞质量达 300t 以上，为减小机轮对跑道的压力，也为了减小收藏起落架的空间，在一个起落架上安装有 2 个以上的机轮，超大型飞机甚至安装 4～8 个机轮。

(4) 收放机构，用于起落架的收起和放下。飞行时收起起落架以减小阻力，着陆前放下起落架，收放机构同时用于固定支柱，使支柱与机体成为一个整体受力的构件，而不是一个可以改变形状的机构。

起落架的配置形式和收放机构的工作是否良好，直接影响着飞机起飞着陆的性能和安全；而结构形式不同的起落架，在受力方面又各有特点。

2. 起落架的配置形式

起落架在飞机上的配置形式通常有 3 种(图 5-23)：

(1) 后三点式,即 2 个主轮对称地安置在飞机重心之前,而且将靠近重心的一个小轮置于飞机尾部。

(2) 前三点式,即 2 个主轮对称地安置在飞机重心后面,一个前轮位于机身前部,尾部通常还装有保护座——尾橇。

(3) 自行车式,即 2 组主轮分别安置在机身下部、飞行重心的前后,另有 2 个辅助轮对称地装在左右机翼下面。

上述 3 种配置形式各有其优、缺点,因此各有其适用的情况。

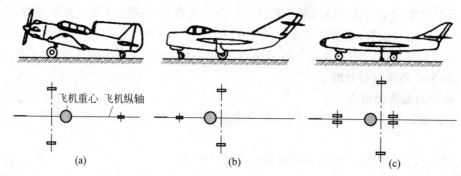

图 5-23 起落架的配置形式
(a) 后三点式;(b) 前三点式;(c) 自行车式

后三点式起落架的构造比较简单,重量也较轻,便于利用空气阻力使飞机减速(着陆时),在单发动机的螺旋桨飞机上也容易配置。所以在螺旋桨飞机盛行的时代,后三点式配置形式采用较多。但是,它在地面运动时的稳定性较差,容易造成飞机"打地转"和"拿大顶"。此外,这种飞机着陆时需要三点同时接地,否则,如果 2 个主轮先接地,地面反作用力会对飞机重心形成上仰力矩,使飞机的迎角增大、升力增大,飞机就会向上"飘起"而发生跳跃现象。所以,随着飞机速度的增大,滑跑运动的稳定性日益重要,前三点式起落架获得了广泛的应用,这种起落架地面运动稳定性好,滑行中不容易偏转和倒立,而且在着陆时只以 2 个主轮接地,比较容易操纵。它的缺点是前起落架承受的载荷比后三点式的尾轮大,所以重量较重,而且前轮在滑跑中容易产生残震,需要设置专门的减震装置。总的看来,前三点式起落架比较适用于速度较大的飞机,所以现代喷气式飞机(包括旅客机)基本上都采用前三点式起落架,仅在小型低速飞机上还采用后三点式起落架。至于自行车式起落架,主要用在高速重型飞机上,由于高速飞机的机翼较薄,难于收藏尺寸较大的起落架,因此,将 2 组主轮配置在重心前后,收藏在机身里。因为这种起落架结构比较复杂,占用机身的容积较大,所以旅客机很少采用,仅在高速大中型轰炸机上采用过,因此应用不广。

为了保障在不同重心下的停放平衡及良好运动,上述 3 种配置形式均规定了一些重要参数。另外还有多点式起落架,比如 B747 飞机,其主起落架均为四轮小车,如图 5-24 所示。

3. 起落架的结构形式

起落架的结构形式分为构架式、支柱套筒式、摇臂式和外伸式四类。

1) 构架式起落架

构架式起落架的构造如图 5-25 所示,其承力构架由减震支柱和撑杆等铰接而成,接地时杆件只承受轴向力而不承受弯矩,因此构造简单,重量较轻,一般采用在轻型低速飞机上。但这

图 5-24 多点式起落架

种起落架很难收入机体内,所以在高速、大型飞机上不采用。

2)支柱套筒式起落架

支柱套筒式起落架的支柱与减震器做成一体,称为减震支柱,由外筒和活塞杆组成,外筒安装在机体上,活塞杆与机轮相连。支柱套筒式起落架又可分为悬臂式(又称张臂式)和撑杆式两种。悬臂式起落架的上端固定在飞机上,相当于

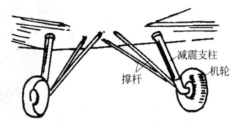

图 5-25 构架式起落架

一端固定的悬臂梁。作用在机轮上的外载荷全部通过固定端传到机体上,当支柱较长时,固定端的弯矩很大,这对受力是不利的。但这种起落架构造简单、容易收藏,主要用在支柱较短的轻型飞机上。

为了减少支柱的受力,有些飞机在支柱中装有斜撑杆,这样,支柱就相当于一个双支点的外伸梁了,称为撑杆式起落架(图 5-26)。由于斜撑杆的作用,支柱承受的弯矩可明显减小。在能收放的起落架上,斜撑杆往往还作为起落架的收放连杆,或者斜撑杆本身就是收放作动筒。

支柱套筒式起落架能够较好地在垂直载荷作用下起到减震作用,但在水平撞击时不能很好地起到减震作用。因为在垂直安装的起落架上,水平撞击力不能使减震支柱受压缩(图 5-27(a));在有倾斜角的起落架上,虽然其轴向分力可以压缩减震支柱(图 5-27(b)),但因倾斜角一般较小,减震作用不显著,另外,对支柱造成弯矩的减震支柱密封装置的摩擦力又很大,这是支柱套筒式起落架的主要缺点。

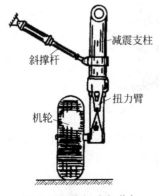

图 5-26 撑杆式起落架

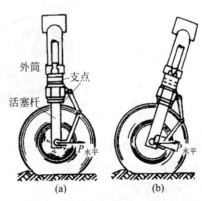

图 5-27 支柱套筒式起落架

3）摇臂式起落架

摇臂式起落架的支柱、减震器是通过一个摇臂式的轮臂（或轮叉）与机轮相连的。

第一种摇臂式起落架的支柱与减震器是分开的（图 5-28），支柱、减震器的轮臂之间都是铰接的，不论机轮受到垂直撞击力还是水平撞击力，轮臂向上摇转时，减震器都只受轴向压缩而不受弯矩，所以密封装置的工作条件好得多。

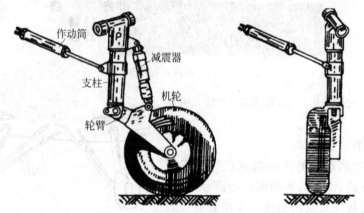

图 5-28　支柱与减震器分开的摇臂式起落架

第二种摇臂式起落架的减震器装在支柱内（图 5-29），在垂直或水平载荷作用下，减震支柱外筒要承受弯矩，因而活塞杆支点处的摩擦力比第一种大。它一般用在载荷较小的前起落架上。

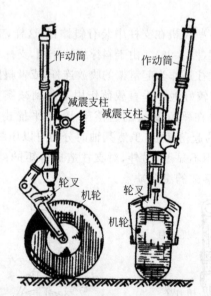

图 5-29　减震器装在支柱内的摇臂式起落架

由于摇臂式起落架具有上述优点，所以在高速飞机上采用较多，但它的构造比较复杂，重量也较大，因此仍有一些飞机采用支柱套筒式起落架。

4）外伸式起落架

外伸式起落架安装在机身侧面，放下时向两侧下方伸出，收起时则收藏于机身内，大多用于具有中、上单翼的飞机,可以克服起落架较长、较重及安装、收藏不便等困难。但这种起落架受力较大,收放机构比较复杂,重量也较大,而且主轮距较小,在旅客机上很少采用。

4. 起落架的收放形式

早期飞机的起落架是不可收放的,但是随着航空技术的发展,飞机的飞行速度逐渐增大,起落架的阻力越来越大,严重影响了飞行速度的进一步提高,于是,可收放的起落架就应运而生。现代飞机中除少数小型低速飞机以外,多数飞机的起落架是可以收放的。

前起落架或尾起落架的收放比较简单,而且总是向前或向后收入机身内,所以一般收放形式都是对主起落架来说的,按照收放的方向不同,大致可分为三种:

1) 沿翼展方向收起

许多飞机的主起落架装在机翼上,沿翼展方向向机身或机翼根部收起,这是因为机身容积较大,翼根部分厚度较大,容易容纳尺寸较大的机轮。但也有一些飞机由于某些原因(如翼根部分要装油箱等)而将起落架向外收入机翼(图5-30(a)~(c))。

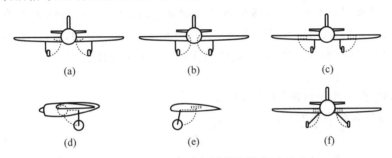

图 5-30 起落架的收放形式

2) 沿翼弦方向收起

有些双发动机或多发动机的飞机,将发动机装在机翼上,起落架可以沿翼弦方向收入发动机短舱内,这种起落架有向后收的,也有向前收的(图5-30(d)和(e))。

上述两种收放形式在有些飞机上由于收藏空间的限制,起落架收起时需要将机轮转一个角度才能收入,这种起落架都装有各种形式的转轮机构,以保证将起落架妥善收入。

3) 沿斜向收起

有些飞机由于总体安排上的原因,主起落架只能安装和收藏于机身内,但放下时又要斜向伸出以保证必要的主轮距,这种起落架有一套斜向收放机构(图5-30(f))。

拓展阅读

(一)

【B737飞机广布疲劳损伤与腐蚀问题】

中国商用飞机有限责任公司民用飞机试飞中心

1988年4月28日,B737飞机(航班号N73711)在当地时间13:25从美国夏威夷岛Hilo国际机场起飞,前往檀香山(Honolulu)。机上有89名乘客和6名机组人员(包括2名驾驶员、3名服务员、1名空管人员),飞机在起飞和爬升时一切正常。

大约在13:48,飞机爬升至巡航高度24000ft(7300m),在距离Kahului东南偏南23n mile(43km)处,前机身左侧蒙皮突然爆裂,机舱瞬间失压,导致由驾驶室后方一直到机翼附近一块18ft长的蒙皮撕裂而脱离机体。

飞机在当地时间 13:58 安全降落在 Kahului 机场 02 跑道。事件中,共有 1 名服务员死亡,65 名乘客受伤,其中 7 人重伤,这在航空事故中已经是一个奇迹。

FAA、制造商和航空公司进行了联合调查,认为这次事故的主要原因是飞机的老龄化导致的广布疲劳损伤与腐蚀问题。FAA 在充分研究论证的基础上,于 1996 年提出了第 96 号修正案,将抗广布疲劳损伤设计要求纳入 571 条款,同时在 1997 年,颁布了咨询通告 AC25.571-1B,并于次年再次修订颁发了 AC25.571-1C,为 571 条款审定和符合性验证提供指导。1998 年 3 月 11 日,FAA 颁布第 25-96 修正案,对 25.571(2)(b) 条款进行了修订。

案例分析:

此次 B737 飞机从驾驶舱到机翼附近长约 18ft 蒙皮的撕裂绝非必然事件,此次事故仅造成 1 人死亡,的确是航空事故史上的奇迹。此次事故给人们留下了如下教训:① 对于老龄化飞机,在检修上要与新飞机区分对待,需要加强对老龄化飞机结构的检查,包括机翼、机身、起落架等关键部位,可以考虑缩短维修、检查间隔和加深检查力度的办法;② 各民航管理局和航空公司要严格遵循 FAA 所颁布的咨询通告,修改自己的维修方案并监控飞机及其时寿件的时限,以便及时调整维修策略;③ 飞行员驾驶老龄化飞机时,应当尽量避免机舱内外压差过大,严格控制座舱增压,并选取适当的飞行高度飞行。

思考题

1. 飞机的"广布疲劳损伤"是什么意思?
2. 机舱为什么会瞬间失压?

(二)

【N113SH 空难事故原因及其技术分析——鸟击】

中国商用飞机有限责任公司民用飞机试飞中心　上官超　殷湘涛

1. N113SH 事故简述

2008 年 3 月 4 日,美国中部时间 15 时 15 分左右,一架 Cessna 500 小型喷气飞机(注册号 N113SH)从俄克拉何马城威利波斯特机场(以下采用其三字代码 PWA)起飞 2min 后,与一群大鸟撞击,飞机坠地起火损毁,机上 5 人全部遇难(图 1)。

图 1　N113SH 事故画面

2. N113SH 事故原因

该机撞击的是一群美洲白鹈鹕,这种鸟在俄克拉荷马中部从 3 月到 5 月很常见,这些鸟的质量为 8~20lb(1lb=0.45359kg),身长 50~65in(1in=2.54cm),翼展 96~114in。根据

25部25.571(e)(1)关于运输类飞机的要求,Cessna 500的机翼结构符合4lb的鸟以287kn的速度撞击后仍能继续安全飞行和着陆的适航标准。根据NTSB的鸟击能量研究,确定这一撞击的动能是14586ft·lb。然而事故飞机撞击鸟时的巡航速度为200kn,在这样的速度下,撞击单只美洲白鹈鹕的能量最多可达到35416ft·lb,远远高于飞机适航取证演示的能量标准。

根据NTSB空难调查报告,这一事故的可能原因是机翼结构在与一只或多只大型鸟(美洲白鹈鹕)的撞击过程中严重损坏,造成飞机失控。

3. N113SH事故技术分析

1) 机身审定标准

1993年,FAA通过组织航空规章咨询委员会(ARAC)总体结构协调工作组的形式重新评估鸟击审定标准,ARAC委员会的工作组由来自FAA、欧洲JAA和飞机制造商的人员组成,在这个工作组的总结文件中,FAA陈述:"虽然由于现代飞机制造采用的结构冗余技术使得大多数机身结构具有可接受的承受能力,但25部中机身结构在受到4lb鸟以v_c速度(设计巡航速度)撞击后能够继续安全飞行和着陆……的要求作为结构标准是不够的。" FAA进一步陈述:"维修实践表明,鸟击对安全构成了威胁,现代飞机提高抗鸟击能力存在相当大的空间。"然而FAA并没有采取任何行动改进鸟击审定标准。

FAA通过对鸟击事故/事件数据的统计分析认为,大部分25部飞机拥有固有的抗鸟击能力,FAA的结论意味着飞机整体将在受到8lb鸟以巡航速度的撞击后能够继续安全飞行和着陆,然而FAA没有要求飞机制造商通过分析或试验来演示飞机整体都具有这样的能力。因此,FAA在没有要求制造商证实实施了这样的保护水平的情况下,无法保证飞机能够在受到8lb鸟的撞击后可以继续安全飞行并着陆。

2) 机场野生动物风险评估和管理

FAA咨询通告AC150/5200-33B《机场或机场附近的野生动物引诱物》中规定,接受联邦资助的机场必须符合该AC的标准和惯例,AC中要求被林地、水或湿地环绕的机场的运营人应该提交由野生动物伤害管理专家完成的野生动物(包括鸟)风险评估。AC中还要求机场应该建立一个从机场运行区最远边界外推5mile(1mile=1.6093km)的区域,这一区域内不应该存在引诱危险野生动物进入或者穿越进离场空域的引诱物。事故飞机是在威利波斯特机场(PWA)以南4mile撞击美洲白鹈鹕后坠毁的,当时它正在指定的离场高度上飞越欧维霍瑟湖。由于该机场靠近引诱物并且是联邦负责的,机场应该参照AC的要求进行野生动物风险评估。

然而FAA没有发现PWA机场没有进行野生动物风险评估,尤其考虑到该机场被多个引诱物所环绕,其中一些(包括欧维霍瑟湖)FAA是了解的,因为在FAA审批的俄克拉何马城威利波斯特机场的野生动物管理方案中有详细描述,该机场在欧维霍瑟湖附近,符合139部认证。虽然美国约有4000个未取证的公用机场,对它们的监察也低于符合139部认证的机场,但FAA也有责任确保像PWA这样的受到联邦资助的机场符合相关的要求。一座机场的野生动物管理方案基于野生动物风险评估,PWA没有按照要求进行相关的评估,无法确定能够减少与美洲白鹈鹕空中相撞风险的缓解措施。

3) 机身鸟击损坏最小化的预防性运行策略

对于任何飞机,都可以作为鸟的重量函数定义这样一个速度,使得与适航审定演示的情况具有相等的鸟击能量;同样也可以作为飞机重量和襟翼设置的函数定义一个最小安全速度,提供足够的机动飞行失速裕度。二者综合在一起就界定了飞机飞行速度的上界和下界,在这个区间内飞行,飞机既符合安全飞行速度要求又满足鸟击能量定义的审定标准。这样的信息可能会帮助飞行员制定出在已知鸟类活动频繁的区域运营时最小化鸟击造成损坏的运营策略。

例如,图2中对应CE-500飞机的两条速度曲线,每条曲线对应不同的鸟击能量,下面的线对应飞机风挡、机翼和其他结构的审定标准(考虑的是4lb重的鸟以287kn的速度撞击),上面的线对应机尾部分的审定标准(考虑的是8lb重的鸟以287kn的速度撞击)。该图还显示了最小安全速度(1.3倍失速速度),将其作为重量的函数,考虑不同的襟翼构型,以不同的线型显示。

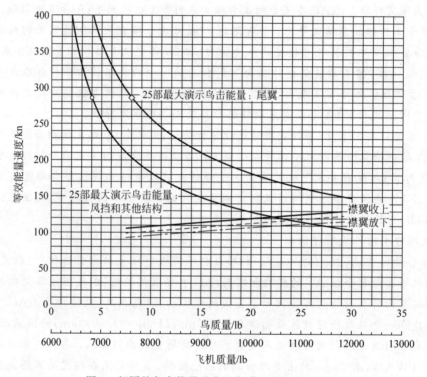

图2 相同的鸟击能量速度和鸟质量的关系示意图

应用图2,运行全重为11200lb的该型飞机的飞行员,如果考虑在襟翼收上的爬升过程中机翼结构与一只10lb重的鸟撞击的可能性,则飞行员可以在爬升到一定高度、鸟击的风险降低之前,选择在空速129～180kn飞行。这个速度限制范围的下限是给定重量的最小安全速度,上限是与10lb鸟撞击的最大允许速度,使得对应的鸟击能量小于机翼结构进行飞行试验时对应的鸟击能量。同理,对于该型飞机,假定鸟的质量为20lb,能够承受这样撞击的速度范围缩小为129～130kn。

参考图2描述的两个空速,上界速度对应不同的鸟、机身所受的撞击能量不会超过审定标准,而下界速度对应最小安全速度。该图能够帮助飞行员制定预防性操作策略,以最大限度地降低在鸟击高风险区域运行时受撞击引起的损害。

4) 鸟击或其他野生动物撞击报告

FAA鸟击或其他野生动物撞击报告收集的信息被整理汇编到FAA的国家野生动物

撞击数据库,用来识别最常发生撞击事件的野生动物种类,以及不同种类动物撞击情况发生的季节规律及撞击造成损坏的飞机机型和范围。

虽然 FAA 已经发布了相关的 AC 并制定了扩大范围的教育普及计划,支持飞行员、机场工作人员、维修人员及其他人员向 FAA 报告野生动物撞击时间,但这样的报告不是强制的。根据美国农业部(USDA)2005 年发布的研究报告,只有 21% 的已知撞击数据被收录到 FAA 的国家野生动物撞击数据库;这项研究表明,某些机场和航空公司日常收集到的野生动物撞击报告比自愿报告给 FAA 的要多得多。这就导致实际野生动物撞击数量和种类被严重低估,这样不完整的数据用来开展野生动物管理和风险缓解项目的有效性是受限的。

4. 结论

通过上面的技术分析,可以通过以下 4 个方面来降低鸟击带来的风险:

(1) 修订关于鸟击的审定标准,使得飞行中与鸟撞击的承受标准在整个飞机结构上保持一致,在起草修订时要考虑最新的军用和民用鸟击数据库信息和鸟类种群的发展趋势。

(2) 核实所有靠近林地、水面、湿地或者其他野生动物引诱物的通用机场,并进行野生动物风险评估。

(3) 要求飞机制造商开发针对具体机型的指导材料,以协助飞行员制定一旦发生鸟击,最大限度地减少飞机损坏程度的预防性运行策略。指导材料可能包括(但不仅限于)这样的图表,该图表描述随着飞机总重、襟翼构型和推力设置变化的最小安全速度,以及由适航审定时演示的鸟击能量确定的作为不同鸟质量的函数的最大空速。

(4) 要求机场的飞机运营人向野生动物撞击数据库报告所有野生动物撞击事件,包括(如果可能)物种信息。

思考题

飞机最小安全速度和飞机总重、襟翼构型和推力设置有什么关系?

(三)

【美国环球航空 800 号班机事故原因及其技术分析——燃油箱可燃性】

中国商用飞机有限责任公司民用飞机试飞中心　王肖　冯超

1. 事故回顾

1996 年 7 月 17 日,美国环球航空 800 号班机(TWA800),编号为 N93119 的一架波音 747-100 型客机正在执行飞行任务,从纽约肯尼迪国际机场起飞,预定抵达巴黎戴高乐机场,机上搭载 212 名乘客及 18 名机组人员。起飞后不久,位于机翼的油箱突然发生爆炸,接着飞机的头部(驾驶舱及部分客舱)从飞机残骸中脱离,导致飞机失去控制,剩下的飞机中部机身和机尾部分由于惯性,仍在半空,且引擎仍在运转,约 30s 后,飞机失去动力,开始下坠,突然左翼再次发生爆炸,最后飞机变成碎片,坠毁于大西洋,机上全部人员罹难(图1)。

图 1　美国环球航空 800 号班机及其残骸

2. 事故原因

NTSB 于 2000 年 8 月 23 日发布了事故的详细调查报告,对事故发生的原因进行了深入的分析,主要原因有:

(1) 由于检查行李导致了 60min 的延误,在此期间 APU 持续工作驱动空调,而空调主机安装于中央翼油箱的正下方位置,长时间的运转发热导致中央翼油箱内的燃油温度过高。根据 NTSB 事后的还原试验,空调部件的温度高达 177℃,油箱内的温度也达到了 52℃,基本达到引燃标准。

(2) N93119 号班机年老失修,很多电线的绝缘皮层出现了不可避免的老化甚至剥落,经过数据分析印证飞机的电路出现了短路现象,电线短路产生的火花点燃了油箱里的油气混合物引发中央油箱爆炸,继而导致驾驶舱和机体分离,最终毁掉了整架飞机。

(3) 燃油箱设计有缺陷,中央翼油箱位于机身热环境下,除了在可燃物、火源方面采取设计优化措施外,还需要从助燃物着手,降低助燃物的浓度,从而降低可燃风险。

3. 事故技术分析

针对事故原因,本文对此次事故进行更加详细的技术分析。

1) 事故过程分析

TWA800 航班原定于 19 时整起飞,但由于一件行李和乘客信息对不上号导致机场安保部门对 TWA800 航班的所有行李重新进行了一次全面排查,以排查可能出现的"行李炸弹"。这就延误了近一个小时,在 20 时 19 分,TWA800 航班顺利从纽约约翰·肯尼迪国际机场 22R 跑道起飞。

在 TWA800 航班向 15000ft 高度爬升过程中电路出现了短路现象,高压电流随着电线进入了油箱流量探测器内,电线短路产生的火花点燃了油箱里的油气混合物,引发中央油箱爆炸,爆炸产生的巨大压力炸断了主翼梁。断裂的主翼梁冲击到前翼梁,并留下很多撞击痕迹。压力和碎片将机身下侧炸出了破洞,使机身结构遭到严重破坏,继而导致飞机突然从机身前部 1/5 的位置断裂开来。后面的机身部分由于机翼下吊挂的 4 台普拉特·惠特尼 JT9D-7A 涡轮风扇发动机还在正常运转而继续爬升。由于飞机已经失去了控制,带着发动机的后半截机身继续往上爬升了 30s 并翻转 270°之后因失速而开始拖着熊熊烈火下坠(在此过程中又爬升了 1000~1500ft,即 300~450m)。在下坠过程中,飞机的左侧机翼内油箱发生爆炸,直接导致已经失压的机体在空中解体,随后残骸纷纷坠入纽约曼哈顿以东 120km 的大西洋,机上 230 人无一幸免,全部罹难。

2) 燃油箱可燃性

油箱中燃油的可燃性并非一成不变,而是随着飞行工况的改变,受燃油闪点、温度、蒸气压、油箱中氧浓度变化的综合影响。

燃油的闪点是燃油蒸气与空气形成混合气与火焰接触时发生闪火并立刻燃烧的最低温度,由其馏分组成中的初馏点和 10% 馏出温度共同决定,通常采用以下经验式进行估算:

$$\text{FP} = 0.653 t_{10\%} - 0.537(t_{10\%} - t_0) \tag{1}$$

式中,FP 为燃油闪点,℃;t_0 和 $t_{10\%}$ 分别为燃油的初馏点和 10% 馏出温度,℃。在工程应用中,闪点是防止火灾的一项重要指标,其随油面上气相空间压力的升高而升高,因此在敞口容器中一般要求加热温度低于闪点 10℃,而在压力容器中液体闪点较高,对加热温度无限制。

温度主要是考虑对燃油可燃界限的影响,可燃界限是指在某一温度范围内,燃油能保持稳定燃烧,而闪点的燃烧是不稳定的,因此可燃温度下限更高。而随着温度的升高,分子活性增加,使原来的不可燃混合物变为可燃,对应的可燃界限下限降低而上限增加,增加了混合物的燃爆危险性。国外专家Zabetaki在研究了众多碳氢化合物后提出了计算不同温度下可燃界限的经验公式:

$$LFL_T/LFL_{25} = 1 - 0.000784(T-25) \tag{2}$$

$$UFL_T/UFL_{25} = 1 - 0.000721(T-25) \tag{3}$$

式中,LFL_{25} 为25℃下燃油蒸气的可燃下限;UFL_{25} 为25℃下燃油蒸气的可燃上限;LFL_T 为T℃下燃油蒸气的可燃下限;UFL_T 为T℃下燃油蒸气的可燃上限。

饱和蒸气压一般指一定温度下燃油在密闭容器内与液相处于动态平衡时蒸气所具有的压力,其压力大小与容器的气液比相关。常用的饱和蒸气压有两种定义:第一种称为雷德蒸气压(reid vapor pressure,RVP),是指在温度为38℃,气相与液相的容积比为4∶1的特定条件下所测得的饱和蒸气压;第二种称为真实饱和蒸气压(ture vapor pressure,TVP),是指气相与液相的容积比为0时的饱和蒸气压。在此基础上,随着温度升高,气相与液相的容积比将大于0,即出现了燃油蒸气的溢出,蒸气压的大小取决于燃油蒸气在飞机燃油箱气相空间中的含量。从图2可以看出,饱和蒸气压随温度变化的关系虽不影响可燃界限,但若蒸气压直线斜率增大,可燃区域也会随之增大。

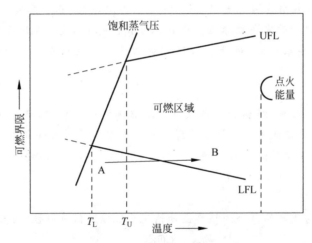

图2 可燃界限随温度的变化规律

因此,对于燃油箱的可燃性,可以假定为:在飞行包线内,如果燃油温度落入可燃温度界限以外,则燃油箱顶部气相空间因燃油蒸气浓度过稀或过浓而不可燃;当燃油温度落入可燃温度界限之内,燃油箱顶部气相空间还可能因为氧气浓度不足而不可燃。因此,适航符合性方法是在尽可能根除所有点火源的基础上,进一步通过控制燃油温度或充入惰性气体等技术措施来限制燃油箱处于"可燃"状态的时间,以降低燃油箱燃烧爆炸的风险。

4. 适航性分析

导致此次事故的原因有以下两方面:

1) 电搭接保护

飞机电气线路安全问题引起关注,缘于20世纪90年代两起重大的空难(TWA 800空难和Swissair 111空难),经美国国家运输安全委员会(NTSB)和加拿大运输安全委员会

(TSB)事故调查认定,这两起事故均可能和飞机电气线路故障直接相关,导致全机包括机组人员在内共计459人死亡。

根据 ATSRAC 的调查结论和相关建议,FAA 于 2005 年 10 月发布 NPRM,2007 年 12 月发布 25-123 号修正案,在 FAR 25 部中新增第 H 分部(EWIS)共计 17 条条款,还修订了 25.899、25.1310 等条款,新增附录 H 持续适航文件,包括适航限制部分和 EWIS 持续适航文件的要求,紧接着在 2008 年和 2011 年,EASA 和 CCAR 分别正式发布或更新 25 部,新增 H 分部-EWIS。

2) 燃油箱可燃性

在可能由于燃油或其蒸气的点燃导致灾难性失效发生的燃油箱或燃油箱系统内的任一点不得有点火源存在,以表明对相关条款的符合性。自 1960 年以来,全球已有 18 起因燃油箱爆炸导致的空难,FAA 对此高度重视,提出了消除燃油箱点火源和降低可燃性的措施,并颁布了多个修正案增加、修订 25.981 条款,以保障燃油箱的安全性。1967 年,FAA 通过颁布 Amdt.25-11 修正案在 FAR25 部中引入了 25.981 条款。2001 年,FAA 颁布修正案 Amdt.25-102 修改 25.981 条款,要求演示验证在失效状态下,燃油箱内不会出现点火源,列出至关安全性的所有维修工作并采取措施,以尽量减少燃油箱内产生的可燃油气发生燃烧时引起的灾难性损伤。2008 年,为进一步提高飞机燃油系统的安全性,在修正案 Amdt.25-102 的基础上,FAA 颁布修正案 Amdt.25-125,再次对 25.981 条款进行修改,为燃油箱防爆的持续适航提供新的安全性标准。目前 CCAR-25-R4 版与 FAR-25 截至 Amdt.25-125 对于 25.981 条款的要求一致,燃油箱防爆相关的试飞方法也在不断优化,适航要求越发完善。

5. 结论

通过本文的技术分析,对燃油箱可燃性会有更加深刻的认识,那么从主制造商的角度看,如何才能避免这起事故呢?飞机在获得适航证前需要进行燃油箱温度和惰化系统工作参数检查验证试验,支持燃油箱内气相空间温度和惰性气体浓度的评估,避免油箱内满足着火条件继而发生爆炸影响飞行安全。

思考题

是否有必要针对飞机的每个油箱都设计惰化系统以降低可燃性?请给出原因。

(四)

【土耳其航空 981 号班机事故原因及其技术分析——货舱门】

中国商用飞机有限责任公司民用飞机试飞中心　卢润玉　殷湘涛

1. 土耳其航空 981 号班机事故回顾

1974 年 3 月 3 日,土耳其航空 TK981 航班的一架 DC-10 型客机从法国巴黎奥利机场飞往伦敦希思罗机场。在起飞大约 10min 后,飞行高度大约为 11000ft 时,左侧后货舱门突然打开,导致舱内发生爆炸性减压,货舱上方的地板部分坍塌,进而导致尾翼飞控电缆失效,2 号发动机失效,机上有 6 名乘客和飞机部件被抛出。77s 后,飞机以 800km/h 的速度撞向地面,在巴黎东北 37km 的森林中坠毁,机上的 346 人全部遇难。

2. 土耳其航空 981 号班机事故的原因

经调查委员会调查发现,导致土耳其航空 981 班机事故的根本原因是货舱门锁没有正确闭合,而导致门锁未正确闭合的原因有以下几点:

（1）DC-10 飞机货舱门锁的机构设计特点使得在锁销未到位、舱门没有正确锁紧的情况下，舱门外的控制杆仍可以按下，看起来像正常锁紧时一样，同时驾驶舱警示灯可以照常关闭，给机组人员及地面行李操作员以错误的指示。

（2）此外，行李操作员在关闭货舱门后没有通过观察口进行目视检查以确认门锁是否闭合。虽然观察口的尺寸较小，为目视检查带来一些困难。

（3）服务通告 52-37 要求在交付前应安装支撑板，用于防止在锁扣系统未完全接合的情况下强行关闭锁扣手柄和通风门，但调查显示该飞机货舱门并没有加装支撑板，并且在交付时该问题也没有被发现。

由于舱门没有正确闭合，随着飞机爬升高度的增加，舱内外的压力差逐渐增大，没有完全锁闭的货舱门在压力作用下脱落，导致客舱压力迅速下降。由于客舱和后货舱之间缺乏足够大小的通气孔门，导致客舱与货舱间压力差过大，造成机舱地板结构受损，将布置在地板下方的飞控电缆切断，使 2 号发动机失效，平尾和升降舵的飞控电缆失效。

3. 土耳其航空 981 号班机事故技术分析

针对事故原因，本文对土耳其航空 981 号班机事故进行更加详细的技术分析。

1）货舱门锁设计缺陷

DC-10 飞机的后货舱门属于向外开启的非堵塞式舱门。舱门的闩机构由电气作动器驱动，上闩时，作动器上的作动杆伸出，驱动锁钩钩住门槛上的固定闩轴，锁机构由外手柄控制对闩机构上锁。事故调查发现，闩机构作动器上的作动杆未完全伸出，导致舱门未完全上闩。如图 1 所示，作动杆完全伸出时长度应为 297mm，而事故中舱门中仅为 277.5mm，未

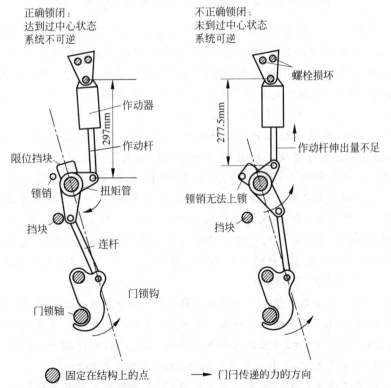

图 1　门闩作动器正常伸出和异常伸出的对比示意图（来源：引用文献[1]）

使锁闩机构具有过中心特征。调查认为导致作动杆未完全伸出的可能原因是，在作动杆伸出过程中电动机突然中断。而电动机中断的原因是，驱动机构中的轴承老化使得电动机上的负载增大，电动机的超负荷运转引起温度升高，温度升高到一定程度后电路中的过热保护系统就会切断电动机的电源。

除作动杆未完全伸出的问题外，该舱门的锁销也没有安装到正确位置。维修手册要求，正常情况下，在完全关闭上锁的位置，锁销末端至少应超过限位挡块后侧面6.35mm。但是事故调查发现，事故飞机锁销的位置距离限位挡块后侧面还有1.6mm的距离。在这种情况下，如果出现未完全上闩的状态，锁销碰到限位挡块只受到很小的阻力，起不到监控闩机构的作用（图2）。

图2 技术检查时恢复的货舱门（来源：引用文献[1]）

由于作动杆伸出量不足且锁销末端未上锁，来自机身内部的压力对门锁钩施加的反向驱动力会通过门锁机构传递到作动器支架，进而导致作动器支架上的两个连接螺栓损坏。当两个连接螺栓失效时，作动器脱落使门锁钩从门锁轴中滑脱，导致货舱门突然打开。

此外，按照设计意图，闩机构未完全上闩时，锁销将被限位挡块阻挡，无法上锁，进而触发舱门未上锁告警提示，因此通过锁销可以监控闩机构。然而由于整个门锁机构的设计及安装原因，导致门扣未完全卡住且锁销未到位时，门锁手柄可以在没有施加任何异常力的情况下被拉下，并且驾驶舱告警提示可熄灭，给机组及地面人员以错误的指示。

在土耳其航空981号航班事故发生的两年前，即1972年6月12日，美国航空96号班机一架DC-10客机在加拿大温莎上空曾因类似原因发生事故，所幸当时飞机安全降落，机上无人受伤。两起事故的原因十分相似，都是在舱门未完全上闩且锁销未到位时，舱门控制杆仍可拉下，驾驶舱告警灯熄灭，导致在飞行过程中作动器支架螺栓损坏，舱门脱落，发生爆炸性失压。NTSB对麦道公司提出了改进设计的要求，但是没有引起重视，导致了类似的事故再次发生。

2）地板塌陷的技术原因与影响

机尾货舱门突然打开导致货舱压力迅速下降，由于客舱地板未安装足够的通气孔，客舱与大气之间的压力差施加在货舱上方的客舱地板上，使地板支撑结构发生损坏，客舱地板向下坍塌至货舱内。由于飞机的飞控线缆布置在地板下方，地板的坍塌导致线缆被切断，使平尾和升降舵的控制电缆失效，2号发动机失效，机组失去对飞机的控制。

土耳其航空981号班机由于采用了与美国航空96号班机不同的座椅配置，导致地板塌陷程度更为严重，加剧了对飞控的影响（图3）。

图 3　美国航空 96 号班机事故和土耳其航空 981 号班机事故座椅配置对比（来源：引用文献[1]）

(a) 美国航空 96 号班机事故座椅；(b) 土耳其航空 981 号班机事故座椅

4. 土耳其航空 981 号班机事故适航性分析

由于土耳其航空 981 号班机事故的影响，1980 年 FAA 颁布了修正案 25-54，对 25.365 "增压舱载荷"和 25.783"舱门"条款进行了修订：

（1）对 25.365"增压舱载荷"条款进行修订，要求结构能够承受特定尺寸孔洞所导致的快速释压影响。该修正案定义了孔洞尺寸的计算方法，并规定了最大的孔洞面积不超过 20in^2，即大约为造成事故的 DC-10 后货舱门的尺寸。该条款要求设计上能够防止因客舱和货舱出现特定尺寸孔洞时引起地板和格框的塌陷，可以认为很好地解决了因空中舱门开启而引起的释压问题。该适航要求使飞机的地板得到了加强，并且在隔舱之间增加了通风装置。修正案 25-71 修订了该条款，将增压货舱或行李舱、增压舱内外部所有结构、零部件等都纳入该要求中，扩大了条款的适用范围。

（2）该修正案也对 25.783"舱门"条款进行了修订，以提高舱门的设计标准，将未完成舱门关闭的可能性降到最低。该条款要求外部舱门必须有措施防止在舱门未完全关闭和锁定的情况下飞机增压启动到不安全的水平。在修正案 25-114 中，该条款被纳入 25.783(c)款，更改为"必须有措施防止任何承压的门在未完全关闭、锁闩和锁定的情况下将飞机增压到不安全的水平"。此外，条款要求对于打开时首先做非内向运动的门，必须有清晰的直接目视检查措施，确定门是否完全关闭、锁闩和锁定。该措施在运行照明条件下或者通过手电筒或同等光源的手段照明条件下是清晰可辨的。同时，该条款要求在驾驶舱必须有目视措施，如果门没有完全关闭、锁闩和锁定则给驾驶员发出信号。对于打开时首先做非内向运动的门，该措施必须被设计成任何失效或者失效组合导致错误的关闭、锁闩和锁定指示是不可能的。在后续的修正案 25-114 中，以上两条要求将适用范围扩大到所有锁闩打开可能导致危险的舱门，无论其初始运动方向如何。同时，如果打开的舱门不允许安全飞行，则对任何舱门未完全关闭、锁闩并锁定时应在起飞前给出声学警告。

在土耳其 981 号班机事故后，FAA 进一步提高了关于机舱地板加固、改善通风口的要求，进而提高了大型失压或结构损伤事故的生还率。

5. 结论

通过本文的技术分析，对土耳其航空 981 号班机事故的过程和原因有了更深刻的认识，直观地展示了该事故对于适航条款制定的影响,加深了对相关适航条款的理解,对于认识民用飞机的设计到交付过程有一定的启发。

思考题

1. 请总结由货舱门引起的飞机失事的原因。
2. 请分析如何避免类似的事故再次发生?

引用文献

[1] "McDonnell Douglas DC-10",McDonnell Douglas DC-10 | Federal Aviation Administration,https://www.faa.gov/lessons_learned/transport_airplane/accidents/TC-JAV.

本章小结

学习飞机结构是了解航空知识的重要部分,本章重点介绍了飞机结构的基本组成,对飞机结构的要求和常用的飞机材料做了介绍。本章还着重介绍了飞机机身、机翼和起落架的常见形式,使读者对飞机的结构有初步的了解和掌握。

复习与思考

1. 飞机结构对哪些方面有要求?
2. 飞机的结构组成包括哪些部分?
3. 飞机机身有哪些结构形式?
4. 飞机机翼有哪些常见的结构形式?
5. 飞机起落架有哪些常见的布局形式?介绍其各自的优、缺点。
6. 飞机起落架有哪些收放形式?

本章习题

一、单项选择题

1. 下列叙述正确的是(   )。
    A. 桁条式机身有很强的桁梁
    B. 机身的隔框都是加强隔框
    C. 机身的主要受力构件是隔框、桁条、桁梁和蒙皮
    D. 机身的截面积都是圆形的
2. 飞机起落架的构造形式主要有(   )。
    A. 前三点式、后三点式和自行车式 B. 构架式、支柱式、摇臂式和外伸式
    C. 张臂式和撑杆式   D. 前起落架和后起落架
3. 下列不属于飞机构造基本要求的是(   )。
    A. 具有良好的空气动力外形   B. 采用重量轻、强度较小的材料
    C. 飞机的各构件易拆卸和安装   D. 飞机具有可靠的安全性
4. 目前起落架收放应用最广的形式是(   )。
    A. 电动收放式   B. 压缩空气收放式
    C. 液压收放式   D. 其他方式

5. 飞机的燃油系统主要包括（　　）。
   A. 燃油箱和压力加油系统　　　　　B. 通气增压系统和应急放油系统
   C. 油量指示设备和控制设备　　　　D. 上述 A、B、C 都对

6. 下面不属于对飞机结构的工艺和经济性要求的是（　　）。
   A. 飞机结构满足飞行性能要求的气动外形和表面质量
   B. 在满足一定的强度、刚度和寿命的条件下，要求飞行的结构重量越轻越好
   C. 飞机结构要求使用方便，便于检查、维护和修理
   D. 在一定的生成条件下，飞机结构要求制造方便、生产周期长、成本低

7. 下面不属于机翼结构上一般承受的力是（　　）。
   A. 弯矩　　　　　B. 热应力　　　　　C. 扭矩　　　　　D. 剪力

8. 机翼的主要功用是（　　）。
   A. 提供升力
   B. 提供飞机起飞、着陆和地面停放的动力
   C. 装载人员、货物、设备等
   D. 给飞机减速

9. 飞机上能维持气动外形的结构是（　　）。
   A. 纵墙　　　　　B. 翼梁　　　　　C. 翼肋　　　　　D. 蒙皮

10. 下面不属于现代飞机结构常用材料的是（　　）。
    A. 陶瓷　　　　　B. 合金钢　　　　　C. 钛合金　　　　　D. 复合材料

二、填空题

1. _____ 是飞机产生升力和阻力的主要部件。
2. 起落架在飞机上的布置可以分为 _____、_____ 和自行车式。
3. 主起落架的收放形式分为：_____、_____、沿斜向收起。
4. _____ 是飞机在地面停放、滑行、起飞与着陆滑跑时用于支撑飞机重力，承受相应载荷的装置。
5. 机翼平面形状的参数包括翼展、_____、梢根比、后掠角。

三、判断题

1. 所谓的飞机结构就是飞机各受力部件和支撑构件的总称。（　　）
2. 根据不同的飞行和环境条件，要求材料具有一定的耐高温和耐低温性能，所以飞机的材料只要具有良好的抗老化和耐腐蚀能力就可以了。（　　）
3. 飞机结构需要满足飞行性能所要求的气动外形和表面质量。（　　）
4. 飞机在选用结构材料时，应尽量采用强度和刚度大的材料。（　　）
5. 飞机起落架装置的功用是提供飞机起飞、飞行、着陆和地面停放之用。（　　）
6. 现代飞机上应用最广泛的起落架配置形式是前三点式。（　　）
7. 装有后三点式起落架的飞机地面运动稳定性较好。（　　）
8. 前三点式起落架的前轮在滑跑中易出现摆振（或称颤振）现象。（　　）
9. 机翼是飞机存储燃油的部件。（　　）
10. 水平安定面不能偏转。（　　）

第 6 章　航空公司

视频：6 分钟了解国内的航空公司都有哪些？

视频：2023 年国内航空公司机队数量排名

视频：全球十佳航空公司排名

航空公司是民航飞机的使用者和运营商，作为民航运输的主要力量，我们有必要了解它的分类、设立、运行，以及航班计划、旅客运输和货物运输的组织过程等相关知识，这些都是了解民航运输业的基础。

6.1 民航运输基础

民航运输是在具有航空线路和机场的条件下，利用航空器作为载运工具运送旅客及货物的一种运输方式，实现人和物在不同地点和时间之间的移动。民航运输是现代交通运输的重要组成部分，与铁路、公路、水路和管道运输共同组成了综合交通运输系统。

6.1.1 民航运输的特点

民航运输和其他交通运输方式一样，都是改变运输对象的空间位移。但相较于其他运输方式，民航运输又具有自己的特点。

1. 速度快

在 5 种交通运输方式中，速度快是民航运输最大的优势和特点，现代民航喷气式飞机的飞行速度为 900～1100km/h，高铁"复兴号"的标准速度是 350km/h，汽车在高速公路上的车速不能超过 120km/h，常规货轮的海上运输速度为 28～37km/h，管道运输速度受管径、输送对象和管道工艺的影响，一般原油管道的流速为 3.6～7.2km/h。运输距离越长，民航运输节约的时间越多，速度快的特点也越明显，因此民航运输在长途运输中发挥着重要作用。

2. 舒适安全

民航运输大大缩短了航程时间,而且现代民航客机的客舱宽敞、噪声小、机内有膳食和视听等设施,旅客乘坐的舒适程度高。民航运输是最安全的运输方式,国际航空运输协会(IATA)的统计数据显示,2022年每百万次飞行的总事故率仅为1.21,致命事故率仅为0.16,安全性远远高于铁路运输、水路运输和公路运输。

3. 受地形条件限制小

飞机在空中飞行,能飞越地理障碍,因此,民航运输不像水路运输一样受海洋、河流和港口的限制,也不像铁路和公路运输受地面线路限制。只要两点之间有客流或货流,修建两座机场,就能提供运输服务。

因此,尽管民航运输在运输量方面和其他运输方式相比是比较少的,但由于它的特点,民航运输在现代交通运输体系中发挥着不可替代的作用。

6.1.2 民航运输业的特性

民航运输业是现代社会发展和国家经济建设的重要支柱产业,生产过程需要航空公司、机场、空中交通管理部门及民航运输保障企业通过彼此的合理分工、紧密合作才能完成。民航运输业主要具有以下行业特性。

1. 周期性

从长期发展来看,民航运输业与宏观经济周期高度相关,具有与经济周期波动一致的周期性特点。如图 6-1 所示,1950—2015 年,全球旅客运输周转量即收入客公里(revenue passenger kilometers,RPK)的增速与全球经济 GDP 的增速基本同步。这是因为民航运输需求是一种派生需求,旅客乘坐飞机并不是其最终目的,而是通过乘坐飞机实现空间位移改变,最终满足其工作、学习、探亲、访友等需要。货主的民航运输需求也是如此,运输并不是最终目的,而是为了达到其生产或将生产的产品运到市场上销售的目的。因此,当经济繁荣时,人们的社会生产、公商务活动及出行需求将大大增加,从而刺激民航运输业增长;而当经济不景气时,人们将削减相应的活动,从而减少对民航运输的需求。

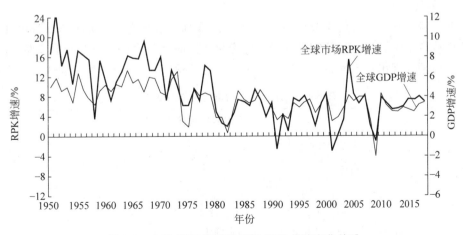

图 6-1 全球 GDP 增速和民航 RPK 增速变化关系

近40年来,全球民航运输需求增长对经济增长的弹性值一直保持在2.0左右,弹性系数非常高,因此,民航运输业的波动比经济周期的波动更大,当经济复苏时,民航运输业会比经济更快地复苏;当经济繁荣时,民航运输业往往表现得更加繁荣;当经济衰退时,民航运输业会比经济更快地下滑;当经济萧条时,民航运输业往往会陷入更加萧条的泥潭。总之,宏观经济周期交替出现和民航运输需求的派生性及对经济增长的高弹性系数,导致民航运输业具有周期性的特点。

2. 区域不平衡性

民航运输与区域政治地位、产业结构、对外贸易、旅游资源等因素密切相关,因此民航运输业的区域间发展不平衡现象也极为明显。例如,我国东部地区民航运输规模明显高于东北、中部和西部地区。以2021年为例,我国内地有运输机场(不含香港、澳门和台湾地区)248座,其中东部地区56座、中部地区40座、西部地区125座、东北地区27座。但全国民航运输机场完成的旅客吞吐量分布情况是东部地区占比48.8%、东北地区占比6.1%、西部地区占比32.7%、中部地区占比12.4%,而全国完成的货邮吞吐量分布情况是东部地区占比72.9%、东北地区占比2.9%、中部地区占比8.9%、西部地区占比15.3%,如图6-2、图6-3所示。

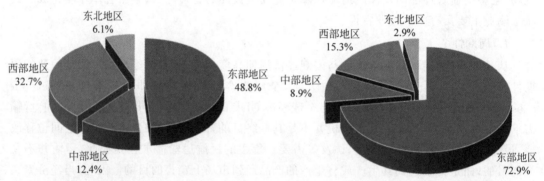

图6-2 民航运输机场旅客吞吐量地区分布　　图6-3 民航运输机场货邮吞吐量地区分布

3. 季节性

民航运输业具有显著的季节性特征,这是因为民航旅客中有一部分来自旅游业,旅游业的季节性特点带来了民航运输需求的季节性变化。同时货品生产与消费的季节性变化也使民航货物运输表现出季节性特点。以我国民航旅客运输为例,季节特性见表6-1。

表6-1 民航旅客运输市场的季节性变化

月　份	民航旅客运输市场需求
1—2	春运,需求旺季
3	春运过后的需求淡季,月底公商务市场逐步回暖
4	从中旬开始公商务活动旺季
5	相对偏淡,月底临近高考,客源减少
6	月初淡季,高考、中考结束后需求回暖
7—8	公商务叠加暑期旅游,需求旺季
9—10	公商务活动较为密集,叠加"十一"长假,需求旺季
11—12	天气转冷,旅客出行意愿降低,民航需求淡季,但部分南方航线走暖

民航运输业的季节性特征会反映在民航客座率和旅客运输量等指标上,形成行业的淡旺季。

4. 高投入、高技术、高风险、低利润性

民航运输业是资金密集型的行业,所需的资金投资额巨大,无论是配套的基础建设、技术改造,还是飞机引进、航材进口、航线开辟都需要巨大的资金投入。民航运输业也是技术密集型行业,信息化、智能化程度高,尤其是随着科学技术的进步,航空安全检测系统、航行保障系统、航空器技术等不断升级、优化和创新。

民航运输业具有高风险性,一方面是因为空中运输存在很多不可控因素,一旦出现问题后果不堪设想;另一方面是因为民航运输企业的经营容易受外界影响,政治经济形势、自然灾害、汇率、利率、航油价格波动,甚至流行性疾病等都会对其经营产生较大影响。

虽然民航运输业高投入、高技术、高风险,但是行业利润非常微薄,这在全世界已达成共识。2000年以来,全球民航业的平均利润率仅为3.3%。

5. 规模经济性

规模经济性是指在给定的技术水平上,随着产量的增加,单位产品成本降低的现象。规模经济性产生的原因是:在给定技术水平且在一定产量范围内,企业生产的固定成本可以认为变化不大,因此产品增加可以更多地分担固定成本,从而使单位产品成本下降。民航运输业具有规模经济性,飞机、航材、地面服务设施还有互联网等系统投入巨大,航空公司通过提高航班客座率、飞机日利用率等措施提高生产量,可以摊薄单位生产成本,增加航班收益和企业利润,这种方式获得的经济效应也有学者称之为密度经济性。

6.1.3 民航运输业生产统计指标

生产统计是每一个行业在经营管理过程中必须要做的工作。民航运输业通过生产统计指标分析可以全面了解行业生产经营的客观情况,为行业管理及企业决策提供参考依据,更加有效地促进行业发展。民航运输业的生产统计指标主要有运输规模指标、运输能力指标、运输效率指标、收入指标、成本指标等。

1. 运输规模指标

运输规模指标反映了民航运输企业一定时期运输生产的实际完成情况。常用的指标如下:

1) 运输量

运输量是指航空公司在一定时期内使用航空器运输旅客、货物和邮件的数量,分为旅客运输量、货物运输量和邮件运输量。

(1) 旅客运输量,是指运输飞行所载运的旅客人数。以人为计算单位,成人和儿童各按一人计算,婴儿因不占座位不计人数。一个航班的旅客运输量表现为飞机沿途各机场的始发旅客运输量之和。其中,机场始发旅客运输量是指客票确定的以本机场为起点始发乘机的旅客。多航段航班的旅客运输量和单航段旅客运输量不同,下面举例说明。

例 6-1 某航班航程为"上海—石家庄—沈阳",从上海登机 90 名成人、8 名儿童、2 名婴儿,飞机经停石家庄时以站下机 20 名成人,新登机了 10 名成人,求该航班旅客运输量及各航段旅客运输量是多少?

解:婴儿不统计在旅客运输量内,因此,上海站始发旅客计为 90 人+8 人=98 人,石家庄站始发旅客 10 人,所以,航班旅客运输量=98 人+10 人=108 人。

航程共 2 个航段"上海—石家庄"和"石家庄—沈阳",相应的航段旅客运输量分别为 98 人和 88 人。

(2) 货物运输量,是指运输飞行所载运的货物质量,货物包括外交信袋和快件,以吨为计算单位,保留一位小数。统计方法与旅客运输量一致。

(3) 邮件运输量,是指运输飞行所载运的邮件质量,以吨为计算单位,保留一位小数。统计方法与货物运输量一致。

2) 运输周转量

运输周转量是指航空公司在一定时期内承运的旅客人数、货物和邮件质量与运输距离的乘积,分为旅客周转量、货物周转量、邮件周转量和运输总周转量,计算公式如下:

$$旅客周转量 = \sum (航段旅客运输量[人] \times 航段距离[公里])(单位为人公里(或称"客公里")) \quad (6-1)$$

$$货物周转量 = \sum (航段货物运输量[吨] \times 航段距离[公里])(单位为吨公里) \quad (6-2)$$

$$邮件周转量 = \sum (航段邮件运输量[吨] \times 航段距离[公里])(单位为吨公里) \quad (6-3)$$

$$运输总周转量 = 旅客周转量(吨公里) + 货物周转量(吨公里) + 邮件周转量(吨公里)$$

$$或运输总周转量 = \sum (航段载量之和[吨] \times 航段距离[公里]) \quad (6-4)$$

从运输的角度出发,航空公司的生产不仅与运输数量有关,还和运输距离有关,运输周转量能全面反映航空公司运输生产的成果。

计算运输总周转量时,需要将旅客周转量人公里折算成吨公里后与货物、邮件周转量相加。

国际民航组织规定的旅客重量折算标准是:成人旅客重量按 90kg/人计算(含行李),即 1 人公里=0.09 吨公里;儿童、婴儿分别按成人重量的 1/2 和 1/10 计算,即

$$旅客周转量(吨公里) = \sum ((航段成人数 + 航段儿童数/2 + 航段婴儿数/10) \times$$
$$0.09 \times 航段距离) \quad (6-5)$$

例 6-2 某航空公司某天运营 3 个航班的运输数据见表 6-2,请统计该航空公司当天的旅客运输量、货物运输量、邮件运输量,旅客周转量、货物周转量、邮件周转量和运输总周转量。

表 6-2 某航空公司某天运营 3 个航班的运输数据

航班	航程距离/km	运输旅客/人	运输货物/t	运输邮件/t
1	800	10 成人	50	5
2	1000	9 成人,1 儿童	60	6
3	1200	9 成人,1 婴儿	70	7

解:旅客运输量 29 人,货物运输量 180 吨,邮件运输量 18 吨。

旅客周转量=10×800 人公里+10×1000 人公里+9×1200 人公里=28800 人公里

货物周转量=50×800 吨公里+60×1000 吨公里+70×1200 吨公里=184000 吨公里

邮件周转量=5×800 吨公里+6×1000 吨公里+7×1200 吨公里=18400 吨公里

旅客周转量(吨公里)＝10×0.09×800 吨公里＋(9＋1/2)×0.09×1000 吨公里＋(9＋1/10)×0.09×1200 吨公里＝2557.8 吨公里

运输总周转量＝2557.8 吨公里＋184000 吨公里＋18400 吨公里＝204957.8 吨公里

3) 收入客公里、收入货运吨公里、收入吨公里

在运输规模这一指标体系中，航空公司也经常会用到收入客公里、收入货运吨公里及收入吨公里三个指标来衡量其实际完成的运输工作。这三个指标前面都加上了"收入"二字，表明这是航空公司运输资源有偿使用取得的生产业绩，剔除了不收费的乘客和货邮运输影响，真实地反映了航空公司作为市场经济的主体，企业化经营所完成的实际运输情况。

$$收入客公里 = \sum (航段付费运输旅客人数[人] \times 航段距离[公里]) \qquad (6\text{-}6)$$

$$收入货运吨公里 = \sum (航段付费运输货邮质量[吨] \times 航段距离[公里]) \qquad (6\text{-}7)$$

$$收入吨公里 = \sum (航段付费运载质量[吨] \times 航段距离[公里]) \qquad (6\text{-}8)$$

其中：付费运载重量等于付费运输的旅客人数折算成质量，加上付费运输的货邮质量。

4) 吞吐量

吞吐量是反映机场运输业务规模的指标，是指在一定时期内进出机场的旅客、货物和邮件的数量，分为旅客吞吐量和货邮吞吐量。

(1) 旅客吞吐量是指一定时期内进港(机场)、出港及过站的旅客人数，单位为人次。其中，成人和儿童各按一人次计算，婴儿不计人次。

进港旅客是指旅程终止于本机场的旅客和联程旅客。

出港旅客是指由本机场始发的旅客和中转飞机的联程旅客。其中，始发旅客是指客票以本机场为起点，始发乘机的旅客。联程旅客是指购买联程客票在本机场中转飞机的旅客。

过站旅客是指仍要乘坐到达本机场的航班(同一航班号)继续其航程的旅客。过站旅客计算吞吐量时只统计一次。

例 6-3 某航班航程为"上海—石家庄—沈阳"，从上海登机 90 名成人、8 名儿童、2 名婴儿，飞机经停石家庄时到站下机 20 名成人，新登机 10 名成人，假设 3 座机场当日只有该航班起降，求当日 3 座机场的旅客吞吐量分别为多少？

解：婴儿不统计在旅客吞吐量中，所以上海机场出港旅客计为 98 人，旅客吞吐量为 98 人次；

石家庄机场进港旅客 20 人，经停旅客 98 人－20 人＝78 人，出港旅客 10 人，所以石家庄机场旅客吞吐量为 20 人＋78 人＋10 人＝108 人次；

沈阳机场仅有到港旅客 78 人＋10 人＝88 人，所以沈阳机场旅客吞吐量为 88 人次。

(2) 货邮吞吐量是指一定时期内进港、出港及过站的货物和邮件的质量，以吨为计算单位，保留一位小数。进出港、经停货邮的统计方法、范围与进出港、经停旅客的相同。

2. 运输能力指标

运输能力指标反映了航空公司的运输供给能力，包括可用座公里、可用货运吨公里和可用吨公里三个指标，公式如下：

$$可用座公里 = \sum (航段可提供的最大座位数[客座] \times 航段距离[公里]) \qquad (6\text{-}9)$$

航段可提供的最大座位数是指全部座位数去掉机组使用的座位数和因某些原因不能利用的座位数。

可用货运吨公里 $= \sum$（航段可提供的最大货邮载运量[吨] × 航段距离[公里]） (6-10)

可用吨公里 $= \sum$（航段可提供的最大商载量[吨] × 航段距离[公里]） (6-11)

例 6-4 某航空公司某日投入运营飞机的情况见表 6-3，求当日该航空公司投入的可用座公里、可用货运吨公里、可用吨公里是多少？

表 6-3 某航空公司某日投入运营飞机情况

飞机	可用座位数/座	可用货运吨位/吨	最大商载/吨	执飞航线距离/公里
A	400	20	50	1000
B	200	10	25	800

解：可用座公里：400×1000 座公里 + 200×800 座公里 = 56 万座公里

可用货运吨公里：20×1000 吨公里 + 10×800 吨公里 = 2.8 万吨公里

可用吨公里：50×1000 吨公里 + 25×800 吨公里 = 7 万吨公里

3. 运输效率指标

运输效率指标是指航空器在执行飞行任务时的实际载运量和最大载运能力的比值。它既反映了航空器运载能力利用的程度，也反映了航空公司运输资源的利用效率，是企业制订航班计划、组织航线运营工作的主要依据，包括客座率、货邮载运率和综合载运率三个指标，公式如下：

客座率 = 旅客周转量 ÷ 可用座公里 × 100% (6-12)

货邮载运率 = 货邮周转量 ÷ 可用货运吨公里 × 100% (6-13)

综合载运率 = 运输总周转量 ÷ 可用吨公里 × 100% (6-14)

对某一具体航班，这三个指标可按以下公式直接计算：

客座率 = 航班载客人数 ÷ 航班可提供的最大座位数 × 100% (6-15)

货邮载运率 = 航班货邮运输量 ÷ 航班可提供的最大货邮载运量 × 100% (6-16)

综合载运率 = 航班实际运载 ÷ 航班最大商载量 × 100% (6-17)

4. 收入指标

收入指标反映了航空公司的业务收入能力和运价水平，可以分为两组指标：

第一组指标包括客公里收入、货运吨公里收入及吨公里收入。

（1）客公里收入是航空公司一定时期内客运收入与旅客周转量之比，单位是元/人（客）公里，表示航空公司运输每名旅客每公里取得多少收入。

（2）货运吨公里收入是航空公司一定时期内货运收入与货邮周转量的比值，表示每吨货物运输每公里取得的收入，单位是元/吨公里。

（3）吨公里收入是客货运的综合，即航空公司一定时期内运输总收入与运输总周转量的比值。由于航空公司客运和货运的经营方式有很大区别，运价制订的依据也不同，因此这个指标更多的是被民航政府主管部门用来统计民航运输总体平均收入水平。

第二组指标包括可用座公里收入、可用货运吨公里收入和可用吨公里收入。

（1）可用座公里收入是航空公司一定时期内客运收入与可用座公里之比，单位是元/座公里，表示航空公司运输每个座位每公里的收入水平。

（2）可用货运吨公里收入是航空公司一定时期内货运收入与可用货运吨公里的比值，

表示货舱每吨运力运输每公里的收入水平,单位是元/吨公里。

(3) 可用吨公里收入是航空公司一定时期内运输总收入与可用吨公里的比值。

总之,两组指标都可以用来衡量航空公司的业务收入水平,只是前者强调的是针对实际运输的营收,反映了实际营收状况,且具备衡量票价水平的功能;后者强调的是针对可提供运输能力的营收,体现了审慎原则和资源利用程度。由于实际运输才带来收入,而不是设置一个座位或货舱舱位就有收入,所以用以评价收入的业务指标时,第一组指标更为常用,也更具有现实意义。

5. 成本指标

成本指标反映了航空公司的成本水平,也分为两组指标。

第一组指标包括客公里成本和吨公里成本。

(1) 客公里成本是航空公司主营业务成本费用与旅客周转量的比值,反映了每名旅客运输每公里的成本水平。

(2) 吨公里成本是航空公司主营业务成本费用与运输总周转量的比值,反映了单位运输周转量成本水平。

第二组指标包括可用座公里成本和可用吨公里成本。

(1) 可用座公里成本是主营业务成本费用与可用座公里的比值,表明航空公司每个座位每公里的成本水平。

(2) 可用吨公里成本是主营业务成本费用与可用吨公里的比值,反映了单位载运力成本水平。

虽然每运输一名旅客或一批货邮会有成本,但更重要的是航空公司每设置一个座位或货舱舱位就会有成本,所以用以评价成本的指标体系时,第二组指标更为常用也更为科学。

例 6-5 某年,A 航空公司的统计运输生产数据为:全年完成旅客周转量 1831 亿人公里,货邮周转量 26 亿吨公里,运输总周转量 188 亿吨公里。整体运力投入可用座公里:2259 亿座公里,可用货运吨公里:70 亿吨公里,可用吨公里:274 亿吨公里;运输总收入 983 亿元,其中客运收入 947 亿元,货运收入 36 亿元,主营业务成本费用 902 亿元。求 A 航空公司以下生产统计指标(结果保留两位小数):客座率、货邮载运率、综合载运率,客公里收入、货运吨公里收入、吨公里收入、客公里成本、吨公里成本、可用座公里成本、可用吨公里成本。

解:客座率:$1831 \div 2259 \times 100\% \approx 81.05\%$

货邮载运率:$26 \div 70 \times 100\% \approx 37.14\%$

综合载运率:$188 \div 274 \times 100\% \approx 68.61\%$

客公里收入:947 亿元 ÷ 1831 亿人公里 ≈ 0.52 元/人公里

货运吨公里收入:36 亿元 ÷ 26 亿吨公里 ≈ 1.38 元/吨公里

吨公里收入:983 亿元 ÷ 188 亿吨公里 ≈ 5.23 元/吨公里

客公里成本:902 亿元 ÷ 1831 亿客公里 ≈ 0.49 元/客公里

吨公里成本:902 亿元 ÷ 188 亿吨公里 ≈ 4.80 元/吨公里

可用座公里成本:902 亿元 ÷ 2259 亿座公里 ≈ 0.40 元/座公里

可用吨公里成本:902 亿元 ÷ 274 亿吨公里 ≈ 3.29 元/吨公里

6.2 航空公司的分类、设立与运行

6.2.1 航空公司的概念与特点

航空公司又称为公共航空运输企业,是以营利为目的,使用民用航空器从事旅客、行李、邮件、货物运输的企业。航空公司使用的航空器可以是自己拥有的,也可以是租来的,它们既可以独立提供运输服务,也可以与其他民航运输企业合作或者组成联盟。

由于民航运输经营的特殊性,航空公司不同于一般的企业,它具有自身的鲜明特点,具体表现在以下几方面:

(1) 企业资本投入大。民航运输属于资金密集型行业,航空公司进入市场的必备条件要求高,以购置飞机的成本为例:当前一架波音747-400的价格大约是1.5亿美元,一架空客A380的价格大约是4.46亿美元,小型飞机一般每架在5000万美元以上。

(2) 安全是最重要的企业运输服务质量考评指标。航空公司要求具有极高的安全管理水平,力求零缺陷、零差错、零失误。

(3) 技术要求高。航空公司在生产工具、设备操作、系统运行等方面均体现了高技术要求,要求人员具备较高的专业技能与技术水平。

(4) 行业监管严格。民航运输属于高度政策管制行业,航空公司的设立、航线开设及运行等均需取得政府主管部门的批准。

(5) 国际化程度高。国际化与跨区域运营是航空公司的显著特征,因此企业运营不仅受国内因素的影响,还受国际因素的影响。

6.2.2 航空公司的分类

根据不同的分类标准,航空公司可以划分为不同的类型。

1. 按业务范围分类

(1) 客货兼营的航空公司。这类公司是以民用航空器进行经营性客货运输的企业,通常以客运为主,货运为辅,航班飞机在装载旅客的同时配载货物或邮件,以充分发挥飞机的载运能力,增加航班收入,如中国国际航空公司、南方航空公司、东方航空公司等。

(2) 全货运航空公司。这类公司是专门从事普通概念下的航空货物运输、航空邮件运输及航空快递运输业务的企业。例如,中国货运航空公司,简称"中货航",成立于1998年7月30日,是国内首家全货运航空公司;顺丰航空、中国邮政航空等也是全货运航空公司。

2. 按所有制类别分类

(1) 国有航空公司。国有航空公司是指国家对其资本拥有所有权或者控制权,包括国有全资和国资控股的航空公司,如中国国际航空公司、南方航空公司、东方航空公司、厦门航空公司等。

(2) 民营航空公司。民营航空公司是非公有制的民航运输企业,公司资本主要来源于民间经济实体。2005年1月15日起施行的《公共航空运输企业经营许可规定》允许民营资本开办航空公司,自此民营航空开始步入发展的快车道。我国先后批准成立了十多家民营航空公司,如春秋航空公司、吉祥航空公司、华夏航空公司等。

中外合资航空公司是中国合营者与外国合营者在中国境内共同投资、共同经营并按投资比例分享利润、分担风险和亏损的民航运输企业。依照中国法律的规定,中外合资航空公司须由中方控股,且一家外商及其关联企业投资比例不得超过25%,法定代表人须由中国籍公民担任。因此,中外合资航空公司本质上仍属于国有航空公司或民营航空公司,如东海航空公司是国内首家民营中外合资航空公司。

3. 按经营的地域范围分类

(1) 国际航空公司。国际航空公司是指经营业务扩展到国际航线,即旅客、行李、邮件或货物的起讫点、经停点中有一点在一国境外的航空运输。目前我国的国际航空公司有中国国际航空公司、南方航空公司、东方航空公司、海南航空公司等。

(2) 国内航空公司。国内航空公司是指经营的地域范围在国内,从事国内航空客货运输业务,即经营首都至各省会城市、省会与省会城市之间及省会城市到省级以下的城市之间的客货运输业务。

6.2.3 航空公司的设立与运行

我国航空公司的设立和运行必须符合《中华人民共和国民用航空法》和《中华人民共和国公司法》规定的基本要求,必须通过《公共航空运输企业经营许可规定》中要求的相关审批程序,并获得民航局颁发的经营许可证和运行许可证,方可从事民航运输业务。

1. 设立航空公司的基本条件

根据《公共航空运输企业经营许可规定》,在我国设立航空公司应当具备以下条件:

(1) 不少于3架购买或租赁且符合相关要求的民用航空器。

(2) 负责企业全面经营管理的主要负责人具备公共航空运输企业管理能力,主管飞行、维修和其他专业技术工作的负责人符合民航管理规章要求,企业法定代表人为中国籍公民。

(3) 具有符合民航管理规章要求的专业技术人员。

(4) 不少于国务院规定的注册资本的最低限额。

(5) 具有运营所需要的基地机场和其他固定经营场所及设备。

(6) 民航局规定的其他必要条件。

2. 公共航空运输企业的经营许可认定

根据《公共航空运输企业经营许可规定》,在我国设立航空公司必须办理工商登记、申领企业法人营业执照且具备必备的人员、设备、场所和相关条件后,才能向民航局申请筹建,获得民航局的批准后才能正式筹建。

申请人首先需要按照规定的要求向所在地民航地区管理局递交"筹建公共航空运输企业申请书"及相关材料。在民航地区管理局对申请人的筹建条件进行初步审查并网上公示通过后,由民航地区管理局上报民航局办理筹建审批。民航局对民航地区管理局所报送的申请筹建公共航空运输企业的材料组织相关部门进行听证和审查,并在规定的期限内做出是否准予筹建的决定。

经民航局准予筹建的公共航空运输企业的有效筹建期限为2年。申请人自民航局准予其筹建之日起2年内未能按规定条件取得经营许可证的,确有充足的事由,经申请人申请、所在地民航地区管理局初审,民航局可准予其延长1年筹建期。在延长筹建期内仍未取得经营许可证的,丧失筹建资格。对于丧失筹建资格的申请人,民航局2年内不再受理其筹建申请。

经过有效筹建期内的筹建并符合相关要求后,申请人向所在地民航地区管理局递交"公共航空运输企业经营许可申请书"和相关材料。经所在地民航地区管理局审查和网上公示通过后,上报民航局办理公共航空运输企业经营许可审批手续。对于符合《公共航空运输企业经营许可规定》要求的,民航局对其颁发公共航空运输企业经营许可证。公共航空运输企业经营许可证在未被依法吊销、撤销、注销等情况下,将长期有效。

航空公司必须按照经营许可证中所授权的内容从事合法经营活动。当经营许可证所载明的事项发生变更时,如法人更换、企业合并或更名、企业地址或注册资本改变等,都应及时向民航局提出变更申请,并按有关规定办理法人营业执照相应的变更手续。

3. 公共航空运输企业运行合格审定

设立公共航空运输企业的申请人在获得公共航空运输企业经营许可后正式投入航线运营之前,必须按照民航局的相关规定完成运行合格审定。运行合格审定的目的,旨在保障航空公司从管理、技术、人员和生产组织等方面达到安全运行水平。

目前我国公共航空运输承运人运行合格审定的主要依据有:《小型航空器商业运输运营人运行合格审定规则》(CCAR-135)、《大型飞机公共航空运输承运人运行合格审定规则》(CCAR-121)和《一般运行和飞行规则》(CCAR-91)。根据规定,运行合格证申请人根据其运行航空器规格及相关要求,向其主营基地所在地的民航地区管理局提交申请,并同时提交规定的相关材料。民航地区管理局对申请材料组织审查,对申请人是否能够按照规定安全运行进行验证和检查,并组织专家评审。对通过验证和评审的,民航地区管理局在规定的期限内颁发小型或大型飞机公共航空运输承运人运行合格证。

4. 航空公司的组织结构

随着经济的全球化,民航运输业发展迅猛,大多数航空公司进行了公司制、股份制改造,成为有限责任公司或股份有限公司,后者的组织结构如图6-4所示。

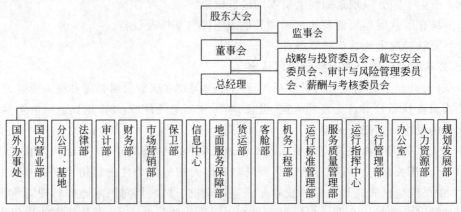

图6-4 某航空股份有限公司的组织结构图

股东大会是公司的最高权力机构。股东大会依法对公司的重大事项做出决策,包括决定经营方针与投资机会,审议批准公司的年度财务预算方案、决算方案,审议批准公司的利润分配与亏损弥补方案,选举和更换董事、监事并决定其薪酬,修订公司章程等。

董事会是公司的经营决策中心,受股东大会的委托,对股东大会负责,根据股东大会决议负责对公司的资产、投资与发展战略进行决策,对公司的日常经营进行监督。董事会通常设董事长、副董事长、董事(包括执行董事和独立非执行董事)及董事会秘书。

董事会根据企业需要下设专门委员会,如战略与投资委员会、审计与风险管理委员会、薪酬与考核委员会、提名委员会等,目的是弥补董事会在决策时的专业不足,协助董事会做好专业决策,确保董事会决策的准确性。专门委员会的成员全部由董事组成。

监事会是公司的监察机构,设立的目的是防止董事会、经理滥用职权,损害公司和股东的利益。监事会由股东代表监事和职工代表监事组成,股东代表监事由股东大会选举和罢免,职工代表监事由企业职工民主选举产生。

总经理是公司日常经营管理和行政事务的负责人,对董事会负责。总经理带领经营管理团队负责经营公司资产,进行日常运行管理,使企业通过合理经营获得利润,实现资产增值。总经理主要依据法律、法规和企业章程及股东大会、董事会的授权行使职权。

6.3 航班计划

航班计划是航空公司根据市场及运力的变化对所飞航线及运力在航线上的投放所做的系统安排。完整的航班计划包括航线、航班时刻、班期、机型等基本要素(见表6-4),最后以制定航班时刻表的形式对外公布。

表6-4 航班计划基本结构(示例)

航班号	出发站	到达站	起飞时刻	到达时刻	班期	机型
MU8463	SHA	CAN	07:30	10:00	1·3·5	737
MU8464	CAN	SHA	12:00	14:30	2·4·6	737

航班计划是航空公司一切生产活动的基础和核心,是组织与协调航空运输生产活动的基本依据。飞机调配、飞机维修、机组排班、客货销售等其他生产计划都建立在航班计划的基础上,并为航班计划的顺利实施提供保障。科学地编制航班计划,对于航空公司保证飞行安全,提高经济效益,完成运输生产任务,进而实现企业发展目标有着重要的意义。

6.3.1 航班计划分类

1. 按航季分类

目前我国航空公司每年按两个季节制订航班计划,即夏秋航班计划和冬春航班计划。

1) 夏秋航班计划

夏秋航班计划的执行时间是每年三月份最后一个星期日开始执行,至当年十月份最后一个星期六的最后一个航班结束。

2) 冬春航班计划

冬春航班计划的执行时间自当年十月份最后一个星期日开始执行,至来年三月份最后一个星期六的最后一个航班结束。

国内航线的夏秋航班计划通常由各航空公司在上一年的十二月底之前报民航局,冬春航班计划由各航空公司在当年的七月底前报民航局,民航局应在每年的二月下旬和九月下旬以前协调完毕,由各航空公司公布。

国际航线的夏秋航班计划由各航空公司在上一年的十月底之前报民航局,冬春航班计划由各航空公司在当年的四月底前报民航局,民航局应在当年三月和十月前协调完毕,由各航空公司公布执行。

2. 按实施阶段分类

经民航局批准公布的(航季)航班计划实质上是一个半年计划。在未来的半年里,由于受诸多因素影响,航班计划需要根据实际情况进行动态及时调整,如取消航班、增加航班、航班班期或航班时刻调整、更换机型等。因此,公布的航季航班计划从开始到具体实施,将经历月航班计划、周航班计划、日航班计划三个阶段。

6.3.2 航班计划的要素

航班计划的结构构成包括航线、机型、航班号、班期、班次和航班时刻六个基本要素。

1. 航线

航线是由航空运输飞行的起点、经停点、终点等要素组成的飞行路线。

航线是航空公司向社会告知在飞行的起点、经停点及终点之间经营相关航空运输业务,提供客货航班运输服务。航线并不关注实际飞行的具体空间位置。例如,开通上海—纽约的航线,向市场发出的信息是,上海与纽约之间可以经营相关航空运输业务。至于如何从上海飞到纽约,经过哪一条航路进行具体的航空运输飞行,可能是沿大西洋沿岸航路,也可能是经过北极上空的极地航路,这必须由空管部门和航空公司的飞行部门共同商定,但这对市场销售部门和客户并不重要。

选择并确定航线是航班计划编制的第一步。航空公司需要考虑航线的市场状况和技术要求,如要有什么样的机队、什么样的维修训练配套设备和各类专业人员的水平。新设立的航线还需向民航主管当局申请,经审查批准后才可以开航。

2. 机型

机型是指某条航线准备选用的飞机型号。飞机型号是制造厂家按照飞机的基本设计所确定的飞机类型编号。不同机型的基本设计不同,最大起飞重量、巡航速度、最大业载航程、对机场跑道的要求等技术指标都有所不同。飞机的技术性能又直接影响飞机的适用范围、载运能力、销售价格及运输成本,因此必须综合考虑航线的航路条件、起降机场条件、运输需求数量,以及航空公司机队构成和各机型的技术性能等因素,把航空公司现有的各型飞机正确配置到各条航线上去,这是提高航线经营效益的重要条件。

3. 航班号

航班号即航班的代号,由航空公司二字代码和航班编号两部分组成。航空公司二字代码是航空公司的唯一标识码,根据国际航协(IATA)762号决议统一编排,由两个英文字母或字母与阿拉伯数字组成,用于航空公司的订座、航班时刻表、票据凭证和结算等过程。航班编号是用于标识航班号的数字,国内航班编号采用四位数字,国际航班编号采用三位或四位数字。航班编号单数表示去程航班,双数表示回程航班。例如,MU5309/10表示东方航空公司执行的上海—广州的航班,其中"MU"是东方航空公司的二字代码,"5309"代表去程航班,"5310"代表回程航班。

4. 班期

班期是航班的飞行日期,即航班在一周中的哪一天飞行。例如,东方航空公司上海—广州的航班 MU5309/10 的班期为 1·3·5·7,意思是该航班每周一、周三、周五、周日执行。航班计划以一个星期为一个基本循环周期。通常在同一航季里,每一周同一天的航班计划相同,除非有加班或航班取消。

航班计划确定班期不仅需要依据航线客货运量,还需要结合航线的市场特征。在市场容量较大的航线上,每天都能够安排航班,而且可能安排多个班次,因此班期的重要性不太明显。但是在运量较小的航线上,出于航班运行成本考虑,并不能每天都提供航班服务。因此,班期的合理安排,具有非常重要的市场意义。例如,对于旅游航线而言,周五和周日的班期比较适合旅客需求,旅客可以周五出发、周日返回而不需要过多请假。而对于商务航线,工作日的班期安排则更受市场欢迎。

5. 班次

班次是航空公司在某条航线上一天内安排的航班次数。它反映了航空公司在各条航线上的运力投放情况。例如,东方航空公司星期一在上海—广州航线有 3 个航班,则班次为 3。

航班班次通常需要根据运量、运力、机型和经济效益等因素来安排。航线运量大、运力充足时,可以适当增加航班班次;反之,则适当减少航班班次。从旅客和货主的角度来看,航班班次越多越好,这样可以随时满足其需要;但从航空公司的角度来看,航班班次过大,就会造成载运比率下降,从而影响企业的经济效益。因此,综合考虑最大限度地满足社会需要与尽可能提高企业的经济效益,一些航空公司在保障航程、航路条件及经济要求的基础上选用相对较小型的飞机,以增加航线的航班班次,从而增加旅客选乘本公司航班的机会和选择的灵活性。

6. 航班时刻

航班时刻是向某一航班提供或分配的在某一机场的某一特定日期的具体起飞和到达时刻,分别指的是每个航班的关舱门时刻和开舱门时刻。例如,MU5309 航班的航班时刻为 11:10—13:00,表示该航班 11:10 关舱门停止上客;13:00 开舱门旅客下飞机。

航班时刻具有市场价值,好的航班时刻能提高航班乘坐率和机票销售收入。由于空中流量控制和机场对起降航班架次的限制,以及航空公司的竞争,航班时刻是一种稀缺资源,特别是繁忙机场的高峰时段。目前,旅客年吞吐量超过千万级的大机场,尤其是北京、上海、广州等地的机场航班量已经趋于饱和,好的航班时刻往往"一刻难求"。

航班时刻是航空运输企业创造收益的前提保障,没有航班时刻,航空公司就难以实现航班运输活动,甚至无法进入航空运输市场。而且,航班时刻的好坏还决定了该航空公司占有航线资源的质量,对航空公司的运营有着巨大的影响。

我国航班时刻的基本分配方法如下:

(1) 遵循国际通行的"祖父原则",即"历史航班时刻优先原则",航空公司既有的历史航班时刻享有被优先承认并继续使用的权利,只要该航空公司在上一同航季达到至少 80% 的航班时刻执行率,执行时段不少于整航季的 2/3,且航班时刻未被召回或撤销。

(2) 对已经取得的历史航班时刻,航空公司内部或航空公司之间可以进行一对一的航班时刻交换。

(3) 主协调机场(大部分时间段里,航空公司对航班时刻的需求远大于机场的供给)剩余的航班时刻全部由民航局协调分配。

（4）辅协调机场（在特定月份或特定时段内，航班时刻需求大于供给的机场）剩余的航班时刻，在特定月份或时段内，由民航局协调分配。

（5）非协调机场剩余的航班时刻，按"先到先服务"的原则分配。

6.3.3 航班计划的编制规则

航班计划编制是一项烦琐而复杂的工作，虽然现在航空公司大都采用先进的计算机软件系统进行自动编制，但是少不了人工手动调整。因此，有必要掌握航班计划的基本编制规则。

1. 航班计划表示的规范性

1) 航班号表示的规范性

航班号的组成必须符合国际规范，总长度不超过 6 个字符。

在航班计划中，航班号是标识一天中一个航班的唯一代码，一个机场一天中这个航班号的航班只能出现一次，否则无论是旅客还是运行保障部门都将无法辨识究竟是哪一个航班，会造成航班冲突。虽然航班计划中一周 7 天中同一航班号可能每天都在重复，但是它们的班期不同。

2) 班期表示的规范性

班期一般由 7 个字符长的阿拉伯数字组成，数字代表星期几，只能为数字 1~7 中的任何一个，数字"1、2、…、7"分别代表星期一、星期二……星期日。某天有航班则在对应的位置上用星期几的阿拉伯数字表示，没有航班则在相应位置用"·"表示，班期按星期一开始的顺序排列，不能出现重复数字。例如，每天都有航班，则表示成"1234567"。如果周二、周四、周六及周日没有航班，则表示成"1·3·5…"，"·"可以省略，从而班期直接表示为"135"。

3) 航班时刻表示的规范性

航班时刻采用 24 时计时法，表示形式为 HH:MM 或 HHMM。例如，09:20 又可以表示成 0920，13:10 又可以表示成 1310。同一航班号的航班时刻通常保持不变，但在某些情况下考虑到市场需求及客货运输的特点可以进行调整，也就是说，一周中某一天，特别是周末，航班时刻可能根据特殊情况予以调整，与其他几天有所不同。

4) 航段名称的规范性

航班飞行的航段名称可以用机场所在城市的名称表示，如广州—青岛。当城市中有两个甚至多个机场时，航段名称使用机场所在城市加机场名称，如上海虹桥—北京首都、上海浦东—北京大兴。航段名称更多采用国际标准的机场三字代码表示，如 SHA—PEK、PVG—PKX。

5) 机型代码表示的规范性

机型代码是国际民航组织统一编制和发布的标准代号，用于统一标识全球航空旅客和货物运输的航班机型，需要规范使用，如 733 代表波音公司 B737-300 型飞机，322 代表空客公司 A320-200 型飞机。

6) 来回程航班成对

定期航班计划中的航班来回程通常成对出现，形成一个闭环航程。回程航班号为去程航班号尾数+1,如 MU5305 为去程,MU5306 为回程。

2. 航班时空的连续性

航班时空的连续性是指飞行路线的时间和空间连续,即安排的航班各个航段飞行时间先后顺序连贯,保证下一航段的起飞时刻必须在上一航段之后,衔接时间没有重叠;而且必须保证一个航班来回程飞行线路航段首尾相连且去程航要返回到始发站或基地机场,来回程飞行路线形成一个闭环,如表 6-5 中的 XY857/XY858 航班。

表 6-5　航班计划(部分)

航班号	出发站	到达站	起飞时刻	到达时刻	班期	机型
XY857	SHA	XMN	12:10	14:00	1·3·5··	737
XY857	XMN	MNL	15:30	17:40	1·3·5··	737
XY858	MNL	XMN	09:20	11:30	·2·4·6·	737
XY858	XMN	SHA	13:00	14:50	·2·4·6·	737

3. 经停时间的合理性

在航班计划中,航班飞机的过站(经停)时间必须符合民航当局规定的最少过站时间,以保障完成航班飞机在经停站准备继续起飞或到达目的地机场后准备返程所做的必要工作。过站时间计算是从航空器降落滑至停机位开启机门至航空器起飞准备工作就绪关机门的时间。最少过站时间通常与机型、机场和航班性质等因素有关,航空公司在制订航班计划时,不得少于最少过站时间。民航局规定的机型最少过站时间标准见表 6-6。

表 6-6　各类飞机最少过站时间标准

机型座级	民航局规定的机型最少过站时间标准/min			
	一类机场	二类机场	三类机场	其他机场
60 座及以下	45	40	30	30
61～150 座	55	50	45	40
151～250 座	65	60	50	45
251～500 座	75	70	70	65
501 座及以上	120	120	120	120

注:一类机场是旅客吞吐量三千万(含)人次以上的机场;二类机场是旅客吞吐量两千万(含)人次至三千万(不含)人次的机场;三类机场是旅客吞吐量一千万(含)人次至两千万(不含)人次的机场。

6.4　旅客运输组织

视频:小孩坐飞机需要买机票吗?

视频:怎么买飞机票最便宜?

视频：怎样为孩子购买到更便宜的飞机票？

视频：出行必备机票小常识

民航旅客运输组织是航空公司按照既定的航班计划，利用现有的机型和舱位构成，在航线上运送旅客至目的站的过程。民航旅客运输组织全过程涉及多个客运部门的工作，下面介绍主要的相关工作。

6.4.1 客票销售

1. 客票的概念

客票是民航旅客运输过程中，决定旅客是否有权利乘坐飞机的凭证。早期航空公司使用的是纸质客票，2007 年，全球实现 100% 电子客票，纸质客票全面退出市场。

电子客票是普通纸质客票在计算机系统内的电子映像，是一种电子号码记录。它将纸质客票的票面信息存储在系统中，包含纸质客票的全部信息，具体票面情况如图 6-5 所示。

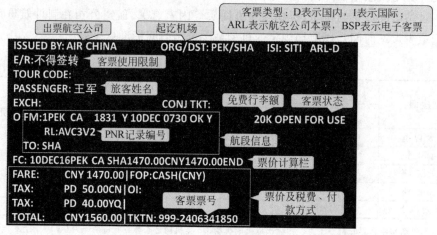

图 6-5 电子客票票面信息

2. 客票的种类

为了满足市场需求，航空公司开发了多种客票。

（1）根据出行时间，客票分为定期客票和不定期客票。定期客票是列明航班、乘机日期和订妥座位的客票；不定期客票是只标明起始地，而未列明航班、乘机日期和未订妥座位的客票。

（2）根据旅程，客票分为单程客票、联程客票和来回程客票。单程客票是只列明一个航班的点到点的客票；联程客票是列明两个或两个以上航班的客票；来回程客票是包含从出发地至目的地，并按原航程返回原出发地的客票。

（3）根据服务等级，客票分为头等舱票、公务舱票和经济舱票。自 2010 年 6 月 1 日起，民航国内航线头等舱、公务舱票价已经实行市场调节价，由各航空公司自主定价。经济舱票价则根据航线情况实施政府指导价或市场调节价。

（4）根据旅客年龄，客票分为成人票、儿童票和婴儿票。年满12周岁及以上的旅客必须购买成人票。开始旅行之日已满2周岁、未满12周岁的儿童可以购买儿童票。儿童票按同一航班成人全票价的50%收费，单独占用一个座位。开始旅行之日已满14天但未满2周岁的婴儿可以购买婴儿票，婴儿票按同一航班成人全票价的10%收费，不单独占用一个座位，如需单独座位，则应购买儿童票。每位成人旅客携带未满2周岁的婴儿超过1名时，超过的人数应购买儿童票。

（5）根据票价折扣，客票分为全价票和折扣票。全价票的票价不打折；折扣票按全票价的一定比例计算票价，航空公司经常针对市场供求变化推出各种折扣票。

3. 客票销售渠道

目前，航空公司的客票销售渠道大致分为三类：航空公司直销、代理人（旅行社）分销、联盟（合作）伙伴联销。

（1）航空公司直销渠道是航空公司与旅客直接接触的销售环节，包括航空公司的呼叫中心、直销网站和各地营业部。通过直销渠道，航空公司可以直接接触市场和旅客群体，及时掌握市场动态，从而根据销售情况适时调整销售策略，扩大客源。

（2）代理人（旅行社）分销是航空公司的重要销售渠道，它们为航空公司销售客票并收取一定比例的佣金，它们处于航空公司与最终旅客之间，不仅是航空公司的推销员，也是旅客的旅行顾问或信息经纪人。与直销渠道相比，代理人（旅行社）分销拥有更庞大的客源。

（3）联盟（合作）伙伴联销是借助合作伙伴的产品和销售网络实现航空公司产品的联合销售，尤其对于国际航线，其作用更加明显。联销渠道包括航空公司所加入的联盟成员伙伴、代码共享合作伙伴及有SPA协议的航空公司等。

6.4.2 行李运输

视频：飞机安检时需要把什么东西拿出来？

视频：飞机行李托运流程与费用解析

1. 行李的概念及分类

行李是旅客在旅行中为了穿着、使用舒适或者便利而携带的必要或者适量的物品和其他个人财物。根据运输责任，在我国，承运人承运的行李一般分为以下三类：

（1）托运行李/交运行李（checked baggage）。这是由旅客交由承运人负责照管和运输的行李，此类行李将被计重并贴上行李牌放置于航空器的行李舱或货舱中，旅客无法接触到。

（2）自理行李/客舱行李（unchecked baggage）。这是经承运人同意由旅客自行负责照管的行李，如重要文件资料、证券、货币、汇票、珠宝、古玩等贵重物品。易碎品和易损坏物品、外交信袋等需要专人照管的物品不得作为托运行李或夹带入行李内托运，但可以作为自理行李由旅客带入客舱内。

(3) 随身携带行李(carry on/cabin baggage)。这是经承运人同意由旅客自行携带进入客舱的小件物品。随身携带物品有别于自理行李,是旅客在旅途中所需要或使用而携带的个人物品,如一定量的食品、书报、照相机、大衣等。

2. 行李运输规定

航空公司在办理行李运输时,要了解行李的内容是否属于行李的范围,根据旅客、行李运输规则规定,旅客在托运行李、自理行李和随身携带的物品中,不得夹带国家规定的禁运物品、限制携带物品或危险物品,以及具有异味或容易污染飞机的其他物品;重要的文件和资料、外交信袋、证券、货币、汇票、贵重物品、易碎易腐物品,以及其他需要专人照管的物品,也不得夹入行李内托运,同时,承运人对托运行李内夹带上述物品的遗失或损坏按一般托运行李承担赔偿责任。承运人在收运行李前或在运输过程中,发现行李中装有不得作为行李或夹入行李内运输的任何物品,可以拒绝收运或随时终止运输。《中国民用航空旅客、行李国内运输规则》中还规定了承运人为了运输安全,可以会同旅客对其行李进行检查;必要时,可会同有关部门进行检查。如果旅客拒绝接受检查,承运人对该行李有权拒绝运输。

6.4.3 旅客运输流程

1. 出港航班旅客运输流程

出港航班旅客运输流程如图 6-6 所示。

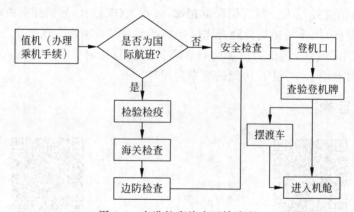

图 6-6 出港航班旅客运输流程

1) 值机(办理乘机手续)

航空公司在航班起飞前的规定时间开始办理值机,旅客凭客票及本人有效身份证件办理客票查验、托运行李、领取登机牌等乘机手续。国际航班旅客还要确认是否携带有向海关申报的物品,如有,则应在海关申报柜台办理申报手续,同时按规定进行检验检疫和边防检查。

2) 安全检查

办理完值机手续后,进入候机厅前,旅客需通过安全检查通道,行李物品要经 X 射线机检查,旅客走金属探测器门。安全检查时,旅客向工作人员出示登机牌和有效证件,工作人员对旅客及其随身携带的行李物品进行安全检查。

3) 候机及登机服务

旅客根据登机牌所显示的登机口号在相应的候机厅候机休息,通常情况下,将在航班起飞前 30 分钟开始登机。工作人员在登机口查验登机牌后，旅客可直接通过廊桥登机，如果飞机停靠的机坪机位较远，则需要乘坐摆渡车进入机舱。

2. 进港航班旅客运输流程

进港航班旅客运输流程如图 6-7 所示。

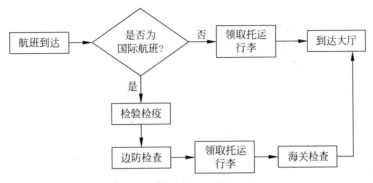

图 6-7　进港航班旅客运输流程

1）航班到达

进入航站楼以后，旅客应参照航站楼内到达旅客的引导标识前往行李提取大厅。国际旅客还需要按规定进行检验检疫和边防检查。

2）领取托运行李

旅客到达行李提取大厅后，根据航班号到相应的行李转盘领取行李。国际旅客如果携带有向海关申报的物品，则需要选择申报通道通关；如果没有，则选择无申报通道通关。

3）到达大厅

旅客离开行李提取大厅，到达大厅接客处后，就可以乘坐出租车或公交巴士离开机场。

6.5　货物运输组织

6.5.1　适合航空运输的货物种类

航空货物运输虽然起步较晚，但发展极为迅速。航空货物运输具有运送速度快，破损率低，安全性好，节省包装、保险、利息和储存等费用的优点，但同时也存在运价较高、载量有限、易受天气影响的缺陷。因此适合航空运输的货物种类主要有以下三类：

1）鲜活易腐货物

常见的有水产品、鲜花、蔬菜、水果及其他鲜货等。这类货物容易死亡、腐烂或变质，对运输时间有特别要求，因此，往往选择速度最快的航空运输方式。

2）精密贵重货物

常见的有高科技精密电子仪器和电子产品、药物及医药用品、黄金首饰等产品。这类货物的价值和价格都较一般货物高，由于附加值高，对运输的安全性要求也高，因此，安全快捷的航空运输成为必然的选择。

3）急快件货物

常见的有票证、文件、证书、信函、急用物品、救援物资及紧急调运物品等。这类货物的时效性要求比较高,出于快速运达考虑而采用航空运输。

6.5.2 货物运输流程

1. 出港航班货物运输流程

出港航班货物运输流程如图 6-8 所示。

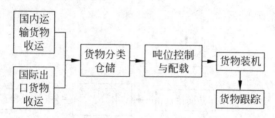

图 6-8　出港航班货物运输流程

1）货物收运

这是货物出港的第一步,航空公司需要根据运输能力,按货物的性质和急缓程度,有计划地收运货物。这一过程中,工作人员需要对货物进行查验,确保货物的数量、种类、包装等信息准确无误,并确保货物的完整性,同时要和托运人或其代理人办理交接手续。国际出口货物在收运之前,托运人或其代理人需自行办妥海关、检验等相关手续。

2）货物分类仓储

货物收运后,不能立即出港的,工作人员需要将其装入仓库进行分类仓储,同时,根据航班出港的先后顺序,做好货物出仓的准备工作,等待装机发运。

除特殊情况外,一般出港货物在机场的储存时间很短。为加速货流,绝大部分货物通过安检进入仓库后,以最快的速度出仓装机。

3）吨位控制与配载

承运人需建立舱位控制制度,根据每天可利用的空运舱位合理进行配载,避免舱位浪费或者货物积压。吨位控制与配载的基本要求是:一方面避免超载飞行,确保飞行安全;另一方面尽量减少空载,充分利用飞机的装载能力。

4）货物装机

装卸人员凭配载人员签发的装机通知单进行货物装机作业。

5）货物跟踪

货物装机后,工作人员要随时跟踪航班的起飞情况及货物的到达情况。在货物出港操作的过程中,无论哪个环节出现异常情况,都需要及时将信息反馈给客户,征求客户的意见,相关机场和航空承运人会根据客户的要求做出相应的处理。

2. 进港航班货物运输流程

进港航班货物运输流程如图 6-9 所示。

1）货物卸载

机场装卸人员凭载重平衡部门或生产调度部门签发的卸机指令单或卸机工作单进行货物卸载作业。

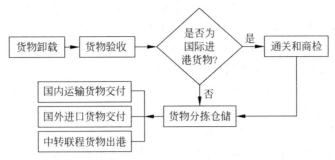

图 6-9　进港航班货物运输流程

2) 货物验收

工作人员根据货邮舱单和航空货运单核对货物,检查实际卸载的货物是否与单据数据相符,对货物的完好情况逐一进行检查登记,如果发现货物损坏等不正常情况,应该立刻通知前方站和始发站,便于后续的查询和处理。

3) 国际货物通关和商检

国际到港货物,还必须通过海关人员进行检查,办理必要的清关与商检手续。

4) 货物分拣仓储

货物的分拣是按照货物的性质、件数、流向或航空货运单尾数等方式将货物分别放置到规定货位,或者根据货运单按货主自行提取、送交代理人、送往市区货主提取或送货上门的货物等情况分别存放,并分别填写到达货物交接清单。

5) 货物交付

货物交付有货主自行提取、送交代理人、送往市区货主提取和送货上门4种情况。

6) 中转联程货物出港

中转联程货物进港后,通常由进港操作员在库区内将货物进行分拣并转交给出港工作人员,同时按照出港货物运输相关规则,办理配载等相应手续后,组织货物搭载预先计划的航班及时中转出港。

拓展阅读

【国内民航淡季销售的"囚徒困境"】

发布日期:2023年05月08日　　文章来源:民航资源网

一直以来,我国的社会运行和国民习俗特点决定了国内出行市场存在典型的淡旺季,两个大旺季是春节、暑假,相应形成的春运、暑运各持续约40天、60天,此外还有劳动节、国庆节2个各5天的黄金周,共约4个月,一年中剩下的8个月就是淡季或者所谓平季,旺季供不应求、淡季供大于求,每年如此循环,变化不大。

在大交通视角下看,铁路、公路、水路和民航等出行市场的价格政策、竞争程度和票价水平不同,盈利不同。

具体到国内民航,航空公司主要依靠旺季盈利弥补淡季亏损,全年盈利微薄,而淡季亏损似乎已成惯例,也被大家普遍接受,被认为很难改变。确实如此吗?还是从事实说起吧!

事实一:航空公司运力调整余地不大

航空公司的运力核心是飞机加航班。飞机是制造周期长、价格高的"大家伙",每架飞机从商谈购买或租赁到实际交付往往花费一年时间,每架飞机的座位数是固定的,短期内难以改变。国内各航空公司的航班计划是相对固定的,每年分为夏秋、冬春两个航季,快速调整难度较大。

因此,旺季再旺,运力存在天花板,淡季再淡,飞机不会全"趴窝",任何特定期间,无论市场好坏和变化如何,航空公司运力调整的余地不大。

事实二:淡季旅客出行需求弹性不大

旺季旅客出行需求相对较大,主要是有假期等可支配时间,价格的上下浮动可能影响旅客出行意愿。但是,不要忘了,出行是衍生需求。

到了淡季,休闲、探亲旅客因为没有时间和消费能力有限而大量减少,而商务旅客无论何时该走就走,因此,真正需要出行的旅客总体数量是相对固定的,或者说刚需旅客总体数量是固定的,不会因为价格变化而出现较大波动。总体而言,价格刺激有限。

事实三:当前国内运价限高不限低

当前,国内民航客运航线大部分已经执行市场调节价,航空公司自主定价,市场竞争激烈。但是,可能出于宏观考虑,行业主管部门仍会实施一定的价格管控政策,初步了解主要是限高不限低,也就是说,航空公司在各航线上的机票全价需要提前报备,作为最高价格限制,不能突破,同时,航空公司可以视情自行下调价格,没有最低价格限制。

于是,问题就出来了。

由于航空公司运力调整的余地不大、淡季旅客出行需求弹性不大、运价限高不限低,各航空公司紧盯市场变化的票价管理员就陷入了难以自拔的"囚徒困境"。

淡季旅客少,本来压力就大。同一条航线存在多家航空公司时,为了多卖几张票,张三可能率先下调价格,于是李四、王五的票价就显得高了,便没有竞争力了,就很难坚持住了,于是李四也下调价格,王五也下调价格,各方之间没有信任合作,只有无下限的比价下调,最终陷入"赔本赚吆喝"的恶性竞争。

恶性竞争不利于供需双方。依靠旺季盈利弥补淡季亏损是航空公司年度视角。但是,航班是具体的,旅客是具体的,在一定意义上,恶性竞争的实质是旺季旅客在为淡季旅客补差价。

恶性竞争不利于行业健康持续发展。当淡季亏损成为惯例,全年微利成为常态,航空公司不得不以各种方式寻求政府补贴,遇到金融危机、新冠疫情等时,更是家底赔光,需要政府救助,政府资金来自税收,在一定意义上,恶性竞争的实质是全国人民在为旅客补差价。

恶性竞争不利于节能减排。恶性竞争的可能原因之一是同一条航线存在过多竞争者,多家航空公司争夺本就有限的旅客,客座率整体偏低,相应地增加了碳排放。

破解——如何打破"囚徒困境"

恶性竞争很难避免,"囚徒困境"很难打破,但是,正如"囚徒困境"的理论结果存在多种,破解之道还是存在的。

作为航空公司应坚持保本原则,飞机和飞行员都是稀缺资源,拒绝"白菜价",借鉴国外航空公司的做法——淡季停场一定数量的飞机。而行业主管部门则应适度控制相同航线的竞争者数量,借鉴国外的做法——制定合理的最低价格政策。

思考题

1. 文中提到了民航运输业的哪些特性?
2. 如何提高航空公司的经济效益?

本章小结

本章重点介绍了民航运输基础知识，航空公司的分类、设立与运行，以及航班计划；简要概述了旅客运输组织和货物运输组织，使读者对航空公司的整体生产组织运作有了初步的了解和掌握。

复习与思考

1. 民航运输有哪些特点？
2. 民航运输业有什么特性？
3. 航空公司具有哪些不同于一般企业的特点？
4. 设立航空公司的基本条件是什么？
5. 我国航班时刻的基本分配方法是什么？
6. 航班计划编制的规则有哪些？
7. 简述进出港航班旅客或货物运输流程。

本章习题

一、单项选择题

1. 以下不属于民航运输业特性的是（　　）。
   A. 高风险　　　　B. 高利润　　　　C. 周期性　　　　D. 季节性

2. 航空公司通过提高航班客座率、飞机日利用率等措施，提高产量，增加效益，这表现出民航运输业的（　　）。
   A. 周期性　　　　B. 区域不平衡性　　C. 规模经济性　　D. 季节性

3. 航空公司在获得公共航空运输企业经营许可后、正式投入航线运营前，必须按民航相关规定完成（　　）。
   A. 筹建运营基地　　　　　　　　B. 运行合格审定
   C. 工商部门注册　　　　　　　　D. 飞机购置或租赁

4. 航班航程为"上海—济南—石家庄"，从上海登机120人，在济南下机50人，新上机40人，然后飞到石家庄，假设济南机场当日只有该航班起降，则济南机场的旅客吞吐量是（　　）人次。
   A. 90　　　　　　B. 110　　　　　　C. 120　　　　　　D. 160

5. 在现代航空公司组织结构中，（　　）是公司的最高权力机构。
   A. 专门委员会　　B. 董事会　　　　C. 监事会　　　　D. 股东大会

6. 航班计划的结构构成要素不包括（　　）。
   A. 航线　　　　　B. 机型　　　　　C. 过站时间　　　D. 航班时刻

7. 通过航班号CZ399能判断出该航班属于（　　）。
   A. 中国国际航空　B. 厦门航空　　　C. 东方航空　　　D. 南方航空

8. 年满2周岁，未满（　　）的儿童购买国内客票时，按照成人全票价的50%付费，单独占用一个座位。
   A. 10周岁　　　　B. 12周岁　　　　C. 14周岁　　　　D. 16周岁

9. 航空公司本票国内电子客票在票面信息的右上方显示为(   )。

   A. ARL-D   B. ARL-I   C. BSP-D   D. BSP-I

10. 下面属于国内航班旅客出港流程的环节是(   )。

   A. 检验检疫   B. 安全检查   C. 海关检查   D. 边防检查

二、填空题

1. 夏秋航班计划的执行时间是每年_____开始执行，至当年十月最后一个星期六的最后一个航班结束。

2. 冬春航班计划执行时间自当年_____开始执行，至来年三月最后一个星期六的最后一个航班结束。

3. 根据我国《公共航空运输企业经营许可规定》，设立航空公司应当不少于_____架购买或租赁且符合相关要求的民用航空器。

4. _____是最重要的企业运输服务质量考评指标。

5. _____是航空公司在某条航线上一天内安排的航班次数。

三、判断题

1. 收入客公里是民航运输业生产统计中的收入指标。(   )

2. 运输周转量的单位是人公里或件公里。(   )

3. 董事长是航空公司日常经营管理和行政事务的负责人，对董事会负责。(   )

4. 我国设立航空公司的注册资本不少于人民币8000万元。(   )

5. 航班计划是航空公司一切生产活动的基础和核心。(   )

6. 我国班期时刻表分为夏季和冬季两季。(   )

7. 航班时刻是每个航班飞机在跑道上起飞和降落的时刻。(   )

8. 不定期客票是只标明旅客姓名，未列明起讫地、航班、乘机日期和未订妥座位的客票。(   )

9. 婴儿出行不需要购买飞机票。(   )

10. 70岁以上的老年人可以免费乘坐航班。(   )

第7章 机场

视频：机场的等级划分

视频：民用运输机场——航空运输和城市的重要基础设施

视频：七个世界上最危险的机场

视频：中国十大机场排名

近年来，中国机场的发展注重融入各种世界领先的发展理念，在统筹协调枢纽机场、骨干机场、支线机场和通用机场布局建设，结合国家战略、区域经济发展的基础上推进以"平安、绿色、智慧、人文"为核心的四型机场建设，以增强服务能力，提升服务品质。

《新时代民航强国建设行动纲要》(2018)明确了我国民航强国建设的总体目标，提出我国到2035年将实现从单一航空运输强国向多领域民航强国的跨越，到21世纪中叶将实现由多领域的民航强国向全方位的民航强国的跨越，全面建成保障有力、人民满意、竞争力强的民航强国。机场作为航空运输和城市的基础设施，是综合交通运输体系的重要组成部分，在民航强国建设中起着举足轻重的作用。

本章主要介绍与民用机场有关的基础知识，包括机场的发展历史、机场系统的构成、机场的分类及等级、机场运行与管理。

7.1 机场的概念

机场，也称飞机场、空港，较正式的名称是航空站，是指专供飞机起飞、降落、滑行、维修保障、旅客及货物装卸等活动的场所。根据《国际民用航空公约》附件14的定义，机场是指

"在陆地或水面上的一块划定区域(包括各种建筑物、装置和设备),其全部或部分供飞机着陆、起飞和地面活动之用"。《中华人民共和国民用航空法》中对机场的定义为:本法所称民用机场,是指专供民用航空器起飞、降落、滑行、停放以及进行其他活动使用的划定区域,包括附属的建筑物、装置和设施。

机场主要由飞行区、旅客航站区、货运区、机务维修设施、供油设施、空中交通管制设施、安全保卫设施、救援和消防设施、行政办公区、生活区、后勤保障设施、地面交通设施及机场空域等组成,如图7-1所示为北京大兴国际机场。

图 7-1　北京大兴国际机场

机场的主要功能包括:保证飞机安全、及时起飞和降落,安排旅客和货物准时、舒适地上下飞机,提供方便、快捷的地面交通连接市区。

机场的基本服务包括:

(1) 基本的营运服务,用以保障飞机和机场用户的安全,包括空中交通管制、飞机进近和着陆、气象服务、通信、警察和保安、消防和急救(包括搜寻和援救)、跑道和房屋的维护。

(2) 处理交通流量的服务,即与飞机相关的活动,如清洁、动力的提供、装卸的行李/货物,这些活动有时候也称作地面作业。有的活动直接和交通量有关,包含旅客、行李或货物运输。

(3) 商业活动,通常包括经营商店、饭店、酒吧、报摊、停车场、电影院、保龄球馆、理发店、超市、会议中心和宾馆等,还包括候机楼和机场的土地。

7.2　机场的发展历史

7.2.1　世界机场的发展历史

飞机在1903年出现的时候还没有机场的概念,当时只要找到一块平坦的土地或草地,能承受不大的飞机重量,飞机就可以在上面起降了。世界上最古老的机场目前仍有争议,成立于1909年的美国马里兰州大学园区机场(College Park Airport)被普遍认为是世界上最老且持续经营的机场,另一个则是美国亚利桑那州的比斯比-道格拉斯国际机场(Bisbee-Douglas International Airport)。1908年,道格拉斯航空俱乐部成立,滑翔机也随之成立。1909年,飞机开始装设发动机和螺旋桨,亚利桑那州成为首架动力飞机的飞行区域,时任美国总统罗斯福称该机场为"美国的第一座国际机场"。

机场的发展历史大致可以分成三个阶段：

1) 第一阶段——飞行人员的机场

真正意义上的机场出现于 1910 年的德国，用于起降"齐柏林飞船"。当时的机场没有硬地跑道，仅仅划设了一片草地，有几个人管理飞机的起飞、降落，还有简易的帐篷来存放飞机，条件十分简陋。到 1920 年飞机还多是用于航空爱好者的试验飞行或军事目的飞行，并不搭载乘客，机场只为飞机和飞行人员服务，基本上不为当地社会服务。这是机场发展的幼年期，只是"飞行人员的机场"。

2) 第二阶段——飞机的机场

1919 年后，欧洲开始建立起最初的民用航线。1919 年 2 月 5 日，德国的德意志航空公司开辟的柏林至魏玛之间的每日定期民航客运是欧洲第一条民航飞机定期航线；1919 年 3 月 22 日，法国的法尔芒航空公司使用"法尔芒·戈立德"飞机在巴黎和比利时的布鲁塞尔之间开辟了每周一次的定期航班飞行，是世界上第一条国际民航客运航线；1919 年 8 月 25 日，英国第一家民用航空公司"空运和旅游有限公司"使用德·哈维兰公司生产的可载客 4 人的 DH-16 型双翼飞机开通的伦敦至巴黎每日定期航线是世界上第一条每日定期航线。随着航空运输的发展，机场大量建设起来，特别是 1920—1939 年，欧美国家的航线大量开通，同时为了和殖民地联系，各殖民国家和殖民地之间也开通了跨洲的国际航线，如英国开通了到印度和南非的航线，荷兰开通了由阿姆斯特丹到雅加达的航线，美国开通了到南美和亚洲的航线，机场在世界各地大量出现。随着航空技术的进步，飞机对机场的要求也提高了，机场建设中出现了各种问题，如航空管制、通信的要求，跑道强度的要求，一定数量旅客进出机场的要求。为满足这些要求出现了塔台、混凝土跑道和候机楼，现代机场的雏形已经基本出现，这时的机场主要是为飞机服务，是"飞机的机场"。

第二次世界大战期间，飞机发挥的重要作用使航空业得到快速发展，也在全世界范围内进一步刺激了机场的发展。在第二次世界大战以后，出现了更成熟的航空技术及飞行技术，加上全世界经济复苏发展的推动，国际交往得到增加，航空客货运输量快速增长，开始出现了大型中心机场，也叫作航空港。1944 年，国际民用航空组织（ICAO）成立，这是一个对世界航空运输统一管理的机构，在它的倡议下，52 个国家在美国芝加哥签署的"关于国际航空运输的芝加哥公约"成为现行国际航空法的基础。在 20 世纪 50 年代中期，国际民用航空组织为全世界的机场和空港制定了统一标准和推荐要求，使全世界的机场建设有了大体统一的标准。

3) 第三阶段——社会的机场

20 世纪 50 年代末，大型喷气运输飞机投入使用，使飞机变成真正的大众交通运输工具，航空运输成为国民经济中一个重要的、不可缺少的组成部分。而这种发展也给机场带来了巨大的压力，它要求全世界范围内的机场设施提高等级。首先，先进的飞机性能要求各个机场的飞行区必须有很大改进，不仅是跑道、滑行道、停机坪的硬度和宽度、长度，还涉及飞机起降设施水平的提高、空管系统的改进等。其次，载重量更大、航程更远的喷气飞机的使用，也使乘机旅行、客流量和货运量增加，原有的候机厅可能不能满足需要而要重新设计或改、扩建，以满足新增加的要求。从 20 世纪六七十年代起，自美国开始面向世界各国延伸的机场改、扩建行为就一直没有停止，并逐步出现了固定式旅客登机桥、候机楼与飞机间的可伸缩式走廊,因候机楼面积扩大而供旅客使用的活动人行道(电梯)和轻轨车辆,自动运送行李和提取系统,在候机楼与远处停放飞机之间的运送旅客的摆渡车,许多新建或扩建的先进货物处理设施。从 20 世纪 70 年代开始至今,随着大型宽体喷气式运输机的出现和航空运输量的迅速增加,机场开始向大型化和现代化的方向发展,一批配有先进的计算机自动控制设备的机场相继建成,从而大大促进了航空运输的发展。此时的机场飞行区更加完善,在助航灯光和无线电导航设施的辅助作用下,可以保证飞机在夜间和各种气象条件下安全起降;航站楼日益增大和现代化功能齐全,值机、安检、航班动态显示、时钟、监控、广播、计算机信息管理、旅客离港、系统集成楼宇自控、行李自动传输与分拣、自动步道、自动扶梯、旅客登机桥等设施一应俱全;航站楼在保证大量旅客方便出入的基础上,旅客可以便捷地在航站楼内完成办理机票行李手续、安检海关、检疫和登机一系列过程;机场对周边区域的辐射作用明显,如出现了宾馆、餐厅、邮局、银行和各种商店,旅客在机场里可以像在城市里一样方便;机场的安全运行条件不断改善,从而保证了机场的日常正常运行;机场与城市之间的距离由于噪声的缘故开始加大,两者之间可以选择先进的客运手段联络。

机场的发展不仅保证了航空运输行业日益发展的需求,还带动了机场所在地的商业、交通、旅游、就业等,但是也为城市的发展带来许多矛盾和问题,如随着飞机起降速度的增加,跑道、滑行道和停机坪都要加固或延长;候机楼、停车场、进出机场的道路都要改建和扩建;航班数量的增加使噪声对居民区的干扰成为突出问题等。但无论如何,机场成为整个社会的一个部分,因而,这个时期的机场是"社会的机场",这种情况下,要求机场的建设和管理要和城市的发展有协调的、统一的、长期的考虑。

7.2.2 我国机场的发展历史

我国最早的机场是 1910 年修建的北京南苑机场。1918 年,北洋政府交通部成立了"筹办航空事宜处",这是中国最早的民用航空管理机构。1919 年从英国购买了 6 架 24 座位的大飞机和两架小飞机,筹办京津、京沪、京汉和张家口至库伦(今乌兰巴托)之间的民用航线。1920 年 5 月,北洋政府先后开通了京沪航线京津段及京济段,北京南苑、天津东局子、济南张庄、上海虹桥、上海龙华和沈阳东塔等地出现了民用机场。1929—1930 年中国航空公司和欧亚航空公司成立后,全国主要的大城市建立了机场,开辟了航线。但是 1949 年 10 月新中国成立之前,中国大陆能用于航空运输的主要航线机场只有 36 座,且多是小型机场,大都设备简陋。

新中国成立后,机场建设经过了三个发展时期:

1) 艰苦创业时期(1949—1978 年)

新中国成立后,党中央就开始着手建设和发展民航事业。1949 年 11 月,中央政治局决定组建军委民用航空局,为新中国民航提供了组织保证。"两航起义"后,归来的大批技术业务人员为新中国民航提供了重要的物质、技术、人才基础。中国民航依靠自己的力量在探索中前进,克服了各种困难。20 世纪 60 年代,为了开辟国际航线,并适应喷气式大型飞机的起降技术要求,中国又快速改、扩建了上海虹桥机场、广州白云机场,使其成为国际机场。随后,中国又新建、改建、扩建了太原武宿机场、杭州笕桥机场、兰州中川机场、乌鲁木齐地窝堡机场、合肥骆岗机场、天津张贵庄机场、哈尔滨阎家岗机场等。由于这一时期航空运输还是只为较少的人员提供服务,对机场的需求也仅处于第二阶段——"飞机的机场"阶段。此时建设的机场规模也较小,大多是中小型机场,用于航班飞行的机场数量达到70多座(其中军民合用机场36座),初步形成了大、中、小机场相结合的机场网络,基本上能适应当时中国的航空运输要求。

2) 改革开放发展阶段(1978—2012年)

改革开放政策的实施,使民航机场的作用日益显现,特别是深圳、珠海、厦门、汕头4个经济特区和14个沿海开放城市及海南省,都把机场建设作为开发特区和发展本地经济与旅游必不可少的工作,竞相新建和改建机场。于是,厦门高崎机场、汕头外砂机场、大连周水子机场、上海虹桥机场、广州白云机场、湛江霞山机场、福州义序机场、青岛流亭机场、连云港白塔埠机场、烟台莱山机场、秦皇岛机场、北海福城机场、南通兴东机场、温州永强机场、宁波栎社机场、海口大英山机场、三亚凤凰机场、桂林奇峰岭机场、敦煌机场、黄山屯溪机场、张家界机场等得到新建、改建、扩建。同时,中国陆续引进了大型中、远程宽体喷气式飞机,促进了机场在标准、规模、安全保障等方面建设水平的提高。1984年后,内地省会及各大中城市也掀起了民航机场建设热潮,其数量之多、范围之广,均为民航史上空前少见,新建或扩建的大型机场有洛阳北关机场、重庆江北机场、西宁曹家堡机场、长沙黄花机场、沈阳桃仙机场、长春大房身机场、南京大校场机场、昆明巫家坝机场、西安咸阳机场等。扩建或改建的中型机场有成都双流机场、呼和浩特白塔机场、包头东山机场、齐齐哈尔机场等;新建或改建的小型机场有黑河机场、榆林机场、银川新城机场、佳木斯机场、丹东机场、赣州机场、常州机场、石家庄机场等。中国国民经济的持续快速发展和民航运输的突飞猛进,进一步要求更大规模的现代化机场,自20世纪90年代起,深圳黄田机场、石家庄正定机场、福州长乐机场、济南遥墙机场、珠海三灶机场、武汉天河机场、南昌昌北机场、上海浦东机场、南京禄口机场、郑州新郑机场、海口美兰机场、三亚凤凰机场、桂林两江机场、杭州萧山机场、贵阳龙洞堡机场、银川河东机场、广州新白云机场等现代化机场相继投入使用。同时,一大批中、小型机场也完成了新建、改建和扩建。这一时期的机场建设指导思想是"集中力量,抓重点机场建设",逐步拓宽融资渠道,加大投资力度。"八五"时期,民航基本建设投资122亿元,技术改造投资60.9亿元,而"九五"时期民航基本建设投资达到680亿元,技术改造投资126亿元,分别是"八五"时期的5.6倍和2.1倍。"十五"时期,机场建设投资仍然保持增长趋势,全行业固定资产投资达到947亿元。"十一五"时期,全行业固定资产投资达到1400亿元。

3) 新时代机场建设发展阶段(2012年至今)

《国务院关于促进民航业发展的若干意见》(国发〔2012〕24号)提出加强机场规划和建设。"十二五"时期中国机场建设的重点在于国际枢纽机场和干线机场的建设,支线机场作为补充。"十三五"时期持续增强枢纽机场和干线机场的功能,加强通用机场建设。到了"十四五"期间,机场建设进入更高层次的发展行列,提出加快建设国际级机场群,发展通用和货运机场,提升航空运输能力。中国民用航空局组织制定的《推进四型机场建设行动纲要(2020—2035年)》(以下简称《纲要》)是指导当前和今后一个时期四型机场建设的主导性文件。根据《纲要》,到2035年将实现标杆机场引领世界机场发展,全面建成安全高效、绿色环保、智慧便捷、和谐美好的四型机场,为全方位建设民航强国提供重要支撑。2021年印发的《"十四五"民用航空发展规划》提出到2025年,形成布局完善、功能完备、保障有力、智慧高效的现代化综合机场体系。

截至2022年,我国运输机场总数达到254座,通用机场数量达399座,京津冀、长三角、粤港澳大湾区和成渝四大世界级机场群建设已初具雏形,全国已基本建成北京、上海、广州、成都、西安等十大国际航空枢纽,以及由29个区域枢纽等组成的现代化机场体系。全国234家机场实现了"无纸化"便捷出行,40家千万级机场开通了"易安检"服务,安检通行效率提升了30%,行李跟踪系统也实现了射频识别"串线成网",通过这些智慧赋能,进一步提升了民航运行的效率,改善了民航服务的品质。

中国航空机场行业正处于一个重要的发展阶段,未来发展的主要方向包括:一是深化机场改革,增强机场营运效率和深度从事新兴服务型机场建设;二是提升机场服务品质,改善机场设施,优化客运流程,提高机场整体服务水平;三是研究并实施新技术,如机载智能管控、实时航班跟踪、机场360°视图安全预警等,以提高机场建设和运行的安全性和稳定性;四是推进绿色机场建设,实施绿色科技,降低机场运行对环境的影响,促进持续发展;五是积极应对市场变化,完善机场大数据分析应用,以适应航空市场发展的快速变化,持续提升机场服务能力和效率;六是支持民用航空运输系统建设,细化服务网络、优化运营模式,打造促进航空行业持续发展的全面体系。

7.3 机场系统的构成

机场可以划分为空侧和陆侧两部分。一般以安全检查和隔离管制为界线,在安全检查和隔离管制前的区域为陆侧,主要包括停车场、办票区域、行李托运区域以及必要的服务区域。在安全检查和隔离管制后的区域为空侧,主要包括出发和到达区域、行李分拣区域、机务维修区域、货运区域、飞行区域以及必要的服务区域。由于空侧更接近实际飞行,为保障飞行安全,这一区域的安全管理更为严格,所有旅客都要经过安全检查,工作人员都要根据其工作证记载的范围进行活动。

机场也可以分为空域和地域两部分。空域划设在机场上空,地域主要由飞行区、航站区和进出机场的地面交通三部分组成。

7.3.1 飞行区

飞行区是机场内用于飞机起飞、着陆、滑行和停放的区域,包括跑道、滑行道、机坪及与这些区域相连的出入道和相关设施。

1. 跑道及其附属区域

1) 跑道

跑道是供飞机起降的一块长方形区域,它提供飞机起飞、着陆、滑跑及起飞滑跑前(和着陆滑跑后)运转的场地。跑道必须要有足够的长度、宽度、强度、粗糙度、平整度及规定的坡度。跑道的方位主要与当地风向有关,主跑道的方向一般和当地的主风向一致,这样就能保证飞机在逆风中起降,增加空速,使升力增加,飞机就能在较短的距离中完成起降动作。

(1) 跑道的构形

跑道的构形取决于跑道的数量和方位,跑道的数量主要取决于航空交通量的大小。在航空交通量小、常年风向相对集中时,只需单条跑道;在航空交通量大时,则需设置两条或多条跑道。按照跑道构形大致可以分为五类,即单条跑道、平行跑道、交叉跑道、开口V形跑道和混合构形跑道。

① 单条跑道

单条跑道的构形是最简单的一种构形,如图 7-2 所示。单条跑道的容量较小,但这种构形占地少,适用于中小型地方机场或飞行量不大的干线机场。

② 平行跑道

根据国际民用航空组织的规定,平行跑道是指跑道中心线平行或夹角小于 15°的非交叉跑道。平行跑道的出现是为了缓解单条跑道容量饱和问题。平行跑道的容量取决于跑道数目和跑道之间的间距。

图 7-2　单条跑道

根据平行跑道中心线间隔距离的大小,可以将平行跑道分为近距平行跑道、中距平行跑道和远距平行跑道三类,如图 7-3 所示。近距平行跑道的跑道中心线之间的距离为 210～760m,中距平行跑道的跑道中心线之间的距离为 760～1310m,远距平行跑道的跑道中心线之间的距离为 1310m 以上。

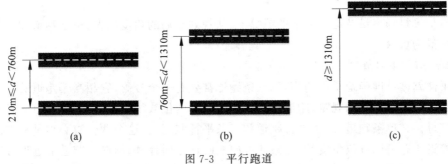

图 7-3　平行跑道
(a) 近距平行跑道;(b) 中距平行跑道;(c) 远距平行跑道

③ 交叉跑道

交叉跑道是指机场内两条不同方向的跑道互相交叉,如图 7-4 所示。对于两条交叉跑道,当风力强的时候,只能用其中的一条;当风力相对较弱时,两条跑道可同时使用。交叉跑道的容量通常取决于交叉点与跑道端的距离及跑道的使用方式,交叉点离跑道起飞端和入口越远,容量越低;当交叉点接近起飞端和入口时,容量最大。

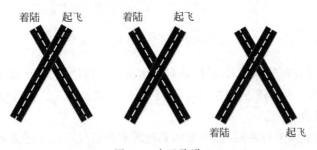

图 7-4　交叉跑道

④ 开口 V 形跑道

开口 V 形跑道的构形是两条跑道不平行、不相交,散开布置,如图 7-5 所示。和交叉跑道一样,当一个方向来强风时,只能使用一条跑道;当风力小时,两条跑道可以同时使用。

航站区通常布置在两条跑道所夹的场地上,机场容量取决于飞机起飞、着陆是否从 V 形顶端向外进行,当从顶端向外运行时,其容量最大。

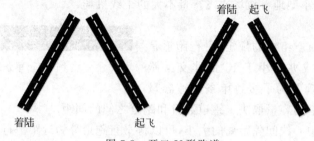

图 7-5　开口 V 形跑道

⑤ 混合构形跑道

跑道数量较多的机场多采用混合构形方式,将跑道分为几组,组内平行、组与组之间相互交叉或者呈一定的角度。

在满足飞机场容量及运行要求的前提下,从规划布局的角度出发,单条跑道和远距平行跑道构形最为可取。

(2) 跑道的编号规则

为了使驾驶员准确地辨认跑道,每一条跑道都要有一个号码,它相当于跑道的名字。根据《国际民用航空公约》的规定,跑道号码标志必须由两位数字组成,在平行跑道上必须再增加一个字母。在单条跑道、两条平行跑道和三条平行跑道上,这个两位数必须是从进近方向看去最接近于跑道磁方位角度数(从磁北方向顺时针方向计算,与向该跑道端进近方向的夹角)的 1/10 的整数(四舍五入),当按上述规则得出的是一位数字时,则在它的前面加一个零,如图 7-6 所示。

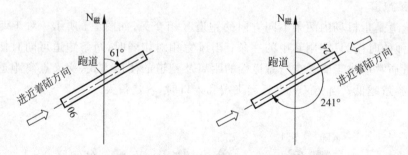

图 7-6　跑道号码与跑道方位的关系

同一条跑道,因为有两个朝向,所以就有两个编号。例如,一条正北正南的跑道,从它的北端向南看,它的编号是 18;从南端向北看,它的编号就是 36,二者的磁方向相差 180°,而跑道方位识别代码相差 18。

当有四条或更多条平行跑道时,一组相邻跑道的跑道号可用上述方法取得,另外一组相邻跑道的跑道号则以一对最接近的数字表示。例如,四条平行跑道的磁方向角均为 83°~263°,则其中一组跑道号为 08~26,另一组为 09~27。

若某机场存在两条以上的平行跑道时,每个跑道号码按顺序(从进近方向看去,自左至右)各增加一个字母。可根据具体情况采用如下方式区分:

① 有两条平行跑道时,采用左(L)和右(R)表示。例如,北京首都国际机场的两条平行跑道,东跑道北端跑道号为18L,南端为36R;西跑道北端跑道号为18R,南端为36L。

② 有三条平行跑道时,采用左(L)、中(C)、右(R)表示。

③ 有四条平行跑道时,采用 L,R,L,R 表示。

④ 有五条平行跑道时,采用 L、C、R、L、R 或 L、R、L、C、R 表示。

⑤ 有六条平行跑道时,采用 L、C、R、L、C、R 表示。

2) 跑道的附属区域

跑道的附属区域主要包括跑道道肩、停止道、净空道、升降带和跑道端安全区等,如图 7-7 所示,它们和跑道共同构成了起飞着陆区。

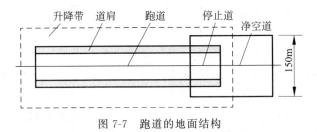

图 7-7 跑道的地面结构

(1) 跑道道肩

跑道道肩是在跑道纵向侧边和相接的土地之间的一段隔离地段,自跑道的两边对称地向外延伸。跑道道肩一般每侧宽度为 1.5m,道肩的路面要有足够的强度,结构强度小于道面。道肩的作用主要是在飞机滑出跑道时支撑飞机,以及支撑在道肩上行驶的车辆,同时可以减少地面的泥土、沙石等进入发动机。当飞机因侧风偏离跑道中心线时,道肩可以使飞机不致引起损害。

(2) 停止道

停止道是在可用起飞滑跑距离末端以外的地面上划定的一块经过整备的长方形区域。停止道的作用是使飞机在放弃起飞时能在它上面停住,其宽度与相连接的跑道相同;强度要求能承受飞机,不损坏飞机结构即可。

(3) 净空道

净空道是指跑道端之外的地面和向上延伸的空域,飞机可在该区域上空进行一部分起始爬升,达到一个规定高度。净空道的起始点在可用起飞滑跑距离的末端,长度不超过可用起飞滑跑距离的一半,宽度从跑道中线延长线向两侧横向延伸至少 75m。该区域除了有跑道灯之外,不能有任何障碍物,下方可以是地面或水面。对于净空道上空可能对飞机造成危险的物体视为障碍物应移除。

(4) 升降带

升降带是指一块划定的包括跑道和停止道(如果设有的话)的场地,主要功能是减少飞机冲出跑道时遭受损坏的危险,保障飞机在起飞或着陆过程中在其上空安全飞过。位于升降带上可能对飞机构成危险的物体,应被视为障碍物,并尽可能地将其移走。

(5) 跑道端安全区

跑道端安全区的位置是自升降带端延伸至少 90m,宽度至少为跑道宽度的 2 倍。其作用主要是减少飞机过早接地冲出跑道时遭受损坏的危险。

2. 滑行道

滑行道是机场的重要地面设施，是机场内供飞机滑行的规定通道。滑行道的主要功能是提供从跑道到航站楼区的通道，使已着陆的飞机迅速离开跑道，不与起飞滑跑的飞机相干扰，并尽量避免延误随即到来的飞机着陆。此外，滑行道还提供了飞机由航站楼区进入跑道的通道。滑行道可将功能不同的分区（飞行区、航站楼区、飞机停放区、维修区及供应区）连接起来，使机场最大限度地发挥其容量潜力并提高运行效率。

滑行道主要包括：

（1）平行滑行道。平行滑行道又称干线滑行道，是紧邻跑道、平行布置的主干滑行道，主要供起飞和降落的飞机在跑道进口、出口滑行道与航站区之间滑行时使用。

（2）进出滑行道。进出（进口或出口）滑行道又称联络滑行道（俗称联络道），是沿跑道的若干处设计的滑行道。出口滑行道大多与跑道正交，数量应考虑高峰时运行飞机的类型及每类飞机的数量。一般在跑道两端各设置一个进口滑行道。

（3）快速出口滑行道。快速出口滑行道可允许飞机以较高的速度滑离跑道，从而减少了占用跑道的时间，提高跑道的容量，如图 7-8 所示。一般情况下，快速出口滑行道与跑道的夹角介于 25°~45°，最好取 30°。飞机可以较高的速度由快速出口滑行道离开跑道，不必减到最低速度。快速出口滑行道在转出曲线之后必须有一段直线距离，其长度应保证让转出的飞机在进入（或穿越）任何交叉滑行道以前完全停住，以避免与在交叉滑行道上滑行的飞机发生碰撞。

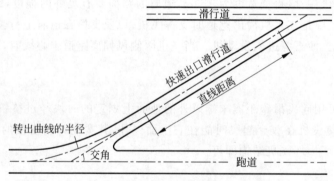

图 7-8　快速出口滑行道

（4）机位滑行通道。机位滑行通道是指从机坪滑行道通往飞机停机位的通道。

（5）机坪滑行道。机坪滑行道设置在机坪边缘，供飞机穿越机坪时使用。

（6）旁通滑行道。当交通密度较高时，宜设置旁通滑行道。旁通滑行道设在跑道端附近，供起飞的航空器临时决定不起飞时，从进口滑行道迅速滑回，也可供跑道端进口滑行道堵塞时航空器进入跑道起飞时使用。

（7）绕行滑行道。当运行需要时，宜设置绕行滑行道，以减少飞机穿越跑道的次数。绕行滑行道不应影响仪表着陆系统（ILS）的信号及飞机运行。绕行滑行道上运行的飞机不应超过此时运行方式所需的障碍物限制面。绕行滑行道上运行的飞机不应干扰起飞和降落飞机驾驶员的判断，应根据运行需要，设置目视遮蔽物。

为了保证飞机的潜行安全，通常在滑行道两侧对称地设置道肩，而且还要向两侧延伸一定的距离，延伸部分连同滑行道（机位滑行道除外）统称为滑行带，滑行道必须设置滑行带。

当滑行道必须跨越其他地面交通设施（道路、铁路、管沟等）或露天水面（河流、海湾等）时，则需要设置滑行道桥。滑行道桥应设置在滑行道的直线段上。

对于交通繁忙的机场，为防止前面的飞机不能进入跑道而妨碍后面飞机的进入，则通过设置等待坪、双滑行道（或绕行滑行道）及双进口滑行道等方式解决，为确定起飞顺序提供了更大的灵活性，也提高了机场的容量和效率。

滑行道的宽度由使用机场最大的飞机轮距宽度决定，要保证飞机在滑行道中心线上滑行时，其主起落轮子的外侧距滑行道边线不少于 1.5～4.5m。在滑行道转弯处，它的宽度要根据飞机的性能适当加宽。

滑行道的强度要和配套使用的跑道强度相等或更高，因为在滑行道上飞机的运行密度通常高于跑道，飞机的总重量和低速运动时的压强也会比跑道所承受的略高。

滑行道在和跑道端的接口附近有等待区，地面上有标志线标出，这个区域是为了飞机在进入跑道前等待许可指令。等待区与跑道端线保持一定的距离，以防止等待飞机的任何部分进入跑道，成为运行的障碍物或产生无线电干扰。

3. 机坪

机坪指的是机场内供飞机停放的平地，用于上下旅客、装卸货物、对飞机进行各种地面服务（机务维修、上水、配餐、加电、清洁等），在航空展时还会扩充为飞机的展示场及飞行表演的观众席。

机坪又分为停机机坪和登机机坪。登机机坪紧邻候机楼，始发飞机在这里完成它出发前的各种准备工作，中途经停的飞机要在此处接待上下旅客、装卸货物，添加燃油及接受各种补给和服务工作。停机机坪离候机楼较远，飞机在此停放过夜，活动不多。停放机坪上设有供飞机停放所划定的位置，简称机位（图 7-9）。机坪的面积要足够大，以保证进行上述活动的车辆和人员的行动，通常在机坪上用油漆标出飞机的运行线路和机位，使飞机按照标出的线路进出机位。

图 7-9　1∶400 客机停机位示意图

4. 机场导航设施

机场导航设施也称为终端导航设施，其目的是引导到达机场附近的飞机安全、准确地进近和着陆。进近和着陆阶段是飞行事故发生最多的阶段，因而机场导航设施、航空地面灯光系统、跑道标志组成了一个完整系统作为机场的重要组成部分，以保证飞机安全着陆。

机场导航设备又分为非精密进近设备和精密进近设备。非精密进近设备通常指机场的 VOR-DME（甚高频全向信标-测距台）。精密进近设备则能够准确地进行水平引导和垂直引导，使飞机穿过云层，在较低的能见度下，安全准确地降落。目前使用最广泛的精密进近系统是仪表着陆系统，还有部分使用精密进近雷达系统及正在发展中的卫星导航着陆系统。

仪表着陆系统（ILS）又译为仪器降落系统、盲降系统，它的作用是由地面发射的两束无线电信号实现航向道和下滑道指引，建立一条由跑道指向空中的虚拟路径，飞机通过机载接收设备，确定自身与该路径的相对位置，使飞机沿正确方向飞向跑道并且平稳下降高度，最终实现安全着陆。

5. 机场灯光系统

夜间飞行的飞机在机场进近降落时,无论是在仪表飞行规则或目视飞行规则下都需要地面灯光助航,此外,当白天能见度很低时也需要灯光系统,机场灯光系统必须有备用电源以备在主电源失效的情况下紧急使用。机场灯光系统包括跑道灯光、滑行道灯光、机坪灯光、进近灯光等系统。

跑道灯光系统是指飞机在夜航或能见度不好的情况下着陆时,安装在机场跑道上,指示跑道位置和范围的灯光系统,包括跑道边灯、跑道入口灯、入口翼排灯、接地地带灯、跑道中线灯和跑道末端灯等。当着陆飞机在跑道上接地和滑跑时,跑道灯为驾驶员在判断前进方向、横向位移和滑跑距离等方面提供帮助。滑行道灯光系统包括滑行道中线灯、滑行道边灯、停止排灯、中间等待位置灯和跑道警戒灯等。停机坪使用足够的泛光灯保证机坪有足够的亮度,从而使各项工作顺利进行,在停机位有各种引导和指示灯光,引导飞机准确停靠在登机桥旁的停机位置或其他停机机位上。飞机在进近的最后阶段,一般都要由仪表飞行转为目视飞行。这时驾驶员处于高负荷的工作状态,对于夜间航行的驾驶员,用进近灯光来确定距离和坡度,可以快速做出决断。

7.3.2 航站区

航站区是组织旅客、行李、货物、邮件上下飞机的客货运输服务区。它是机场空侧与陆侧的交界面,是地面与空中两种不同交通运输方式进行转换的场所。航站区主要由三部分组成:①航站楼、货运站;②航站楼、货运站前的交通设施,如停车场、停车楼、内部道路等;③航站楼、货运站与飞机的连接地带——站坪。

1. 航站楼

航站楼又称"候机楼",是旅客航站区的主体建筑,是旅客在乘飞机出发前和抵达后办理各种手续和作短暂休息等候的场所。它是旅客进出机场的主要场所及地面交通和空中交通的结合部,也是航空公司和机场管理部门的重要办公场所。

1) 航站楼的基本设施

航站楼供旅客完成从地面到空中或从空中到地面转换交通方式用,是机场的主要建筑物,航站楼的基本设施主要包括以下部分:

(1) 车道边。车道边是航站楼陆侧边缘外,在航站楼进出口附近所设置的一条狭长地带,其作用是当接送旅客的车辆在航站楼门前作短暂停靠时,旅客可以方便地上下车辆、搬运行李。客流量较小的航站楼通常只设一条车道边,到达和出发的旅客可在同一条车道边上下汽车。客流量较大时,可与航站楼主体结构相结合,在到达层和出发层分设车道边。

(2) 公共大厅。公共大厅用以实现旅客办理值机手续(登机手续)、交运行李、旅客及迎送者等候、安排各种公共服务设施等功能。

(3) 安全检查设施。出发旅客登机前必须接受安全检查,安全检查一般设在办票区和出发候机室之间,具体控制点可根据流程类型、旅客人数、安检设备和安检工作人员数量等灵活布置。

(4) 政府联检设施。政府联检设施包括海关、边防检查(护照检查)、卫生检疫、动植物检疫和商品检验,是国际旅客必须经过的关卡。

(5) 候机大厅。候机大厅是出发旅客登机前的集合、休息场所,通常在机门位附近设置候机等待区。考虑到飞机容量的变化,航站楼候机区可采用玻璃墙等作灵活隔断。通常,航站楼专设贵宾候机室和要客候机室。候机大厅还应设置吸烟室、母婴室及简易的宗教活动场所。

(6) 行李处理设施。行李处理设施方便旅客在航站楼内准确、快速、安全地托运和提取行李。进出港行李的流程是严格分开的。航空旅行由于要把旅客和行李分开,因而行李处理比其他交通方式要复杂得多。

(7) 机械化代步设施。为方便人们在航站楼内活动,特别是增加旅客在各功能区转换时的舒适感,航站楼常常装设机械化代步设施。常见的机械化代步设施有电梯、自动扶梯、自动人行步道及旅客捷运系统等。

(8) 登机桥。登机桥是航站楼门位与飞机舱门的过渡通道,是以金属外壳或透明材料做成的密封通道,桥本身可以水平移动、前后伸缩、高低升降。采用登机桥,可使下机、登机的旅客免受天气、飞机噪声、发动机喷气吹袭等因素影响,也便于机场工作人员对出发、到达的旅客客流进行统计、组织和疏导。

(9) 旅客信息服务设施。旅客信息服务设施主要指旅客问询及查询系统、航班信息显示系统、公共信息标识系统、广播系统等。

(10) 商业经营设施。商业经营设施既是对旅客服务的航站楼的有机构成部分,又是机场创收的一条重要渠道。航站楼可以开展的商业经营项目繁多。

2) 航站楼的布局

航站楼是机场的核心建筑物,其布局直接影响机场的运营效率和乘客体验。航站楼的布局应尽可能简洁明了,方便乘客快速找到登机口和到达出口。布局中应合理划分到达和离开区域,分别设置到达大厅和出发大厅,并在合适的位置设置安检、海关、行李提取等设施,以方便乘客通行。

(1) 水平布局

确定航站楼水平布局时,要考虑许多因素,主要有旅客流量、飞机起降架次、航班类型、使用该机场的航空公司数量、场地的物理特性、出入机场的地面交通系统等。航站楼水平布局方案可分为直线型、指廊型、卫星厅型、转运车型、综合型等。

① 直线型

直线型也称前列式或单线式,是一种最简单的水平布局形式,如图 7-10 所示。航站楼呈线形,一般为弧形,登机口和登机桥设置在弧形外侧,飞机机头向内停靠在航站楼旁,旅客通过登机桥上下飞机。这种布局的优点是:构形简单,进出港流程简单便捷,客流量增大时,航站楼可向两侧扩展。缺点是:近机位数量少,近机位区域面积利用率低。航站楼扩展较长时,增加了旅客在楼内的步行距离。

② 指廊型

指廊型又称廊道型,由航站楼的主楼朝机坪方向伸出一条或几条走廊,沿廊道的两侧布置机位,正对每个机位设置登机口,如图 7-11 所示。这种布局的优点是:近机位数量多,近机位区域面积利用率高;根据基地航空公司规模,可独立使用一个或几个指廊,有利于航空公司的航班保障和旅客出行;在主楼内可设置集中的商业区,增加商业收入;进一步扩充机位时,航站楼主体可以不动,而只需扩建作为连接体的指廊,因此在基建投资方面比较经济。

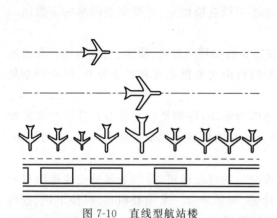

图 7-10　直线型航站楼

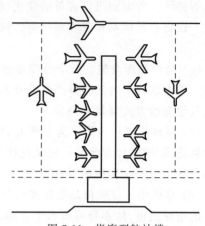

图 7-11　指廊型航站楼

缺点是：登机口跨指廊调整时，旅客在楼内的步行距离长；指廊间距不能满足航空器地面双通道滑行时，指廊内的航空器进出受限，运行效率不高；多个指廊并存时，主楼的面积和功能需足够强大，能够支撑多个指廊旅客的进出港手续，而且最远端指廊的旅客进出港步行距离过长。

③ 卫星厅型

卫星厅型是在航站楼主体空侧一定范围内布置一座或多座卫星式建筑物，这些建筑物通过地下、地面或高架廊道与航站楼主体连接，如图 7-12 所示。卫星厅型的优点是：卫星建筑物上设有机门位，飞机环绕其周围停放。近机位数量多，近机位候机区域面积利用率高。根据基地航空公司的规模，可独立使用一个或几个登机厅，有利于航空公司的航班保障和旅客出行。在主楼内可设置集中的商业区，增加商业收入。在

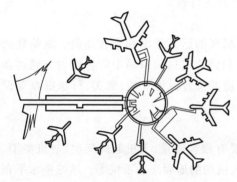

图 7-12　卫星厅型航站楼

一个登机厅内，旅客步行至每个登机口的距离相当，在登机厅中间也可设置商业区域。卫星厅和航站楼之间有活动的人行通道或定期来往的车辆沟通，它比指廊型优越的地方是卫星厅内可以有很多航班，各航班旅客登机时的路程和所用的时间大体一致，旅客在卫星厅内可以得到更多的航班信息，而指廊型的登机坪，旅客到最末端的登机门所用的时间比起始端的要长。卫星厅型的缺点是建成后不易进一步扩展。

④ 转运车型

在转运车型航站楼中，飞机不接近航站楼，而是远停在站坪上，通过接送旅客的转运车来建立航站楼与飞机之间的联系，有的转运车是可以升降的，这样靠近飞机后乘客即可直接登机，而无须动用舷梯车，如图 7-13 所示。转运车型的优点是：最大限度地使用航站楼内的面积，航站楼只需要设置远机位登机口，不需要安装登机桥，可降低基建和设备投资。缺点是：摆渡车为特种车辆，非常昂贵，而且机坪内交通复杂，车辆行驶有安全风险。使用摆渡车时旅客登机时间增加，受天气影响，地面保障链条延长，旅客出行不便，舒适感

下降。

⑤ 综合型

航站楼的形式并不是单一固定的,实际上许多航站楼综合了上述几种形式,例如,上海浦东国际机场是分散式多个单元组合的,既有直线型的,又有卫星厅型的,但当客流量增大时,超过部分就采用远距离的登机坪来解决。

(2) 竖向布局

根据客运量、航站楼可用占地和空侧、陆侧交通组织等因素,航站楼竖向布局可采用一层、一层半、二层、三层等方案,如图 7-14 所示。

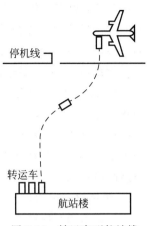

图 7-13　转运车型航站楼

① 一层方案。进、出港旅客及行李流动均在机坪层进行。这样,旅客一般只能利用舷梯上下飞机。

② 一层半方案。出港旅客在一层办理手续后到二层登机,登机时可利用登机桥。进港旅客在二层下机后,赴一层提取行李,然后离开。

③ 二层方案。旅客、行李流程分层布置。出港旅客在二层下机,然后下一层提取行李,转入地面交通。进港旅客在二层托运行李,办理手续后登机。

④ 三层方案。旅客、行李流程基本与二层方案相同,只是将行李房布置在地下室或半地下室。

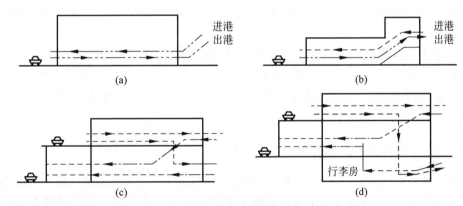

图 7-14　航站楼竖向布局
(a) 一层布局;(b) 一层半布局;(c) 二层布局;(d) 三层布局

2. 货运站

机场货运站是承运人与托运人、收货人进行货物交接、运费结算等的场所,是连接货物与承运飞机的唯一通道,为货物提供从陆侧到空侧的转换服务,在航空货运中担当着空陆衔接的重要角色。

1) 机场货运站的功能

在航空货运中,机场货运站的功能可概括为以下几个方面:

(1) 存储。到港货物有时并不是马上被收货人提走,出港货物也并非一到机场即可搭上飞机。换言之,机场空侧、陆侧的货流量通常是不平衡的。因此,机场货运站应具有一定的存储设备来协调空侧、陆侧的货流量。

(2) 货物处理。货运站所收出港货物常常有很多小件，并发往不同的目的地。因此，货运站必须按目的地对货物进行分拣，然后再根据货物类型将其转换成利于运输的大件（如集装箱）。对于进港货物，也要进行拆箱、分拣，以便不同的货主提货。除分拣、拆箱、装箱外，对空运货物，货运站还要进行称重、测量、标签、清点、鉴别、包装、码放等工作。

(3) 装卸运输。出港货物从货运站装上飞机，进港货物从飞机转到货运站，都需要货运站动用一定的设备、人力进行装卸和运输。

(4) 办理货运手续和货运文件。托运、提货、出库、装机、卸货、入库等均需在货运站办理各种手续和有关货运文件，如货物托运书、航空货运单、货邮舱单、装机单、贵重物品交接单、特种货物机长通知单、中转舱单、货物分批发运单等。

2) 机场货运站的布局

货运站布局时应特别注意有关流程的顺畅。站址应依据机场总体规划来确定，其具体位置应既不干扰旅客航站区，又便于机坪运货飞机的货运作业操作。货运站一般应设有供运货卡车、顾客汽车使用的停车场，综合办公楼（办理托运、提货、查询、海关等业务），货仓（集装箱、集装板、散货、特种货物等），装箱区和拆箱区，运输车辆（叉车、铲车、拖车、升降平台车、吊车等）停放区和维修区等。

3. 航站楼、货运站前的交通设施

停驻车辆不多时可用停车场，车辆增多时，场地太大，车位过远，会造成一定的困难。多层车库已成为大型航站楼的主要构成部分。有些车库贴近航站楼，备有旅客进出航站楼的特殊步道，减少了航站楼每个出入口前的车道边；有的还与商店、旅馆连通，更为方便。

4. 站坪

设在航站楼前的机坪称为站坪或客机坪，供客机停放、上下旅客，以及进行飞行前的准备和到达后的各项作业。飞机进、出站坪机位时，既可依靠自身的滑行（滑入、滑出），也可以依靠飞机牵引车（拖入、推出），还可以依靠自身滑行与牵引车相结合的方式（滑入、推出）。

7.3.3 进出机场的地面交通

机场是城市的交通中心之一，而且有严格的时间要求，因而从城市进出机场的通道是城市规划的重要部分，大型城市为了保证机场交通的通畅都修建了市区到机场的专用公路或高速公路。为了解决旅客来往于机场和市区的问题，机场要建立足够的公共交通系统。有的机场开通了到市区的地铁或高架铁路，大部分机场有足够的公共汽车线路以方便旅客出行。在考虑航空货运时，要把机场到火车站和港口的路线同时考虑在内。

进出机场的地面交通运输方式主要包括小汽车、出租车、包租公共汽车、公共汽车、机场班车、火车、城市捷运公交系统、机场专用捷运系统和专用高速公路、直升机、水运等。

进出机场的地面道路布局与航站楼构形、集散程度（集中式或单元式）、附属设施（停车场、车站等）诸多因素有关，同时还要考虑航站区未来扩建的灵活性。进出机场的地面道路通常包括航站楼正面道路（毗邻航站楼车道边）、航站区进出道路、工作道路、机场进出道路等。

7.3.4　机场的其他组成部分

1）航空器维修区

航空器维修区是机场内用于飞机维护和修理的区域,包括维修机库、维修设备和维修人员的办公室。航空器维修区配备有各种专业设备,如起重机、维修车辆和维修工具,以确保飞机的正常运行和安全。

2）空中交通指挥中心

空中交通指挥中心属中国民用航空局空中交通管理局管辖。空中交通管理的基本任务是使航空公司或经营人能够按照原来预定的起飞时间和到场时间飞行,在实施过程中,能以最少(小)程度的限制,在不降低安全系数的前提下保障飞行有序运行。例如,考虑到整个航线网络的飞行量后,可以使飞机在起飞机场就得到控制,以避免飞机起飞后在空中出现无谓的等待、盘旋,或使用不经济的飞行高度层而造成燃油消耗。空中交通指挥中心由塔台、航管楼、导航雷达、导航通信设施、气象设备等组成。

3）油料中心

机场设立的油料中心多数属于中国航空油料总公司的分支机构,专门从事航空油料供应保障业务,为航空公司提供油料供应。油料中心由油库、输油管道、码头、铁路组成。

4）航空食品加工区

航空食品是飞行过程中供旅客食用的小食品,必须具有轻量、便于携带、加工简易、新鲜、安全、标准化的特点。食品加工是航空食品配餐的关键环节,加工过程中需要严格遵守卫生标准,确保食品的安全和卫生。

5）医疗急救中心

医疗急救中心的主要职能是保障机场的医疗应急救援,负责旅客及公司职工家属的医疗保健、机场辖区内卫生防疫的监督和管理,以及协调驻场单位的卫生工作。

医疗急救中心在民航突发事件和重大疫情暴发期间可发挥重要作用。机场医疗急救中心的规模按急救中心用房面积、所设应急救援床位数量、应急救援物资仓库面积来划分。

6）机场消防站

机场消防站的主要任务是航空器灭火救援,消防站与跑道之间设置了直通的消防通道,以保证消防车辆通往跑道的距离最短,转弯次数最少,能够快速进入跑道开展灭火救援。救援的反应时间对于救援的效果有着决定性的影响,机场消防设施和救援人员位于飞行区,而且应该精心安排,以便在发生事故时,救援的车队能在 3min 之内到达跑道远端。救援车队主要是消防车队,因此我国也把救援称为消防勤务,救援队伍也称消防队。

7）维护社会治安部门(公安)

机场公安部门的职责是维护空港地区(包括航站楼在内)的社会治安。机场属地化后,机场公安机构也随机场移交给地方政府,机场接受当地公安局的领导。机场地区的治安情况直接影响着机场的运营、安全和服务质量。

8）机场联检部门

机场联检部门包括边防检查、海关检查、卫生检疫、动植物检疫、进出口商品检疫。联检单位(海关、边防及检验检疫)是按照国家法律、法规的规定设置的相应机构,也是国际机场运营的必要条件。

7.4 机场的分类及等级

7.4.1 机场的分类

1. 按服务对象分类

(1) 军用机场,是指供军用飞机起飞、着陆、停放和组织、保障飞行活动的场所,也是航空兵进行作战训练等各项任务的基地。军用机场有时也部分用于民用航空或军民合用,但从长远来看,军用机场将会和民用机场完全分离。

(2) 民用机场,是指专供民用航空器起飞、降落、滑行、停放及进行其他活动使用的划定区域,包括附属的建筑物、装置和设施。民用机场又分为商业运输机场(通常称为航空港)、通用航空机场,以及用于科研、生产、教学和运动的机场。通用航空机场是专门作为民航的"通用航空"飞行任务起降的机场,包括可供飞机和直升机起飞、降落、滑行、停放的场地和有关的地面保障设施。在我国,有些机场属单位和部门所有,如飞机制造厂的试飞机场、体育运动的专用机场和飞行学校的训练机场。在国外还有大量的私人机场,服务于私人飞机或企业的公务飞机,这种机场一般只有简易的跑道和起降设备,规模很小,但数量很大。

(3) 军民合用机场,是指既可军用,又可民用的机场。根据国务院、中央军委《关于军民合用机场使用管理的若干暂行规定》,机场的使用管理原则上由机场产权单位负责,可根据双方需要和实际情况划分区域,分区管理。场区建设由产权单位统一规划,军、民航专用设施应尽量分开修建,自成体系,自行管理。

2. 按航线性质分类

(1) 国际航线机场(国际机场),是指可供国际航班输送旅客、货物、邮件等出入境,并设有固定的联检机构(海关、边防检查、卫生检疫、动植物检疫、商品检验等)的机场。国际机场又分为国际定期航班机场、国际不定期航班机场和国际定期航班备降机场。

(2) 国内航线机场,是指专供国内航班飞行使用的机场,我国的国内航线机场包括"地区航线机场"。地区航线机场是指我国内地城市与港、澳等地区之间定期或不定期航班飞行使用的机场,并设有相应的类似国际机场的联检机构。

3. 按机场在民航运输网络系统中所起的作用分类

(1) 枢纽机场,是指国际、国内航线密集,且旅客在此可以很方便地中转到其他目的地的机场。我国的三大门户枢纽机场是北京首都国际机场、上海浦东国际机场、广州白云国际机场。

(2) 干线机场,是指以国内航线为主,兼有少量国际航线,可全方位建立跨省、跨地区的国内航线,运输业务量较为集中的机场,如深圳宝安国际机场、南京禄口国际机场、杭州萧山国际机场等。

(3) 支线机场,是指分布在各省、自治区内,设有通往邻近省区的短途航线的机场,业务量相对较少,如舟山普陀山机场、赣州黄金机场、运城关公机场等。

4. 按机场所在城市的地位、性质分类

(1) Ⅰ类机场,是指全国政治、经济、文化中心城市的机场,是全国航空运输网络和国际航线的枢纽,运输业务量特别大,除承担直达客货运输外,还具有中转功能。北京首都机场和大兴机场、上海虹桥机场和浦东机场、广州白云机场等即属于此类机场。

(2) Ⅱ类机场,是指省会、自治区首府、直辖市和重要经济特区、开放城市和旅游城市或经济发达、人口密集城市的机场,可以全方位建立跨省、跨地区的国内航线,是区域或省区内航空运输的枢纽,有的可开辟少量国际航线。Ⅱ类机场也可称为国内干线机场。

(3) Ⅲ类机场,是指国内经济比较发达的中小城市,或一般的对外开放和旅游城市的机场,能与有关省区中心城市建立航线。Ⅲ类机场也可称为次干线机场。

(4) Ⅳ类机场,是指支线机场及通用航空中的直升机场。

5. 按旅客乘机的目的分类

(1) 始发/终程机场,是指运行航线的始发机场和目的地机场。这类机场的始发/终程旅客占旅客总数的比例较高,始发/终程的飞机或掉头回程的架次占大多数。目前国内机场大多属于这类机场。

(2) 经停(过境)机场,是指某航线航班中间经停(过境)的机场。这类机场往往位于航线上的经停点,没有或很少有始发航班飞机,只有比例不大的始发/终程旅客,有相当数量的过境旅客,飞机停驻时间一般较短。

(3) 中转(转机)机场,是指旅客乘坐飞机抵达此处时需要下机换乘另外的航班前往目的地机场。在这类机场中,有相当大比例的旅客乘飞机到达后,立即转乘其他航线的航班飞机飞往目的地。

7.4.2 机场的等级划分

为了合理地配置机场的工作人员和相应的设施设备,以确保飞机安全、有序、正点起降,必须将机场划分相应的等级。确定机场等级时,通常按照相关要求从以下几个方面进行划分:

1. 飞行区等级

跑道的性能及相应的设施决定了什么等级的飞机可以使用这座机场,机场按这种能力的分类,称为飞行区等级。根据国际民航组织(ICAO)的规定,飞行区等级由飞行区指标Ⅰ(代码)和飞行区指标Ⅱ(代字)确定,见表7-1。

表 7-1 飞行区等级标准

飞行区指标Ⅰ		飞行区指标Ⅱ	
代码	飞机基准飞行场地长度/m	代字	翼展/m
1	<800	A	<15
2	800~<1200	B	15~<24
3	1200~<1800	C	24~<36
4	≥1800	D	36~<52
		E	52~<65
		F	65~<80

飞行区指标Ⅰ是根据拟使用该飞行区跑道的各类飞机中最长的基准飞行场地长度确定的代码,采用数字1、2、3、4进行划分。

飞行区指标Ⅱ是根据拟使用该飞行区跑道的各类飞机中最大翼展确定的代字,采用字母A、B、C、D、E、F进行划分。

机场飞行区指标的意图是将有关机场特性的技术要求相互联系起来,为拟在该机场运行的飞机提供一系列适当的机场设施。机场飞行区指标并非用来确定跑道长度或所需道面强度要求。飞行场地长度是指飞机在最大起飞质量、海平面高度、无坡度标准大气下起飞时所要求的最低场地(跑道)长度,也指在飞机中止起飞时所要求的跑道长度,即平衡跑道长度,与机场跑道的实际长度没有直接关系。修建什么等级的机场要根据航空运输的需要而定,并不是等级越高越好。飞行区等级可以向下兼容,如我国机场常见的 4E 级飞行区常用来起降国内航班最常见的 4C 级飞机。常用机型对应的飞行区指标见表 7-2。

表 7-2 与飞行区指标等级代码匹配的飞机类型

飞行区指标	飞机类型
4F	A380,B747-8,B777-9
4E	B777,B787,A330,A340,A350,MD11
4D	B757,B767,A300,A310,DC8,DC10
4C	A320,B737,B727,DC9

2. 跑道导航设施等级

跑道导航设施等级按配置的导航设施能提供给飞机何种进近程序飞行来划分,具体分类如下:

1) 非仪表跑道

供飞机用目视进近程序飞行的跑道,代字为 V。

2) 仪表跑道

供飞机用仪表进近程序飞行的跑道,可分为以下四类:

(1) 非精密进近跑道。装备相应的目视助航设备和非目视助航设备的仪表跑道,足以对直接进近提供方向性引导,代字为 NP。

(2) Ⅰ类精密进近跑道。装备仪表着陆系统和(或)微波着陆系统及目视助航设备,供飞机在决断高度低至 60m、跑道视程低至 550m 或能见度低至 800m 时着陆的仪表跑道,代字为 CAT Ⅰ。

(3) Ⅱ类精密进近跑道。装备仪表着陆系统和(或)微波着陆系统及目视助航设备,供飞机在决断高度低至 30m 和跑道视程低至 350m 时着陆的仪表跑道,代字为 CAT Ⅱ。

(4) Ⅲ类精密进近跑道。装备仪表着陆系统和(或)微波着陆系统的仪表跑道,可引导飞机直至跑道,并沿道面着陆及滑跑。根据对目视助航设备的需要程度又可以分为三类,分别以 CAT ⅢA、CAT ⅢB 和 CAT ⅢC 为代字。

① ⅢA 类(CAT ⅢA)运行:精密进近和着陆最低标准的决断高低于 30m,或无决断高度,跑道视程不小于 200m。

② ⅢB 类(CAT ⅢB)运行:精密进近和着陆最低标准的决断高低于 15m,或无决断高度,跑道视程小于 200m,但不小于 50m。

③ ⅢC 类(CAT ⅢC)运行:精密进近和着陆最低标准无决断高度和无跑道视程的限制。

3. 机场规划规模等级

根据中国民用航空局制定的《运输机场总体规划规范》(MH/T 5002—2020)规定,机场按规划年旅客吞吐量规模可分为超大型机场、大型机场、中型机场、小型机场,见表 7-3。按机场近期、远期规划的年旅客吞吐量规模对机场进行分类,用于在规划中分类指导各功能区、设施、系统的配置。

表 7-3　机场按年旅客吞吐量规模分类

规划规模类别	年旅客吞吐量/万人次
超大型	≥8000
大型机场	2000~<8000
中型机场	200~<2000
小型机场	<200

4. 机场的救援和消防等级

救援和消防勤务主要是救护受伤人员,为了保障救援和消防,必须有足够的措施,其中,包括必要的器材(如灭火剂)、设备、车辆和设施(如应急通道)等。这些物资保障的配备是以该机场使用的飞机外形尺寸(飞机机身全长和最大机身宽度)为依据的。机场消防等级应依据拟使用该机场的最大机型的机身尺寸、最繁忙连续 3 个月内的起降架次划分,反映机场所具备的最高类别飞机的救援和消防能力。表 7-4 中具体分为 1~10 级,外形尺寸越大,级别数越大。

表 7-4　救援与消防的机场等级

机场消防等级	飞机机身全长/m	最大机身宽度/m
1	0~<9	2
2	9~<12	2
3	12~<18	3
4	18~<24	4
5	24~<28	4
6	28~<39	5
7	39~<49	5
8	49~<61	7
9	61~<76	7
10	76~<90	8

注:①飞机的机身全长和最大宽度不在同一等级时,应采用较高的等级。②最大机型在最繁忙连续 3 个月内的起降架次不小于 700 时,应采用表中对应的等级;起降架次小于 700 时,等级可降低 1 级。

7.5　机场运行与管理

视频:何为高高原机场?世界海拔最高的高高原机场在哪里?

视频:为什么飞机不能横跨西藏?

视频：机场的行李箱是怎样托运到飞机上的？

视频：机场那么大，跑道为何只修一两条？

视频：机场提前多久停止办理登机？

7.5.1 飞行区运行管理

飞行区的运行关系到飞行的安全，为确保飞行区内的活动安全、有序、高效进行，一般设有独立的运行中心。其运行工作主要是管理飞行区内的活动，保持跑道和滑行道道面整洁、无障碍及上空的净空条件；保障飞机在地面滑行顺利到位，在飞行区安排飞机机位和登机门；保证地面车辆有序移动。

1. 飞行区场地维护管理

飞行区的场地是否符合航空器运行要求直接关乎飞行安全。因此，国际民航组织和各个国家民航管理部门都对飞行区场地的日常维护与管理做了管理规定，各机场结合实际情况将各项技术要求纳入机场场务管理的规章制度，进行定期的日常维护工作。

场务管理部实施对机场跑道、滑行道、机坪、升降带、跑道端平安区、巡场路、围界及排水系统的维护管理，主要包括：对道面、土面区、排水设施、围界、巡场路的巡视检查；道面定期清扫；破损道面维修；道面除冰雪；土面区平整、碾压、割草等工作。此外，场务管理部门还负责监督管理由施工单位承担的维护工作，包括道面标志标线更新、跑道除胶、嵌缝料更新、道面修补、围界维护及改造、排水设施维护、巡场路维护等。

飞行区场地日常维护机具应按照计划的路径进出飞行区；进入跑道、滑行道或可能影响航空器运行的区域前，必须向塔台或相关管制部门提出申请，经同意后方可进入；进入飞行区的作业人员应配备无线电通信设备，与塔台保持实时联系；应做好各项日常维护工作的台账记录与资料保存工作。

2. 机场净空环境保护管理

机场净空是指为了飞机起飞、着陆和复飞的安全，在机场及其周边区域划定限制物体高度的空间区域。机场净空保护区域是指为了保证航空器在机场的飞行运行安全，维护飞行秩序及保障航班正常，根据民航有关规章和标准所划设的一定空间范围。

通过持续有效地开展净空巡视检查和报建物体高度审核工作，及时发现违规建设的建（构）筑物及其他不符合净空保护要求的障碍物，将隐患消灭于萌芽状态，防止机场保护区内出现各类超高障碍物。

根据《民用机场管理条例》，禁止在民用机场净空保护区域内从事下列活动：

（1）排放大量烟雾、粉尘、火焰、废气等影响飞行安全的物质。
（2）修建靶场、强烈爆炸物仓库等影响飞行安全的建筑物或者其他设施。
（3）设置影响民用机场目视助航设施使用或者飞行员视线的灯光、标志或者物体。
（4）种植影响飞行安全或者影响民用机场助航设施使用的植物。
（5）放飞影响飞行安全的鸟类，升放无人驾驶的自由气球、系留气球和其他升空物体。

(6) 焚烧产生大量烟雾的农作物秸秆、垃圾等物质,或者燃放烟花、焰火。

(7) 在民用机场围界外 5m 范围内,搭建建筑物、种植树木,或者从事挖掘、堆积物体等影响民用机场运营安全的活动。

(8) 国务院民用航空主管部门规定的其他影响民用机场净空保护的行为。

3. 地面滑行引导

滑行引导既要保证落地飞机在安全的情况下快速脱离跑道到达停机位,同时也要保证离港的飞机有序列队进入跑道起飞。

在小型机场,滑行通常由航行管制统一指挥。而在大型机场,机场运行部门配备有专门的通信频道指挥滑行,特别是繁忙的机场,因有多条跑道,可能需要多个频道来分别指挥各个方向滑行的飞机。地面滑行引导对飞机来说特别重要,特别是在天气恶劣的时候,地面滑行的安全将更依赖精准的指挥和清晰的地面标志。

4. 地面(机坪)车辆管制

地面(机坪)车辆管制是机场运行管理的重要内容。在飞行区内,除了飞机以外,各种地面服务车辆,如货物拖车、加油车、加水车、电瓶车、清洁车、机舱餐食服务车等的数量可能远远多于飞机的数量,这些机动车辆为飞机提供各种配套服务,所以必须接近飞机。为了使飞机和机动车辆有序移动、避免冲突,运行部门必须监控引导飞机和机动车辆都按照各自的滑行路线进行滑行。如果机坪内的地面车辆与飞机滑行发生冲突,则必须优先保障飞机的滑行。为了避免出现地面车辆撞击飞机的事故,地面车辆管制工作不能有半点马虎,特别是天气恶劣、能见度低的时候,地面车辆管制工作必须高度重视。

7.5.2 航站区运行管理

航站区运行管理的中心目标是确保旅客和货物能安全、便利、高效地出港和进港,其运行管理的范围既包括供旅客和货物办理手续和上下飞机的航站楼,也包括站坪、车道边、停车设施(停车场或停车楼)、站前地面交通及相应的公共设施等。

航站楼是航站区的主体建筑物,应满足不同用户的各类需求,包括值机、安检、海关、行李托运、候机环境、航班衔接、中转、购物、政府联检等,还应具备以下三项基本运输功能:

(1) 旅客和行李的处理能力,即售票、办票、行李交运与处理、政府检查及安全处理。

(2) 能够应对旅客、飞机移动变化的需求,即旅客和飞机到达的流动性要求。

(3) 使不同运输模式,转换便捷流畅,即空侧保障飞机的需求和交界面的运行,航站楼对空侧的主要影响通过机坪和闸口的设计来体现。陆侧进离场道路满足旅客需要。

航站楼运行管理中心(terminal operation center,TOC)是航站楼运行管理的核心机构,集中管理航站楼的各类业务,以提高响应能力、运行效率及服务质量,在各管理职能之间及时沟通、信息共享。

TOC 主要负责管辖范围内航站楼的日常生产运行、服务质量监督、安全防范及所有楼内系统,机电设备的运行、管理、维护和火灾的防范等。其主要职责包括:设备设施运行管理;机场候机楼航班信息发布管理;值机柜台、行李分拣及到达转盘的资源分配及管理;航站楼空防及安全管理;服务质量监督管理;根据应急预案规定,完成候机楼突发事件的处理等。

拓展阅读

【净空保护 人人有责——机场驱鸟】

发布日期:2019年04月19日   文章来源:搜狐网

绵阳南郊机场坚持以"生态环境治理"为核心,针对性开展多项维保工作,人为地营造出不适宜鸟类生活的环境。现场防范秉持"驱赶为主,猎杀为辅"的原则,尽可能减少鸟类的伤亡,力争实现人与自然和谐相处。两者相辅相成,共同构造绵阳机场"飞行区内、飞行区围界周边、机场8km范围内"三层安全防护网。

开展鸟击防治工作以来,绵阳机场采用了多种技术和手段对各种野生动物进行治理,通过实践摸索出一些设备和技术较为合理的使用方法,将多种设备和技术灵活配合实施,工作取得了较显著的成效。

1) 驱鸟设备方面

(1) 在枪支、化学药剂、驱鸟设备等方面建立了完善的人员资质审查和培训、人员防护、安全使用、维护保养、防火防盗制度。

(2) 对捕鸟网的不同布设方式、鸟网高度和长度的使用效果进行深入的对比分析和评价。

(3) 专业驱鸟车执行民用航空器运营期间的不间断驱鸟工作。

(4) 8门固定声波驱鸟器、10门煤气炮、10组驱鸟风轮协同配合。

2) 鸟情收集与分析

(1) 坚持日常不间断鸟情巡视,翔实记录每日的鸟情、采取的措施及效果,对巡视记录进行数据库录入及初步分析。

(2) 对鸟情记录定期分析和报告,总结规律,为下一阶段的工作提供指导。

(3) 对于与鸟情相关的鼠情、虫情和草情开展定期的调查和记录,收集相关资料。

(4) 全面统计了绵阳机场年度进出港的航班情况和规律,结合鸟类数量调查数据进行对比分析。

(5) 深入分析年度鸟击数据,总结鸟击发生的时空规律。

鸟撞飞机的防治被列为世界级难题,是因为全世界每年发生一万多起鸟撞飞机事件导致空中险情和空难,所以国际航空联合会把鸟害升级为A类航空灾难。

鸟击对飞行的危害:

鸟击是指飞机在起飞、爬升、巡航或降落过程中被鸟类撞击而发生的影响飞行安全的事件、事故或事故征候。航空器发动机的鸟击事件又称为吸鸟。随着航空器数量的不断增加、体积越来越大、飞行速度越飞越快,在空中遭遇鸟击的可能性也在加大。

然而绝大多数鸟类有体形小、质量轻和飞行速度小的特征,但鸟击破坏的危害主要来自飞机和鸟的相对速度而非鸟类本身的速度。

鸟撞飞机主要在飞机起降时,并都集中在风挡、发动机、机头、起落架、天线罩、机翼前缘等部位。其中,发生在风挡、发动机的概率最大,而这些部位又是飞机的薄弱和要害之处,因而被鸟撞后会造成十分严重的后果,甚至机毁人亡。

鸟击案例:

2013年6月4日上午,国航一架执飞成都—广州航班的波音757飞机在起飞后不久,飞机机载雷达罩在数千米高空被撞出一个大凹洞，机组立即决定返航，在半个小时后航班安全回到成都双流机场，事件未造成人员伤亡。国航随后迅速调派另一架飞机执飞该航班。

2019年1月15日，美国东部标准时间约15:27，一架美国航空公司空客A320客机（注册编号N106US）执行US-1549航班，在突然遭到一群鸟类的撞击后两台发动机推力几乎完全丧失，随后在距离纽约拉瓜迪亚机场（LGA）8.5mile的哈德逊河上迫降。这次航班原计划飞往北卡罗来纳州夏洛特道格拉斯国际机场，在离开拉瓜迪亚机场2min后发生了这起事故。包括一名婴儿在内的150名乘客和5名机组成员都通过客舱前端和机翼上的紧急出口安全撤离，1名乘务员和4名乘客重伤，飞机严重损坏。

我国幅员辽阔，地形、气候、生态环境类型十分复杂，也是候鸟和旅鸟迁徙的必经之地，鸟类种类、数量众多。以生物防治技术为主，其他驱鸟手段为辅，是最先进的综合措施，既不伤害鸟类，也不破坏环境。只有让鸟类远离了机场，才能防止鸟撞飞机事故的发生。

思考题

1. 机场为什么要驱鸟？
2. 文中提到了哪些驱鸟手段？
3. 《民用机场管理条例》中禁止在民用机场净空保护区域从事的活动与本文相关的条例内容是什么？

本章小结

机场是航空运输的重要组成部分，本章重点介绍了机场的发展历史、机场系统的构成、机场的分类和等级，还简要介绍了飞行区和航站区的运行管理，使读者对民用机场的基础知识有了初步的了解和掌握。

复习与思考

1. 机场主要提供哪些基本服务？
2. 跑道有哪些具体构形？
3. 机场有哪些分类方式？
4. 飞行区等级划分的具体标准是什么？
5. 禁止在民用机场净空保护区域内从事哪些活动？
6. 航站楼运行管理中心有哪些主要职责？

本章习题

一、单项选择题

1. 机场有相当大比例的旅客，在此转乘其他航线的航班飞往目的地，这种机场是（　　）。
   A. 始发/终程机场　　　　　　　　B. 经停机场
   C. 中转机场　　　　　　　　　　D. 过境机场
2. 某机场跑道可以起降的最大机型情况为：基准飞行场地长度≥1800m，52m≤飞机翼展<65m，则该机场的飞行区等级为（　　）。
   A. 3E　　　　B. 3F　　　　C. 4E　　　　D. 4F
3. 飞机停放和旅客登机的地方称为（　　）。

A. 滑行道　　　　B. 跑道　　　　C. 机坪　　　　D. 航站楼

4. 某机场年旅客吞吐量和年货邮吞吐量分别为 500 万人次≤年旅客吞吐量<1000 万人次,12.5 千吨≤年货邮吞吐量<100 千吨,则该机场航站业务量的规模等级为(　　)。
　　A. 小型　　　　B. 中型　　　　C. 大型　　　　D. 特大型

5. 年旅客吞吐量大于等于 1000 万人次的机场属于(　　)机场。
　　A. 小型　　　　B. 中型　　　　C. 大型　　　　D. 特大型

6. 某民用机场的跑道磁方位角值为 25°,则跑道两端号码为(　　)。
　　A. 02 和 20　　B. 02 和 05　　C. 03 和 21　　D. 07 和 25

7. 某民用机场的跑道磁方位角值为 36°,则跑道两端号码为(　　)。
　　A. 03 和 06　　B. 04 和 22　　C. 03 和 09　　D. 18 和 36

8. 下列不属于机场飞行区的是(　　)。
　　A. 跑道　　　　B. 滑行道　　　　C. 停机坪　　　　D. 航站楼

9. 滑行道与跑道平行,是飞机往返于跑道与机坪的主要通道,称为(　　)。
　　A. 主滑行道　　B. 进出滑行道　　C. 机坪滑行道　　D. 辅助滑行道

10. 航站楼最简单的水平布局形式是(　　)。
　　A. 直线型　　　B. 转运车型　　　C. 指廊型　　　　D. 卫星型

二、填空题

1. 机场按服务对象分类,可分为_____、_____、军民合用机场。
2. 根据在民航运输网络系统中所起的作用分类,机场可分为_____、_____和支线机场。
3. _____滑行道(存在于繁忙机场中):可以使飞机以较高的速度离开跑道,其与跑道的夹角介于 25°~45°。
4. 上海虹桥机场属于_____级别的机场。
5. 机场的驱鸟方法一般有_____。

三、判断题

1. 按机场在民航运输网络系统中所起的作用划分,可以分为枢纽机场、干线机场和支线机场。(　　)
2. 跑道上容许同时有两架飞机运行。(　　)
3. 根据机场总体规划时预测的年旅客量,可初步估计航站楼的规模。(　　)
4. 飞行区等级代码为 4D,则 B787 飞机不能在该机场的跑道上起降。(　　)
5. 停机坪不属于机场飞行区。(　　)
6. 省会、自治区首府、直辖市和重要的经济特区、开放城市和旅游城市的机场是Ⅱ类机场。(　　)
7. 航站楼最简单的水平布局形式是卫星型。(　　)
8. 机务的工作车在没有航班的时候可以进入跑道。(　　)
9. 旅客可以步行到远机位的客机上乘坐航班。(　　)
10. 机场通常都有公安部门的相关派出机构。(　　)

第8章 空中交通管理

视频：航空管制区：人为划定的空中交通管制区域

视频：揭秘空中交通警察——空中管制员的世界！

视频：空中超速罚不罚？揭秘飞机速度限制的背后原理。

视频：空中交通管制揭秘：安全背后的七重规定

视频：空中交通规则：民用无人机的空管

视频：为什么航班会由于流量控制原因不能按时起飞？

空中交通管理是现代民航运输系统的一个重要组成部分。空中交通管理的目的是有效地维护和促进空中交通安全，维护空中交通秩序，保障空中交通畅通。空中交通管理分为空中交通服务、空域管理、空中交通流量管理三个部分，其中空中交通服务又分为空中交通管制服务、飞行情报服务和告警服务。

8.1 空中交通管理机构

中国民用航空局空中交通管理局,简称"民航局空管局",是民航局的直属机构,是管理全国空中交通服务、民用航空通信、导航、监视、航空气象、航行情报的职能机构,机构徽标如图8-1所示。

8.1.1 主要职责和组织结构

图 8-1 民航局空管局徽标

民航局空管局的主要职责包含以下几个方面:

（1）贯彻执行国家空管方针政策、法律法规和民航局的规章、制度、决定、指令。

（2）拟定民航空管运行管理制度、标准、程序。

（3）实施民航局制定的空域使用和空管发展建设规划。

（4）组织协调全国航班时刻和空域容量等资源分配执行工作。

（5）组织协调全国民航空管系统建设。

（6）提供全国民航空中交通管制和通信导航监视、航行情报、航空气象服务,监控全国民航空管系统运行状况,负责专机、重要飞行活动和民航航空器搜寻救援空管保障工作。

（7）研究开发民航空管新技术,并组织推广应用。

（8）领导管理各民航地区空管局,按照规定负责直属单位的人事、工资、财务、建设项目、资产管理和信息统计等工作。

民航局空管局的组织结构如图8-2所示。

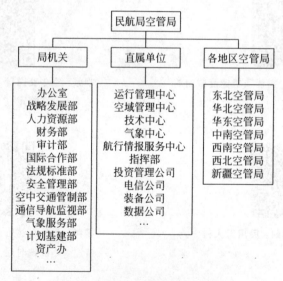

图 8-2 民航局空管局的组织结构

8.1.2 行业管理体制

中国民航空管系统现行行业管理体制为民航局空管局、地区空管局、空管分局(站)三级管理。民航局空管局领导管理民航七大地区空管局及其下属的民航各空管单位。驻省会城市

(直辖市)民航空管单位简称"空中交通管理分局",其余民航空管单位均简称为"空中交通管理站",见表 8-1。

表 8-1 民航地区空管局、空管分局(站)情况

地区空管局	下设分局(站)	地区空管局	下设分局(站)
华北空管局	河北空管分局	中南空管局	河南空管分局
	天津空管分局		湖北空管分局
	山西空管分局		湖南空管分局
	内蒙古空管分局		广西空管分局
	呼伦贝尔空管站		海南空管分局
东北空管局	黑龙江空管分局		汕头空管站
	吉林空管分局		深圳空管站
	大连空管站		湛江空管站
华东空管局	山东空管分局		珠海空管站
	江苏空管分局		桂林空管站
	安徽空管分局		三亚空管站
	浙江空管分局	西北空管局	宁夏空管分局
	江西空管分局		甘肃空管分局
	福建空管分局		青海空管分局
	青岛空管站	西南空管局	重庆空管分局
	宁波空管站		贵州空管分局
	温州空管站		云南空管分局
	厦门空管站	新疆空管局	阿克苏空管站

8.2 空中交通服务

8.2.1 空中交通管制服务

1. 飞行规则

空中交通管制服务的目的是防止航空器与航空器相撞及在机动区内航空器与障碍物相撞,维护和加快空中交通的有序流动。为了实现这一目的,航空器飞行必须制定一套规则。

按照驾驶和导航条件的不同,飞行可以分为两大类:目视飞行和仪表飞行,分别对应相应的飞行规则,即目视飞行规则和仪表飞行规则。

1) 目视飞行规则

目视飞行是指在可见天地线和地标的条件下,能够判明航空器飞行状态和目视判定方位的飞行。

(1) 实施目视飞行的条件

一般情况下,只在昼间、飞行高度 6000m 以下,巡航表速 250km/h 以下,云下飞行,低云(云底高度在 2500 以下)量不超过 3/8,并且符合规定的目视气象条件时,航空器方可按照目视飞行的最低安全间隔和高度的规定飞行。

目视气象条件规定:航空器与云的水平距离不得小于 1500m,垂直距离不得小于 300m;

高度3000m(含)以上,能见度不得小于8km,高度3000m以下,能见度不得小于5km。

(2) 实施目视飞行的运行规定

航空器按照目视飞行规则飞行,应获得所在空域管制员的允许。如因特殊原因(通常是交通流量原因),空中交通管制员有权利中止目视运行。

按照目视飞行规则飞行时,航空器的驾驶员必须加强空中观察,并对保持航空器之间的间隔和航空器距地面障碍物的安全高度是否正确负责。

(3) 安全间隔规定

同航线、同高度情况下,巡航表速在250km/h(不含)以下的航空器之间的距离不得小于2000m;巡航表速在250km/h(含)以上的航空器之间的距离不得小于5000m。超越前面的航空器时,应从右侧保持500m以上侧向间隔超越。不同高度飞行的航空器之间的垂直距离不得小于300m。

(4) 飞行最低安全高度

飞行最低安全高度是保证航空器不与地面障碍物相撞的最低飞行高度。

① 机场区域内目视飞行规则飞行最低安全高度

巡航表速在250km/h(不含)以上的航空器,按照机场区域内仪表飞行规则飞行最低安全高度的规定执行。

巡航表速在250km/h(含)以下的航空器,距离最高障碍物的真实高度不得小于100m。

② 航线目视飞行规则飞行最低安全高度

巡航表速在250km/h(不含)以上的航空器,按照航线仪表飞行规则飞行最低安全高度的规定执行。

巡航表速在250km/h(含)以下的航空器,通常按照航线仪表飞行规则飞行最低安全高度的规定执行;如果低于最低高度层飞行时,距航线两侧各5km地带内最高点的真实高度是平原和丘陵地区不得低于100m、山区不得低于300m。

2) 仪表飞行规则

(1) 仪表飞行是完全或者部分地按照航行驾驶仪表,判定航空器飞行状态及其位置的飞行。在仪表飞行时驾驶员仅靠仪表观测和管制员的指示飞行即可,不需要看到其他飞机和地面情况,因此仪表飞行的气象条件要宽于目视飞行。仪表飞行大大降低了天气对飞行可能造成的影响。

(2) 以下四类情况,航空器必须按照仪表飞行规则飞行:仪表飞行气象条件(低于目视气象条件)飞行,云层、云上目视气象条件飞行,夜间飞行,高度在6000m以上飞行。

(3) 实施仪表飞行的运行规定

作仪表飞行的航空器,必须配置齐规定的飞行仪表和无线电通信设备,并且机长只有在取得仪表飞行的驾驶执照后才能进行仪表飞行。

航空器在管制空域内按仪表飞行规则飞行时,管制员应当根据仪表飞行规则的条件,配备符合规定的安全间隔,防止航空器与航空器、机动区内航空器与障碍物相撞。管制员对航空器之间的间隔、距离和高度层配备是否正确负责。

(4) 飞行最低安全高度

① 机场区域内仪表飞行规则飞行最低安全高度

在机场区域,不得低于仪表进近图中规定的最低扇区高度,在按照进离场程序飞行时,不得低于仪表进离场程序中规定的高度;在没有公布仪表进离场程序或最低扇区高度的机场,在机场区域范围内,航空器距离障碍物最高点的高度是平原地区不得小于300m,高原、山区不得小于600m。

② 航线仪表飞行规则飞行最低安全高度

航路、航线飞行或者转场飞行的安全高度,在高原和山区应当高出航路中心线、航线两侧各25km以内最高标高600m;在其他地区应当高出航路中心线、航线两侧各25km以内最高标高400m。

2. 空中交通管制服务的运行组织形式

航空器在管制区域内的空中交通活动应当接受空中交通管制单位提供的空中交通管制服务,并遵守空中交通管制员的指令和许可。

空中交通管制服务的运行组织形式基本是以机场管制、进近管制、区域管制为主线的三级空中交通服务体系。

1) 机场管制

机场管制是指维持机场飞行秩序,指挥航空器滑行和起降,防止碰撞。机场管制的范围包括航空器在机场管制区的空中飞行、航空器的起飞和降落、航空器在机坪上的运动。

机场管制服务由机场塔台管制单位负责提供,管制员主要依靠目视或机场地面监视雷达来管理。

2) 进近管制

进近管制是对处于机场管制范围和区域管制范围之间的进场或离场航空器实施管制。进近管制的范围大约在机场50km半径内除机场管制范围以外,其垂直高度通常在6000m(含)以下,最低高度层以上。

进近管制服务由进近管制单位负责提供,管制员依靠无线电通信和雷达设备来监控航空器。

3) 区域管制

区域管制也称航路管制,主要是使航路上的航空器之间保持安全间隔。区域管制主要针对飞行高度在6000m以上的大范围内运行的航空器。

区域管制服务由区域管制单位执行,区域管制员依靠空地通信、地面通信和远程雷达设备来确定航空器的位置,根据航空器的飞行计划,批准航空器在其管制区域内的飞行,保证飞行间隔,然后把航空器移交到相邻空域,或把到达目的地的航空器移交给进近管制。在繁忙的空域,区域管制中心把空域划分成几个扇面,每个扇面的区域管制员只负责特定部分空域或特定几条航路上的管制。

空中交通管制单位除了上述机场塔台管制单位、进近管制单位、区域管制单位外,还包括空中交通服务报告室、民航地区空管局运行管理单位、民航局空管局运行管理单位。

空中交通服务报告室负责受理和审核航空器飞行计划的申请,向有关管制单位和飞行保障单位通报飞行计划和动态。

民航地区空管局运行管理单位负责统一协调所辖区域内的民航空中交通管制工作,监控所辖区域内民航空中交通管理系统的日常运行情况,控制所管辖范围内的飞行流量,协调处理所辖区域内特殊情况下的飞行,承担本地区搜寻援救协调中心的职责。

民航局空管局运行管理单位负责统一协调全国民航空中交通管制工作,监控全国民航空中交通管理系统的日常运行情况,控制全国的飞行流量,协调处理特殊情况下的飞行,承担民航局搜寻援救协调中心的职责。

8.2.2 飞行情报服务

飞行情报服务的目的是向飞行中的航空器提供有助于安全和有效实施飞行的建议和情报,但飞行情报服务不改变航空器驾驶员的责任。

1. 飞行情报服务内容

飞行情报服务应当提供下列有关各项情报:

(1) 重要气象情报和航空气象情报。

(2) 关于火山爆发前活动、火山爆发和火山灰云的情报。

(3) 关于向大气释放放射性物质和有毒化学品的情报。

(4) 关于无线电导航设备可用性变化的情报。

(5) 关于机场及有关设施变动的情报,包括机场活动区受雪、冰或者深度积水影响等情况的情报。

(6) 关于无人自由气球的情报。

(7) 起飞、到达和备降机场的天气预报和天气实况。

(8) 与在进近管制区、机场塔台管制区中运行的航空器可能发生相撞的危险。

(9) 对水域上空的飞行,应驾驶员要求,尽可能提供任何有用的情报,如该区域水面船只的无线电呼号、位置、真航迹、速度等。

(10) 其他任何可能影响安全的情报。

飞行情报服务内容主要包括:

(1) 编辑出版航行资料汇编,如《中华人民共和国航空资料汇编》《中国民航国内航空资料汇编》《军用备降机场手册》等。

(2) 编绘出版各种航图。航图是保证航空器运行及其他航空活动所需要的有关规定、限制、标准、数据和地形等,以一定的图表形式集中编绘、提供使用的各种图的总称。

(3) 收集、校核和发布航行通告。航行通告是有关航行的设施、服务、程序等的设立、状况、变化,以及涉及航行安全的危险情况及其变化的通知。

(4) 向机组提供飞行前和飞行后的航行情报服务。

2. 飞行情报服务机构

民用航空情报服务工作由民用航空情报服务机构实施,民用航空情报服务机构应当在指定的职责范围内提供民用航空情报服务。民用航空情报服务机构由民航局设立或者批准设立,包括全国民用航空情报中心、地区民用航空情报中心和机场民用航空情报单位。

全国民用航空情报中心、地区民用航空情报中心、国际机场民用航空情报单位应当提供24h航空情报服务;其他航空情报服务机构应当在其负责区域内航空器飞行的整个期间及前后各90min的时间内提供航空情报服务。

8.2.3 告警服务

告警服务的目的是向有关组织发出需要搜寻援救航空器的通知,并根据需要协助该组织或者协调该项工作的进行。

根据航空器紧急程度、遇险性质,可将紧急情况分为情况不明、告警、遇险三个阶段。

1. 情况不明阶段

情况不明阶段是指以下任意一种情形:

(1) 30min 未能与航空器建立或者保持正常的通信联络。

(2) 航空器在预计到达时间以后 30min 内仍未到达。

符合以上条件,但管制单位能够确认航空器及其机上人员安全的除外。

2. 告警阶段

告警阶段是指以下任意一种情形:

(1) 在不明阶段之后,继续设法和该航空器建立通信联络而未能成功,或者通过其他有关方面查询仍未得到关于该航空器的消息。

(2) 已经取得着陆许可的航空器,在预计着陆时间后 5min 内尚未着陆,也未再取得通信联络。

(3) 收到的情报表明,航空器的运行能力已受到损害,但尚未达到可能迫降的程度。

(4) 已知或者相信航空器受到了非法干扰。

3. 遇险阶段

遇险阶段是指以下任意一种情形:

(1) 在告警阶段之后,进一步试图和该航空器联络而未成功,或者通过广泛的查询仍无消息,表明该航空器已有遇险的可能性。

(2) 认为机上燃油已经用完,或者油量不足以使该航空器飞抵安全地点。

(3) 收到的情报表明,航空器的运行能力已受到损害可能需要迫降。

(4) 已收到的情报表明或有理由相信该航空器将要或已经迫降。

符合以上条件,但有充足的理由确信航空器及其机上人员未受到严重和紧急危险的威胁而不需要立即援助者除外。

告警服务由民航局指定的管制单位提供。收到关于航空器情况不明、紧急、遇险的情况报告或者信号时,管制员应当迅速判明航空器紧急程度、遇险性质,立即按照情况不明、告警、遇险三个阶段的程序提供服务。

1) 情况不明阶段应当采取的措施

管制员立即报告值班领导并与有关管制单位联系,同时按照航空器失去通信联络的程序继续进行工作,并采取相应的搜寻措施,设法同该航空器沟通联络。

2) 告警阶段应当采取的措施

管制员立即通知救援单位做好援救准备,并报告值班领导;开放通信、导航、雷达设备进行通信搜寻服务;通知航空器所能到达的区域或者机场的管制室,开放通信、导航、雷达设备,提供扩大通信搜寻服务;调配空中有关航空器避让,通知处于紧急状态的航空器改用紧急波段,或者通知其他航空器暂时减少通话或改用备份频率;当处于紧急状态的航空器尚无迫降危险时,根据航空器的情况和所处条件,及时提供有利于飞行安全的指示,协助机长迅速脱险;保留通话录音和记录,直至不再需要时为止;当遇到非法干扰或者被劫持时,按照预定程序进行工作。

3) 遇险阶段应当采取的措施

管制员立即报告值班领导,通知有关报告室和管制室,以及当地空军、军区、人民政府,尽可能通知该航空器所属单位;将遇险航空器的推测位置和活动范围或者航空器迫降地点通知援救单位,在海上遇险时,还必须通知海上救援中心;如果航空器在场外迫降,在航空器接地前,应当与航空器通信联络,接地后,如有可能应当查清迫降情况和所在地点;根据情况,可指示在遇险地点附近飞行的航空器进行空中观察,或者根据主管领导的指示在搜救中心的统一部署和领导下,派遣航空器前往遇险地点观察和援救;保留通话录音和记录,直至不再需要时为止。

8.3 空域管理

视频:中国空域到底谁说了算?民航可以随意飞行吗?

空域管理是依据既定空域结构条件,实现对空域的充分利用,尽量满足空域用户对空域的需求。空域管理的主要内容是空域划分和空域规划。

8.3.1 空域划分

空域是国家的重要资源,由国家实行统一管理。我国空域划分为飞行情报区、管制空域、危险区、限制区、禁区、航路和航线 7 种类型。

1. 飞行情报区

飞行情报区是指为提供飞行情报服务和告警服务而划定范围的空域。飞行情报区内的飞行情报和告警服务由有关的空中交通管制单位负责提供。

根据实施空中交通业务的需要,大多数国家将其所辖空域划成若干飞行情报区。公海上空的飞行情报区则是根据国际民航组织地区航行协议划分的,并委托《国际民用航空公约》的缔约国提供空中交通业务。

为了便于对在中国境内和经国际民航组织批准由中国管理的境外空域内飞行的航空器提供相应的服务,全国共划分沈阳、北京、上海、广州、昆明、武汉、兰州、乌鲁木齐、三亚、香港和台北 11 个飞行情报区。

为了及时有效地对在我国飞行情报区内遇险失事的航空器实施搜寻援救,在我国境内及其附近海域上空划设搜寻援救区。搜寻援救区的范围与飞行情报区的范围相同。

2. 管制空域

管制空域是依据空域分类,对按仪表飞行规则和目视飞行规则飞行的航空器提供空中交通管制服务而划定的空间。

我国将空域划分为 A、B、C、D、E、G、W 7 类,如图 8-3 所示,其中,A、B、C、D、E 类为管制空域,G、W 类为非管制空域。

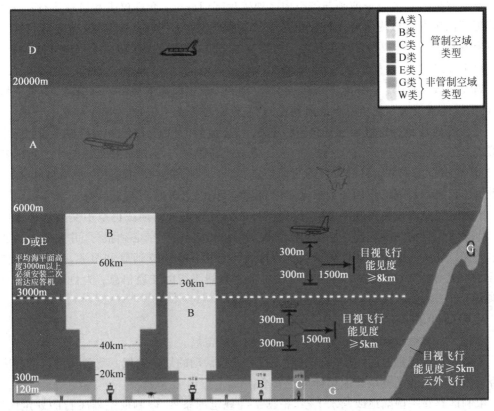

图 8-3 我国空域基础分类

1）A 类空域

划设地域及范围：通常为标准气压高度 6000m（含）至标准气压高度 20000m（含）。

航空器进入 A 类空域前须获得空中交通管理部门许可；通常仅允许仪表飞行；空中交通管理部门为此空域内所有飞行提供空中交通管制服务，并配备间隔。

2）B 类空域

划设地域及范围：划设在民用运输机场上空。

（1）民用三跑道（含）以上机场，通常划设半径 20km、40km、60km 的 3 环阶梯结构，高度分别为：跑道道面～机场标高 900m（含）、机场标高 900m～机场标高 1800m（含）、机场标高 1800m～标准气压高度 6000m。

（2）民用双跑道机场，通常划设半径 15km、30km 的 2 环阶梯结构，高度分别为：跑道道面～机场标高 600m（含）、机场标高 600m～机场标高 3600m（含），顶层最高至 A 类空域下限。

（3）民用单跑道机场，通常划设半径 12km、跑道道面～机场标高 600m（含）的单环结构。

航空器进入 B 类空域前须获得空中交通管理部门许可；允许仪表和目视飞行；空中交通管理部门为此空域内所有飞行提供空中交通管制服务，并配备间隔。

3）C 类空域

划设地域及范围：划设在建有塔台的通用航空机场上空，通常为半径 5km、跑道道面～机场标高 600m（含）的单环结构。

航空器进入 C 类空域前须获得空中交通管理部门许可；允许仪表和目视飞行；空中交通管理部门为此空域内所有飞行提供空中交通管制服务；为仪表和仪表、仪表和目视飞行之间配备间隔；为目视和目视飞行之间提供交通信息，并根据要求提供交通避让建议。

4）D 或 E 类空域

划设地域及范围：①标准气压高度高于 20000m 为 D 类空域；②A、B、C、G 类空域以外，可根据运行需求和安全要求选择划设为 D 或 E 类空域。

航空器进入 D 类空域前须获得空中交通管理部门许可；允许仪表和目视飞行；空中交通管理部门为此空域内所有飞行提供空中交通管制服务；为仪表和仪表飞行之间配备间隔，为仪表飞行提供关于目视飞行的交通信息，并根据要求提供交通避让建议；为目视飞行提供关于仪表和目视飞行的交通信息，并根据要求提供交通避让建议。

E 类空域允许仪表和目视飞行，仪表飞行的航空器进入前须获得空中交通管理部门许可；目视飞行的航空器不需要空中交通管理部门许可，但进入前必须报告，并在规定的通信频率上保持守听。空中交通管理部门仅为仪表飞行提供空中交通管制服务，为仪表和仪表飞行之间配备间隔，为仪表飞行尽可能提供关于目视飞行的交通信息；为目视飞行尽可能提供关于仪表和目视飞行的交通信息。

3. 危险区、限制区、禁区

危险区、限制区、禁区是根据需要经批准划设的空域。

危险区是在规定时间内可能存在对飞行有危险活动的划定空域。驾驶员可以自行决定能否进入或飞越此类空域并能保证飞行安全。

限制区是在一国陆地或领水上空，根据某些规定的条件，限制航空器飞行的划定区域。限制区内的活动对航空器构成的影响是驾驶员自身不能判定的，所以需要时间和高度等条件限制航空器的进入和飞越。

禁区是在一个国家的陆地或领水上空，禁止航空器飞行的划定空域。

危险区限制程度最轻，禁区是限制等级最高的空域。

飞行中的航空器应当利用机载和地面导航设备，准确掌握航空器的位置，防止航空器误入空中危险区、空中限制区、空中禁区。管制单位应当严密监控飞行中的航空器动态，发现航空器即将误入空中危险区、空中限制区、空中禁区时，应当及时提醒航空器，必要时采取措施予以纠正。

4. 航路和航线

航路是为保障飞行而划设的具有一定宽度的空中通道。航路各段的中心线是从该航路上的一个导航设施或者交叉点开始，至另一个导航设施或交叉点为止，各段中心线连接起来成为航路的中心线。航路的宽度为 20km，其中心线两侧各 10km，航路的某一段受到条件限制的，可以减少宽度，但不得小于 8km，在航路方向改变时，航路宽度则包括航路段边界线延长至相交点所包围的空域。航路根据执行飞行任务的性质和条件，可分为国内航路和国际航路。为便于对在航路内飞行的飞机实施空中交通管制，航路具有明确的名称代号。

航线是飞机从某一机场飞往另一机场所遵循的空中路线。航路和航线的下限应当不低于最低飞行高度层，其上限与飞行高度层的上限一致。

8.3.2 空域规划

空域规划是指对某一给定空域,通过对未来空中交通量需求的预测,根据空中交通流的流向、大小与分布,对其按高度方向和区域范围进行设计和规划,加以实施和修正的全过程。其目的是增大空中交通容量,理顺空中交通流量,有效地利用空域资源,减轻空中交通管制员工作负荷,提高飞行安全水平。

8.4 空中交通流量管理

指定空域或机场在一特定时间内最多能够接受的航空器数量称为空中交通容量。空中交通容量取决于多种因素,包括空中交通服务空域和航路的结构、管制方式和设备、使用该空域的航空器的导航精度、与天气有关的各种因素及管制员的工作量等。

空中交通流量是指在一定时间内通过特定的空域或航线上的飞机数量。空中交通流量管理是在空中交通流量接近或者达到空中交通容量时,适时采取措施,保证空中交通最佳地流入或者通过相应的区域。

空中交通流量管理分为先期流量管理、飞行前流量管理和实时流量管理。实施空中交通流量管理的原则是以先期流量管理和飞行前流量管理为主,实时流量管理为辅。

8.4.1 先期流量管理

所谓先期,是指流量管理工作在飞行实施之日的几个月或几天前进行调整。先期流量管理包括对全国和地区航线结构的合理调整、班机航线走向的管理、协调制定班期时刻表和飞行前对非定期航班的飞行时刻进行控制。其目的是防止航空器在某一地区或机场过于集中和出现超负荷流量,危及飞行安全,影响航班正常运行。

8.4.2 飞行前流量管理

飞行前流量管理是指在航空器飞行前,当发生恶劣天气、通信导航监视设施故障、预计扇区或者区域流量超负荷等情况时,采取改变航线,改变航空器开车、起飞时间等方法,疏导空中交通,维持正常飞行秩序的一系列行动。

8.4.3 实时流量管理

实时流量管理是指当飞行中发现或者按照飞行计划将要在某一段航路、某一区域或某一机场出现飞行流量超负荷时,采取改变航段,增开扇区,限制起飞、着陆时刻,限制进入管制区的时刻或者限制通过某一导航设备上空的时刻,安排航空器空中盘旋等待,调整航空器速度等方法,控制航空器按照规定间隔有序飞行的一系列行动。

📖 拓展阅读

【中国缩小民航飞行高度层垂直间隔】

发布日期:2007 年 11 月 22 日　文章来源:新京报

"空中所有航空器注意,在 10min 之后将实施缩小垂直间隔。"2007 年 11 月 21 日 23 时

50分,在中国上空飞行的所有飞行员接到这一命令。这是中国空中交通管制部门的对空广播发出的。10min后,11月22日零时,中国正式实施缩小民航飞行垂直间隔的行动。中国民航在8400m以上、12500m以下的空域实施缩小飞行高度层垂直间隔,飞机的巡航高度层将由过去的7个增加到13个,这标志着我国"空中高速路"第三次成功扩容,航班飞行将更加安全顺畅。

飞机在空中飞行时,必须沿着"空中高速路"也就是航路保持一定的水平和垂直间隔。中国民航已先后进行了两次飞行高度层改革,以适应民航快速发展的需要。1993年10月,中国民航在6000m以上高度范围内,将垂直间隔由1000m改为600m;2001年8月,在6000～8400m高度范围内,将垂直间隔由600m改为300m。

现代民航使用最多的是喷气客机,其飞行最佳巡航高度和飞行的大部分时间通常都集中在9000～12500m,在这个范围内,我国原来只有7个高度层可以使用。实施缩小垂直间隔后,我国8400m以上飞行高度层的垂直间隔由原来的600m缩小为300m。

民航总局指出,实施缩小垂直间隔后,最直接的影响是,将极大地减少由于可用高度层缺乏而造成的空中和地面延误,增加空中交通流量,减少航路拥堵和航班延误,提高民用航空运输效率。

国航宣传部工作人员也表示,缩小垂直间隔对地面服务没有太多影响,乘客乘坐飞机时不会有明显感觉,主要就是延误会减少。繁忙的主要是空管人员。

缩小垂直间隔是国际民航组织近年来积极倡导的一项新技术。1997年3月,北大西洋空域首次成功实施缩小垂直间隔,随后在太平洋、欧洲大陆、南中国海、中东、北美、南美、日本、韩国等空域陆续顺利实施了缩小垂直间隔,非洲印度洋地区也于2006年9月实施。目前全球未实施缩小垂直间隔的国家仅包括俄罗斯、蒙古国、朝鲜等少数国家。

据专家介绍,所有在缩小垂直间隔空域内飞行的飞机具有两套独立的高度测量系统,一套高度报警系统和一套自动高度保持装置。目前,中国民航在高空飞行的1082架飞机已经完全符合缩小垂直间隔的适航要求。

南方航空方面表示,空域容量增加以后,航空公司可以获得更多的航班资源。北京分公司副总经理表示,公司正考虑申请恢复此前削减的航班,另外增加一些客座率较高航线的航班密度。

事实上,在很多市场需求旺盛的航线上,各航空公司都想增加航班密度,但限于空域资源有限,已经无法提出申请。

此次实施缩小垂直间隔,则为航空公司申请新航班提供了可能性,为航空公司带来的收益是无法估量的。

民航总局估算,实施缩小垂直间隔后,可以降低航空器燃油消耗,估计将直接促进航空公司每年增加效益4亿元。"这意味着飞机不会在空中兜圈子,可以选择最近、最有利于飞行的高度飞行。"民航总局相关负责人表示。

一名网名为"深蓝海字"的飞行员在民航论坛上说,他从广州飞北京,每次都要多加300kg以上的油,理想高度基本很难飞到,并且进入北京地区很早就会降到6900m的空间,油耗比较大。

据了解,实施缩小垂直间隔后,空中交通管制员可以灵活选择更加优化的飞行高度层,这可以减少航空器地面延误和空中等待,提高航空运行效率,从而降低航空器的燃油消耗,符合国家大力提倡的节能减排的政策要求。

专家预测,实施缩小垂直间隔后,小于 500n mile 的短途航班燃油效率可提高 0.7%,中长途航班可提高 1%,这将大大节省航空燃料,降低航空公司运行成本,并且可以更好地保护环境,有利于构建能源节约型航空运输行业。

思考题

1. 我国为什么"实施缩小垂直间隔"?
2. "实施缩小垂直间隔"对空中交通流量管理有什么影响?

本章小结

空中交通管理的目的是有效地维护和促进空中交通安全,维护空中交通秩序,保障空中交通畅通。本章重点介绍了空中交通管理机构和空中交通服务,简要概述了空域管理和空中交通流量管理,使读者对现代民航空中的交通管理系统运行情况有初步的了解和掌握。

复习与思考

1. 民航局空管局的主要职责是什么?
2. 中国民航空管系统现行的行业管理体制是什么?
3. 目视飞行规则和仪表飞行规则的主要区别有哪些?
4. 如何运行组织空中交通管制服务?
5. 飞行情报服务的内容有哪些?
6. 我国空域如何划分?
7. 如何实施空中交通流量管理?

本章习题

一、单项选择题

1. 驻省会城市(直辖市)民航空管单位简称(　　)。
   A. 地区空管局　　　　　　　　　B. 省会空管局
   C. 空中交通管理分局　　　　　　D. 空中交通管理站
2. 目视飞行时,(　　)对保持航空器之间的间隔、距离和航空器距地面障碍物的安全高度是否正确负责。
   A. 航空公司　　　　　　　　　　B. 民航局
   C. 空中交通管制人员　　　　　　D. 航空器驾驶员
3. 仪表飞行时,(　　)对航空器之间的间隔、距离和高度层配备是否正确负责。
   A. 航空公司　　　　　　　　　　B. 民航局
   C. 空中交通管制人员　　　　　　D. 机长
4. 下面不属于三级空中交通服务体系的是(　　)。
   A. 机场管制　　B. 进近管制　　C. 航路管制　　D. 区域管制
5. 民用航空情报服务机构由(　　)设立或者批准设立。
   A. 航空公司　　B. 机场　　C. 地区空管分局　　D. 民航局
6. 以下不属于航空器紧急情况的三个阶段的是(　　)。
   A. 情况不明　　B. 告警　　C. 遇险　　D. 救援

7. 在管制空域的(   ),航空器在其中必须按照仪表飞行规则飞行。
   A. A类空域   B. B类空域   C. C类空域   D. D类空域
8. (   )是限制等级最高的空域。
   A. 危险区   B. 限制区   C. 禁区   D. 管制区
9. 航路不受条件限制时,宽度为(   )。
   A. 20km   B. 18km   C. 10km   D. 8km
10. 在制定航班时刻表时就对航班的飞行时刻加以协调和控制,这属于(   )。
    A. 先期流量管理   B. 飞行前流量管理
    C. 空域规划   D. 实时流量管理

二、填空题

1. 空中交通服务包括空中_____、_____和告警服务。
2. 空中交通管制单位包括_____、_____、_____、区域管制单位、民航地区空管局运行管理单位和民航局空管局运行管理单位。
3. _____是为保障飞行而划设的具有一定宽度的空中通道。
4. 实施空中交通流量管理的原则是以_____和_____为主,_____为辅。
5. 飞机爬升离开机场空域之后,塔台管制员将飞机的管制权移交给_____。

三、判断题

1. 空中交通管理的目的是保证航空公司的飞机能够按照预定的起飞时间和到场时间飞行。(   )
2. 不驻省会城市(直辖市)的民航空管单位简称空中交通管理站。(   )
3. 夜间飞行时,航空器可以按照目视飞行规则飞行。(   )
4. 区域管制主要针对飞行高度在 6000m 以下的在大范围内运行的航空器。(   )
5. 空域管理是依据既定的空域结构条件,实现对空域的充分利用,尽量满足空域用户对空域的需求。(   )
6. A类空域在我国境内 7000m(不含)以上的空间。(   )
7. 在 B 类空域,航空器可以按照目视飞行规则飞行。(   )
8. C类空域划设在民用运输机场上空。(   )
9. 在着陆阶段,飞行员必须目视飞行。(   )
10. 空中交通流量是指在一定时间内,通过特定的空域或航线上的飞机数量。(   )

习 题 答 案

第 1 章

一、单项选择题

1. B 2. D 3. C 4. A 5. A 6. B 7. B 8. C 9. B 10. C

二、填空题

1. 航空器,航天器,火箭 2. 液态氢燃料 3. 民航运输,通用航空
4. 能垂直起降 5.《巴黎公约》

三、判断题

1. √ 2. √ 3. √ 4. × 5. × 6. √ 7. × 8. √ 9. × 10. √

第 2 章

一、单项选择题

1. C 2. D 3. A 4. A 5. D 6. D 7. D 8. B 9. D 10. A

二、填空题

1. 飞行速度、航程、升限、起飞着陆性能和机动性能
2. $L = \frac{1}{2} C_L \rho v^2 S$
3. 气温随高度的升高而降低,风向、风速经常变化,空气上下对流强烈,有云、雨、雾、雪等天气现象
4. $P = \rho RT$ 5. 升力,阻力

三、判断题

1. √ 2. √ 3. √ 4. × 5. × 6. × 7. × 8. × 9. × 10. ×

第 3 章

一、单项选择题

1. A 2. C 3. C 4. D 5. B 6. C 7. D 8. B 9. A 10. C

二、填空题

1. 为飞机提供动力,推动飞机前进的装置
2. 每单位(质量)流量的空气进入发动机所产生的推力,是评定发动机性能的重要指标
3. 风扇 4. 螺旋桨 5. 3‰～5‰

三、判断题

1. √ 2. × 3. √ 4. √ 5. √ 6. × 7. √ 8. √ 9. √ 10. ×

第 4 章

一、单项选择题

1. C 2. D 3. D 4. C 5. A 6. A 7. D 8. A 9. C 10. D

二、填空题

1. 线运动参数,角运动参数   2. 距国际标准气压基准平面的垂直距离
3. 真实高度   4. 定轴性,进动性   5. 总压,静压

三、判断题

1. ×   2. √   3. ×   4. ×   5. √   6. ×   7. √   8. ×   9. ×   10. ×

第5章

一、单项选择题

1. A   2. B   3. B   4. C   5. D   6. D   7. B   8. A   9. D   10. A

二、填空题

1. 机翼   2. 前三点式、后三点式   3. 沿翼展方向收起、沿翼弦方向收起
4. 起落架   5. 展弦比

三、判断题

1. √   2. ×   3. √   4. ×   5. ×   6. √   7. ×   8. √   9. √   10. ×

第6章

一、单项选择题

1. B   2. C   3. B   4. D   5. D   6. C   7. D   8. B   9. A   10. B

二、填空题

1. 三月最后一个星期日   2. 十月最后一个星期日
3. 3   4. 安全   5. 班次

三、判断题

1. ×   2. ×   3. ×   4. √   5. √   6. ×   7. ×   8. ×   9. ×   10. ×

第7章

一、单项选择题

1. C   2. C   3. C   4. C   5. D   6. C   7. B   8. D   9. A   10. A

二、填空题

1. 军用机场、民用机场   2. 枢纽机场、干线机场   3. 快速出口
4. 4E   5. 布置稻草人、成立驱鸟大队、驱鸟车鸣笛

三、判断题

1. √   2. ×   3. √   4. √   5. ×   6. √   7. ×   8. ×   9. ×   10. √

第8章

一、单项选择题

1. C   2. D   3. C   4. C   5. D   6. D   7. A   8. C   9. A   10. A

二、填空题

1. 交通管制服务、飞行情报服务

2. 空中交通服务报告室、机场塔台管制单位、进近管制单位

3. 航路

4. 先期流量管理、飞行前流量管理、实时流量管理

5. 区域管制员

三、判断题

1. × 2. √ 3. × 4. × 5. √ 6. × 7. √ 8. × 9. × 10. ×

参 考 文 献

[1] 郝勇.民用飞机与航空运输管理概论[M].北京:国防工业出版社,2011.

[2] 贾红玉.航空航天概论[M].5版.北京:北京航空航天大学出版社,2022.

[3] 钟波兰.民航运输管理[M].北京:清华大学出版社,2020.

[4] 曾小舟.机场运行管理[M].北京:科学出版社,2017.

[5] 刘岩松.民航概论[M].北京:清华大学出版社,2022.

[6] 陈文华.民用机场运营与管理[M].北京:人民交通出版社,2021.

[7] 国际民用航空组织.国际民用航空公约[Z].2018.

[8] 民航机场规划设计研究总院有限公司,中国民用航空局机场司.民用机场飞行区技术标准:MH 5001—2021[S].北京:中国民航出版社,2021:9.

附录　飞机彩图

1. 军用飞机

1.1　非国产军用飞机

俄罗斯

苏-27 战斗机

苏-30MKK 战斗机

苏-57 战斗机

伊尔-76 运输机

美国

AH-64E 阿帕奇武装直升机

B-1B 轰炸机

航空概论

B-2 轰炸机

B-52 轰炸机

C-5 运输机

C-17 运输机

C-130 大力神运输机

E-2 预警机

E-3 预警机

F-22 战斗机

F-35 战斗机

P-8 反潜巡逻机

1.2 国产军用飞机

轰-6 轰炸机

歼-10 战斗机

歼-11 战斗机

歼-15 战斗机

歼-16 战斗机

歼-20 战斗机

空警-500 预警机

空警-2000 预警机

武直-10 直升机

武直-20 直升机

运-20 运输机

1.3 无人机

MQ-9 死神无人机

X-47B 无人机

彩虹-5 无人机

全球鹰无人机

翼龙无人机

2. 民用飞机

COMAC

ARJ21-700 客机

C919 客机

CRJ

CRJ200 客机

CRJ700 客机

ERJ

ERJ145 客机

ERJ170 客机

波音

B717 客机

B727 客机

B737MAX 客机

B747 客机

B757 客机

B767 客机

B777 客机

B787 客机

空客

A300 客机

A310 客机

A320 客机

A330 客机

A340 客机

A350 客机

A380 客机

其他

图-154 客机

协和超音速客机